U0183732

网 络 协 同 制 造 和 智 能 工 厂 学 术 专 著 系 列

产品自适应设计
理论与方法

孟昭鹏 魏巍 王峻峰 张敬 容锦 高一聪 邵宏宇 陈永亮 ◎ 著

Theory and Methodology of
Product Adaptive Design

机械工业出版社
CHINA MACHINE PRESS

图书在版编目（CIP）数据

产品自适应设计理论与方法 / 孟昭鹏等著 . —北京：机械工业出版社，2023.1
（网络协同制造和智能工厂学术专著系列）
ISBN 978-7-111-72239-7

I. ①产…　II. ①孟…　III. ①产品设计－自适应性－研究　IV. ① TB472

中国版本图书馆 CIP 数据核字（2022）第 251531 号

产品自适应设计理论与方法

出版发行：机械工业出版社（北京市西城区百万庄大街 22 号　邮政编码：100037）

策划编辑：王　颖　　　　　　　　　　　　　责任编辑：王　颖

责任校对：张爱妮　　张　薇　　　　　　　　责任印制：常天培

版　　次：2023 年 3 月第 1 版第 1 次印刷　　印　　刷：北京铭成印刷有限公司

开　　本：170mm×230mm　1/16　　　　　　印　　张：22.25

书　　号：ISBN 978-7-111-72239-7　　　　　定　　价：99.00 元

客服电话：（010）88361066
　　　　　（010）68326294

随着新一轮科技革命和产业变革的兴起，以互联网、大数据、云计算等为代表的新一代信息技术加速与工业技术融合，催生了智能制造、网络协同制造等新的制造模式，并在制造企业落地。同时，新一代信息技术也深刻影响着设计模式、技术和工具环境。首先，网络协同设计、众包设计及数据驱动设计先后被提出，尤其是数据驱动设计得到了国内外研究机构的关注。其次，CAD、CAE、CAM 等工业研发设计软件和管理软件与云计算、大数据等新技术的结合成为新的热点，软件在架构和应用层面都不断演变。最后，"创新是引领发展的第一动力"。随着智能制造不断深入推进，设计创新成为更多企业主要的价值创造环节，新的设计模式和新的设计工具环境将有更广阔的应用前景，特别是数据驱动的产品自适应设计模式将成为制造企业创新发展非常重要的可选择途径。

本书在分析国内外产品设计理论体系的研究现状，和企业设计平台存在的相关问题基础上，以构建数据驱动的产品自适应设计平台为目标，厘清了产品自适应设计的概念；阐述了产品自适应设计的内涵，并结合企业实际设计情景，探索并构建了产品自适应设计模式及运作逻辑；提出了多源异构数据融合的产品设计知识自适应组织方法，通过多源异构数据融合技术、知识挖掘与管理技术，为产品自适应设计提供数据和知识基础；提出了需求驱动的产品自适应决策技术，论述了设计方案的生成、决策与评估；提出了产品自适应设计的智能设计与优化方法，提供了产品创新设计、概念设计、详细设计、全生命周期设计与分析的多个设计环节的智能设计和分析方法，是对已有设计方法与体系的有益补充；设计并研发了产品自适应设计的支撑环境，为产品自适应设计的实现提供了技术基础。本书共 7 章内容，介绍了产品自适应设计的相关概念，提出了产品自适应设计的理论体系，阐述了产品自适应、数据与知识自适应、设计求解方法自适应、设计过程自适应的内涵，并详细论述了数据融合、需求决策、智能设计等支撑产品自适应设计实现的方法和技术，可供相关研究者及产品设计领域的从业人员参考。

本书得到国家重点研发计划项目"产品自适应在线设计技术平台研发"（2018YFB1701700）的支持，是该项目研发应用成果的汇聚，是该项目研发实践团队的群体智慧结晶。希望本书能够"抛砖引玉"，进一步激发和汇聚产品现代设计理论方法领域研究学者与创新实践企业的群体智慧，促进制造业"互联网"研发体系的创新发展。受研究领域、写作时间和作者专业水平所限，相关研究工作还有待继续深入，书中错误和纰漏在所难免，在此恳请读者不吝赐教，以激励和帮助我们继续深入探索产品自适应设计理论研究与实践。

作者

2022 年 4 月于天津大学北洋园

　　本书能够顺利完成,离不开王磊、张健、梅再武、张璞、高一聪、彭翔、彭义兵、吴竞宁、李思琦、董一心、贺雷永、宫会丽、舒俊铭、仪阳、边静、秦玉华、王众、张元戎、孙江、刘钰、黄江涛等人的帮助,他们为书稿的成功出版付出了大量的时间和精力,在此向各位参与人员表示诚挚的感谢!

　　衷心感谢谭建荣院士、顾佩华院士对本书撰写工作的指导。感谢廖文和教授、王兆其研究员、刘继红教授、黄永友研究员、赵卫东教授、敬石开研究员、丁香乾教授等专家对本书撰写工作的大力支持与无私奉献。在撰写本书的过程中,我们研究分析了大量国内外相关文献,在此对相关专家学者表示衷心感谢!

　　最后,我们要感谢科学技术部高技术研究发展中心的相关领导对本书撰写工作的指导与支持。感谢天津大学、北京航空航天大学、华中科技大学、浙江大学、汕头大学、中国海洋大学、青岛科技大学、山东山大华天软件有限公司、中国铁建重工集团股份有限公司、杭州西奥电梯有限公司、北京机电工程研究所、中科金通(青岛)科技信息有限公司、五邑大学和机械工业出版社对项目研发工作的支持。

前言
致谢

第 1 章

绪　　论

当前社会经济和技术的迅速发展，人们对美好生活的追求，以及市场竞争的日益加剧和全球化趋势，使传统制造业发生了巨变：客户个性化需求增强，同时产品使用环境的动态性和不确定性增加，产品设计制造呈现出多品种、变批量的特点。基于产品全生命周期数据，生产满足动态变化性需求的高质量产品，已成为提高企业竞争力的根本途径。企业是社会创新的重要主体，必须把握新一轮科技革命和产业变革，将工业互联网、大数据、云计算等新一代信息技术与工业技术融合，不断促进智能设计、网络协同设计、云设计等新的设计模式、技术和工具环境与企业实践有机结合。

20 世纪八九十年代提出的公理化设计 [1]、发明问题解决理论（TRIZ）[2] 等奠定了设计方法学的基础。2004 年，顾佩华等首次提出全新的设计理念——可适应设计方法 [3]，2013 年又提出"开放式架构产品"概念 [4]。到了互联网、大数据时代，网络协同设计 [5]、众包设计 [6] 及数据驱动设计 [7] 先后被提出，其中数据驱动设计尤其引人注目。美国密西根大学提出了基于信息物理系统的、能够适应个性化需求的产品设计框架与方法 [8]，日本的战略性创新计划"革新设计制造技术"（2014—2018）支持了用户感性数据驱动设计项目，美国机械工程师学会（ASME）的 *Journal of Mechanical Design* 刊登了"Data-Driven Design"（数据驱动设计）

相关文章[7]。这些研究和项目都提到数据能够创造价值，能够改变设计。目前急需实现基于产品全生命周期（市场、生产、运维等）的设计数据统合管理，从而实现设计要素的适应性变更，进而满足快速变化的设计需求。

近年来，CAD、CAE、PLM等工业研发设计软件和管理软件与云计算、大数据等新技术的结合成为新的热点，研发知识的积累、各类信息系统与研发设计系统的集成和协同也变得尤为重要。以CAD软件为例，软件架构正从传统的C/S架构体系，逐步转变为基于Web和云的B/S架构体系，在软硬件资源弹性管理、数据同步和分享、设计协同等方面具有优势。Solidworks的CAD云平台Onshape支持跨设备分享设计和协作编辑。达索公司的3D EXPERIENCE集成了旗下十多个应用程序，形成工程设计、3D设计等多个服务集群。

随着智能设计、智能制造不断深入推进，设计创新成为更多企业主要的价值创造环节。为了解决制造企业数据、知识与设计业务融合应用不足、产品动态需求适应性差、协同响应设计周期长等现实问题，企业迫切需要一种新的设计模式和设计工具支撑系统。本书在总结归纳设计方法学理论和设计工具发展趋势的基础上，提出了数据驱动的产品自适应设计模式，或可成为制造企业创新发展的非常重要的可选途径。

1.1 产品自适应设计的基本概念

1.1.1 产品自适应设计的产生

传统设计以经验、试凑、静态、定性分析、手工劳动为特征，导致设计周期长、设计质量差、设计费用高、产品缺乏竞争力。现代设计以用户需求为驱动力，以计算机技术等新一代信息技术为手段，以研制出具有工效实用性、系统可靠性、运行稳定性、技术经济性的产品为目标，展现出了创新性、动态性、最优化、智能化、数字化等特点。

产品设计是一个在工程方面充满风险和机遇的完整活动体系，其目标是对产品的功能、结构、外观造型等方面进行综合性的设计，以便生产出符合人们需求的实用、经济、美观的产品。

产品设计是一个复杂技术系统实现过程，系统输入的是设计要求和约束条件信息，设计人员运用产品设计的知识、规则、方法，通过计算机、试验设备等工具进行设计，最后输出的是产品方案、图纸、产品数字模型、技术文件等设计结果。这一产品设计系统模型具体如图1-1所示。

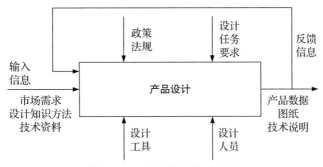

图 1-1 产品设计系统模型 [9]

产品设计的过程涉及一系列脑力的、有组织的而非自然的步骤或活动，它将产品的市场需求映射成产品的功能需求，并将功能需求转换成实现该功能需求的产品工程结构。该过程把"我们希望得到什么（What）"映射为"我们如何得到它（How）"。现代设计已将设计过程视为系统工程，从工程角度讲，产品设计过程是复杂技术系统实现过程，应结合先进的系统工程方法论加以实现。

系统工程领域泰斗——钱学森院士提到，"系统"是极其复杂的研制对象，即相互依赖、相互作用的若干组成部分结合成的具有特定功能的有机整体，而且这个"系统"本身又是它从属的一个更大系统的组成部分。研制这样一个复杂工程系统的基本问题是，怎样把比较笼统的初始研制要求逐步变成成千上万项研制任务参与者的具体工作，以及怎样把这些工作最终合成为一个技术上合理、经济上合算、研制周期短、能协调运转的实际系统，并使这个系统成为它从属的更大系统的有效组成部分。产品设计是一个典型的系统工程问题。尤其是复杂产品的设计，是以海量的设计、制造、运维数据为支撑，以成百上千的设计任务为主体的集成工作。如何从当前具有时变性的产品设计需求出发，实现产品设计过程的协调运转、设计周期的缩短、设计效益及效率的提高，是该领域的相关理论研究重点关注的内容。

为了解决这一系统工程问题，大量设计理论与设计方法被提出。例如，面向产品全生命周期设计（Design for X，DFX），通过将产品全生命周期各环节的信息映射到设计需求，实现面向各环节特定属性需求的设计技术系统。其强调产品设计不应只关注设计环节的功能实现，还必须围绕生产、维护、服务等系统需求，对产品进行设计和修改。在新一代信息技术的支持下，打通产品全生命周期各环节数据，通过动态的、融合的数据驱动产品设计已成为可能，数据驱动设计理论应运而生，并取得了长足发展。数据驱动设计的主要理念是根据不同设计阶段数据的特点，有针对性地开展产品全生命周期各环节数据的提取、分析及融合工作，并将处理好的数据融入产品设计过程，协助研发工程师完成设计目标。此外，还有可适应设计理论，其研究以产品"可适应"设计需求为核心理念，目的是延长产品（物理产品）或产品设计（数字产品）的使用周期，使生产型企业能够在允许的质量和成本限制下，通过调整已有产品或设计快速开发出新的面向客户需求的产品。更为人熟知且应用更广泛的设计理论是公理化设计理论，其研究注重设计过程的创新性和规范性，减少设计方案搜索、生成的随意性，目的是在设计的循环迭代过程中，应用设计过程框架和设计公理确定最佳设计方案。

以产品为核心，以设计数据为基础，以智能化的设计信息决策为关键技术的产品设计方法，是现代设计理论发展的重要标志。随着现代设计理论的发展，通过对多种设计理论特点、优势的融合，一种以"自适应"为核心理念的产品设计模式应运而生。在系统工程理论中，"自适应"一般是指系统按照环境的变化调整其自身，使其行为在新的或已经改变了的环境下达到最好[10]。在控制工程理论中，"自适应"是指在处理和分析过程中，根据所处理数据的数据特征自动调整处理方法、处理顺序、处理参数、边界条件或约束条件，使其与所处理数据的统计分布特征、结构特征相适应，以取得最佳的处理效果[11]。自适应控制也可看作一个能根据环境变化智能调节自身特性的反馈控制系统，以使系统能按照一些设定的标准工作在最优状态[12]。融合系统工程和控制工程中，自适应控制系统被定义为在无人干预状态下，随着运行环境的改变而自动调节自身控制参数，以达到最优控制的系统，即对环境变化具有适应能力的控制系统[13]，其逻辑如图 1-2 所示。

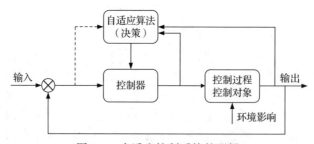

图 1-2　自适应控制系统的逻辑

这种随环境数据变换，调节系统自身特性，使系统在新环境下达到有序的"自适应"理念，为解决需求时变这一产品设计系统难题提供了新的思路。

以先进的科学技术为支撑，设计理论、方法呈现融合的趋势，在丰富的现代设计理论体系引导下，产品自适应设计的理念逐渐形成，产品设计方法、理论层出不穷，社会发展的不同时期、面向不同的设计对象，产生了多种典型的设计方法。例如，计算机技术的普及促使计算机辅助设计蓬勃发展，从最初的 CAD 到 CAM，再到 CAT，最后融合发展为 CAE（计算机辅助工程）系统，实现了产品设计、制造、测试一体化。同样，随着 AR/VR 技术的发展，虚拟设计也逐渐兴起，这种以计算机技术和 AR/VR 技术为基础的新设计方法可以使多个异地的设计人员在同一个产品模型上工作和获取信息，提高了并行性，减少了设计的非必要迭代，提高了设计效率。再如，模块化设计将产品模块化的思想融入设计中，将产品划分为若干功能模块，根据用户的要求，对模块进行选择和组合，并构成功能不同，或者功能相似而性能、规格不同的产品。计算机辅助设计技术、虚拟设计技术与模块化设计技术的融合产生了一套全新的设计理论和方法体系——虚拟（实时交互）模块化设计。由此可见，产品设计方法间并不是彼此独立的，而是交叉融合、互为支撑的。与此同时，产品全生命周期设计理论、数据驱动设计方法及可适应设计理论的产生和发展，为现代设计理论体系提供了丰富的、先进的设计理念与设计理论。产品自适应设计则是以自适应理论为指导，融合产品全生命周期设计、数字驱动设计和产品可适应设计等多种典型的现代设计理论与方法，而形成的一个新的产品设计模式。

产品自适应设计中环境驱动、数据反馈、数据决策等特点与现代产品设计中动态性、智能化、数字化及需求驱动等特点相契合，符合现代设计的发展趋势。

1.1.2 产品自适应设计的概念

"产品自适应设计"是一种以设计过程多域动态关联和产品全周期数据反馈为基础，以产品设计过程模型为核心，以"自主感知—智能决策—高效执行"闭环迭代机制为特点，以在线交互协同设计工具为支撑，及时感知产品需求变化和性能变化，进行产品迭代优化和过程动态配置，具有产品与过程动态智能适应的设计模式。

产品自适应设计可以通过产品自适应设计过程模型进行表达和描述，如图 1-3 所示。产品自适应设计过程模型阐明了产品自适应设计机理，是产品自适应在线设计理论的基础，也是提出数据驱动的产品自适应在线设计模式和集成技术平台的关键依据。模型以复杂自适应理论、过程控制方法为理论基础，以产品全周期数据知识集成为驱动力，构建"自主感知—智能决策—高效执行"的自适应设计机制，形成数据闭环—设计闭环—产品闭环协同的多级闭环反馈，用来指导数据驱动的产品自适应在线设计模式的研究和集成技术平台的架构设计与开发。

区别于传统设计，产品自适应设计具有自适应设计过程"自主感知—智能决策—高效执行"的多级闭环反馈，产品全生命周期数据驱动，以及设计过程在线协同、即时交互等显著特点。

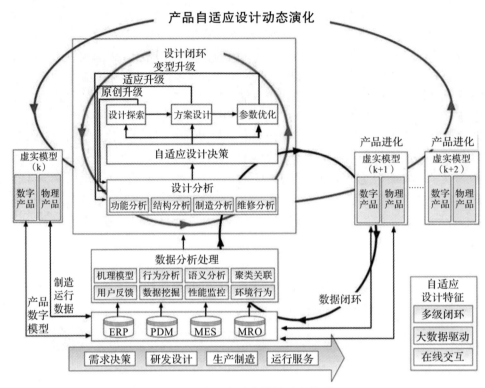

图 1-3　产品自适应设计过程模型

（1）多级闭环反馈特点

体现自适应设计过程"自主感知—智能决策—高效执行"的闭环迭代。产品自适应设计过程模型中，不同闭环及箭头方向可以清晰显示出多级闭环的特征，即数据、设计和产品闭环。同时，多级闭环反馈也是自适应设计方法的一个重要研究内容，该特点通过设计过程的产品模型和过程模型的自适应变化，体现了自适应设计方法能够适应外部因素的变化。

1）设计闭环。自主感知设计趋势、设计资源、设计环境的变化，智能决策，优化设计组织流程和设计资源，形成稳定、快速的迭代设计组织管控方式。

2）产品闭环。以产品设计的智能化方案与工具（包括参数系列化/产品族工具、方案可配置工具、产品进化创新与科学效应工具等）支撑产品个性化、多样性研发；以可配置模块化知识库、案例库、流程库、设计组织实践库支撑设计过程的稳定、快速迭代；以面向全产品设计过程的感知工具/技术、决策工具/技术、设计工具/技术、反馈工具/技术支持，建立选配—管控—优化—重组的产品闭环。

3）数据闭环。面向产品全生命周期，特别是产品运维阶段，形成数据采集—数据管控—数据利用—数据优化的全设计数据闭环管理。建立数据采集标准，涵盖产品形成过程数据、性能数据、工况数据、设计过程数据、设计环境数据；以智能化数据挖掘技术和优化技术为支撑，包括产品知识图谱构建、数字孪生主动数据感知、数据修复技术、知识进化、数据迭代规律等。

（2）产品全生命周期数据驱动特点

体现自适应设计过程的产品设计决策和管控决策均依赖全面数据分析，用户的需求决策、产品的功能结构决策、设计创新决策等都依靠数据来驱动定制的工具辅助进行。决策后产生的新数据会反馈给上一设计环节，用来检验和评价前后设计环节的合理性和正确性，使不同设计环节具有相互适应性，同时也通过数据的变化来调控设计环节中不同设计任务的进度及优化。

（3）设计过程在线协同、即时交互特点

体现自适应设计充分借助现代互联网信息新技术和工具，应对各种复杂产品的多任务设计，通过大数据分析，让设计人员利用各种在线操作工具进行网络化协同办公，对产品设计全过程进行有效管控，设计任务之间能够自适应，使企业研发团队人与人之间的协作更加高效，及时、有效地解决设计过程中的矛盾和冲突。

1.2　产品自适应设计的发展及研究意义

1.2.1　产品自适应设计的发展

现代设计方法体系中，面向产品全生命周期设计、数据驱动设计、可适应设计等方法为产品自适应设计提供了丰富的思想和工具。

20 世纪 50 年代末，由于设计开发经验的长期积累，DFX 的原型形成了。六七十年代以后，DFX 研究得到重视。其中，X 可以代表产品全生命周期的某一环节，如装配、加工、使用、检验、维修、回收等，也可以代表产品竞争力或决定产品竞争力的因素，如质量、成本、时间等。这里的设计不仅仅指产品的设计，也包括产品开发过程和系统的设计。典型的 DFX 设计方法有 DFA（Design for Assembly，面向装配的设计）、DFM（Design for Manufacture，面向制造的设计）、DFI（Design for Inspection，面向检验的设计）、DFS（Design for Service / Maintain/Repair，面向服务 / 维修的设计）、DFR（Design for Recycling，面向回收的设计）、DFQ（Design for Quality，面向质量的设计）、DFR（Design for Reliability，面向可靠性的设计）、DFE（Design for Environment，面向环境的设计）等。然而，传统的 DFX 设计方法依然遵循顺序式的开发过程，各阶段的不同设计部门之间缺乏经常性的交流。设计的相关数据、信息基本上是单一流向的，容易导致设计的后期甚至制造阶段的设计变更，因此产品的开发周期长、成本高，且质量无法保证。

20 世纪 80 年代正式提出产品全生命周期设计的概念。全生命周期设计的概念从并行工程思想发展而来[14]，为实现产品的并行开发，解决 DFX 中设计信息交互困难的问题，做到产品开发全过程的数据共享，需要建立能够贯穿产品开发全过程的统一的、具有可扩充性的、能表达不完整信息的全生命周期产品模型，从而保证产品模型在产品开发中的一致性。该产品模型能随着产品开发进程自动扩张，并从设计模型自动映射为不同需求的模型，如制造模型、装配仿真模型、可维护性模型等，同时应能全面表达和评价与产品全生命周期相关的性能指标。产品全生命周期设计是多学科知识与技术在人类生产、社会发展、文化与精神追求等多层次上的融合，涉及的问题十分广博深远。面向产品全生命周期设计的主要研究内容如图 1-4 所示。

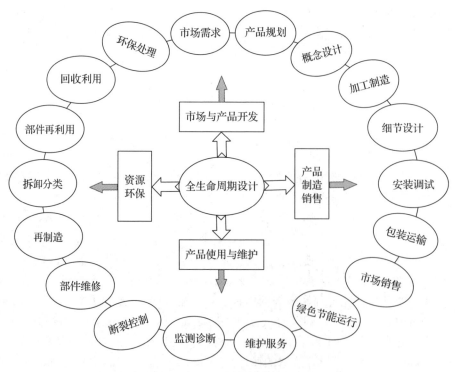

图 1-4　面向产品全生命周期设计的主要研究内容

产品自适应设计继承了产品全生命周期设计中考虑产品全生命周期各个阶段

的属性及特点，进而确定解决方法的设计理念。同产品全生命周期设计一样，产品自适应设计的主要目的之一便是在设计阶段尽可能预见产品全生命周期里各个环节的问题，并在设计阶段加以解决或设计好解决的途径。例如，在设计阶段对产品全生命周期的所有费用（包括维修费用、停机损失和报废处理费用）、资源消耗和环境代价进行整体分析规划；对从选材、制造、维修、零部件更换、安全保障到产品报废、回收、再利用或降解处理的全过程对自然资源和环境的影响进行分析预测和优化，以积极有效地利用和保护资源、环境，创造好的人机环境，保持人类社会生产的持续稳定发展。基于这种思想，形成了产品自适应设计中的全生命周期"自主感知—智能决策—高效执行"的多级闭环反馈的特征。

产品全生命周期中会产生大量数据，收集和利用好其中有价值的产品数据，对提高产品设计效率、质量及产品竞争力具有重要的现实意义。产品自适应设计针对多源异构的全生命周期制造大数据，采用智能工具进行高效融合，扩展了设计数据感知（采集）范围，能更好地应对用户需求的快速变化。

在新一代信息技术的支持下，通过产品全生命周期中动态的、融合的数据驱动产品设计已成为可能，数据驱动产品设计也取得了长足发展，现在已经是一种运用比较广泛且有效的产品设计方法。美国 *Journal of Mechanical Design*[7] 2017 年出版的《数据驱动设计》专辑中，收集了包括数据驱动设计的基础和平台构建、数据驱动设计的理论和原理、数据驱动设计的工程决策、数据驱动设计的算法研究进展、在线评论大数据驱动设计、大数据驱动的设计与社会计算、众包和人机交互数据驱动设计的不确定性、数据驱动设计的人类行为分析等在内的不同主题的 20 篇文章，对数据驱动设计进行了较为全面的论述。综合而言，有关数据驱动设计的研究从不同的数据来源（如在线评论、专利运行数据等）、设计阶段（方案设计、参数设计、方案评估等）及研究目标（方案优化、设计流程和系统方法构建）等视角展开。

数据驱动产品设计是一个将设计需求转化为数据信息，并协助研发工程师完成设计目标的过程，一般分为数据采集及转化、数据存储及处理、数据分析及解释三个阶段。根据不同阶段数据的特点，有针对性地开展相应的提取、处理及分析工作，并融入产品设计过程中。数据驱动产品设计方法框架如图 1-5 所示。

1）数据采集及转化阶段。该阶段根据产品、物流、采购、售后等初步设计需求，查找并获取企业内外已有的全部数据信息。采集方面，预先获取采集权限，并确定链接、地址、域名及路径，结合多线程下载方式及选择触发模式采集数据。转化方面，针对不同格式类型的数据进行转化，例如，将纸质数据转化为电子数据，主要手段包括人工输入和图像扫描；对于图像、视频、语音等非结构化数据和半结构化数据，主要完成特征标注、文本提取及文本转换工作，最终将这些数据连同结构化数据进行统一归纳分类。

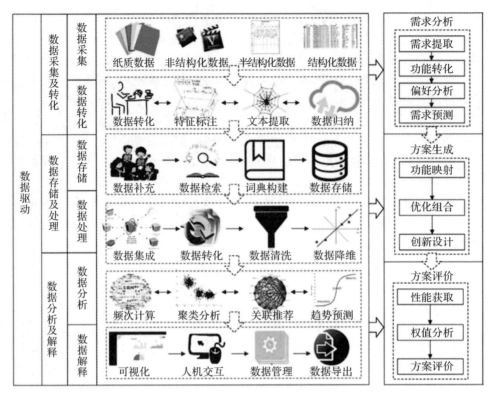

图 1-5　数据驱动产品设计方法框架 [15]

2）数据存储及处理阶段。该阶段主要根据前一阶段获取的原始数据，同时结合专家经验及行业资料进行查缺和补充；进行专业特征词检索及筛选，并构建不同语种的领域专业词典数据库；根据数据量的大小及提取速度分别选择分布式文件系统 HDFS、非关系型数据库 NoSQL 及分布式数据库 DDBS 进行存储；对分布式多源异构数据进行集成，以便上层设计工程师可以忽视数据的差异；对数据进行格式转化，如将 txt、doc、ppt 等格式的文件转化为 excel 或 mysql 格式文件，以便机器识别及统一处理；进行一致性检测，并清洗无效数据，同时对重复项进行比较及合并；针对高维空间存在的数据稀疏性高、变量关联复杂、数据量大的问题，对数据进行降维，获取关键信息，并转化为功能、原理、结构及约束等设计知识信息。

3）数据分析及解释阶段。该阶段主要针对数据向量空间进行变量频次计算及排名；根据变量之间的距离计算相似性，并对变量进行聚类及社团分析；统计变量之间的共现概率，计算变量共现置信度，并确定变量之间的相关性，以便推荐不同变量；结合时间维度，对相关变量进行趋势分析；利用图形、图像处理及计算机视觉，通过立体、表面及动画显示对分析过程进行可视化操作；通过人机操作界面，实现数据的实时处理；设计相关系统对数据进行管理；导出数据分析结果，以支持市场需求分析、产品方案生成及综合性能评价等创新设计任务的开展。

数据驱动设计作用于产品设计的各个主要阶段。在需求分析阶段，依据收集和处理后的用户需求与市场数据对关键用户偏好进行分析，采用恰当的权重算法正确地把数据转化为产品的属性和特征，如何有效收集和捕获用户偏好数据是需求分析的重点和难点。在产品概念设计阶段，以全生命周期数据为基础，以设计要求为导向，通过建立产品功能与行为的相关性，找出准确的工作原理，最终形成功能结构合理的设计方案。在产品详细设计阶段，基于产品相关的信息数据，进行设计过程建模及产品建模，构建的过程模型和产品模型能够通过一定的数据建模技术和方法，表达设计变量及过程的变化和转化，并且能够进行模拟仿真验证。此外，数据驱动产品设计需要有相关技术工具支持，如计算机辅助设计软件CAD、CAE、PDM、PLM 等，还要有专门开发的集成设计知识库、数据库、案例库和产品模型库等工具。

通过产品全生命周期设计与数据驱动设计等现代设计理论的融合，产品全生命周期的多源异构数据驱动的设计体系已经有了雏形，这也为产品自适应设计中全生命周期数据驱动特点提供了坚实的理论基础。

此外，产品可适应设计也为产品自适应设计理论的产生提供了重要理论依据。"产品可适应设计" 2004 年由顾佩华等首次提出[3]，是一种全新的设计理念，目的是延长产品（物理产品）或产品设计（数字产品）的使用周期，使生产型企业能够在质量允许和成本限制下，通过调整已有产品或设计快速开发出新的面向客户需求的产品。产品可适应设计的架构如图 1-6 所示。

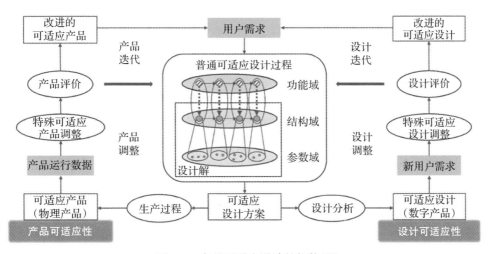

图 1-6　产品可适应设计的架构 [16]

可适应设计的研究主要集中在产品可适应设计理论研究和产品设计可适应性评价研究 [17] 两个方面。在产品可适应设计理论研究方面，加拿大卡尔加里大学研究者 [3] 基于顾佩华院士的研究，进一步丰富了可适应设计的设计理论，提出根据变动信息的可预见和非预见性，将可适应性设计划分为狭义可适应性设计和广义可适应性设计。狭义可适应性设计包含多功能设计、多种类设计、升级设计和定制设计；对于广义可适应性设计，引入了设计子整体的概念，通过建立功能和结构之间一一对应的关系，使开发的产品能够更好地面向未来未知的变更需求。也有相关研究将可适应设计理念与模块设计融合，提出了可适应模块的概念 [18]。

产品设计可适应性评价研究以产品可适应性评价为核心，产品可适应性 [19] 是指产品能够被修改，使其功能发生改变，而满足新的用户需求的能力。当用户需求发生变化，而现有的产品形态不能很好地满足用户需求的时候，用户就可以通过可适应过程增加产品功能或提升产品性能。按照设计人员是否在设计之初就考虑到产品要适应的功能需求集合，产品可适应性又可分为产品的特定可适应性和产品的一般可适应性。一方面，当产品要适应的功能需求集合及其可能性明确的时候，设计人员就能够设计出顺应这种需求的产品的特定可适应性；另一方面，为了满足一些不可预测的需求和改变，产品可以采用具有柔性架构和扩展性良好的接口，从而使产品具有一般可适应性。根据可适应性评价角度的不同，分为基于价值工程 [20]、基于性能稳健性 [21] 等多种评价方法。

可适应设计方法经过多年的研究，取得了较为丰富的研究成果，为以满足需求为基础的产品快速设计提供了一种良好的设计方法和理论支撑。可适应设计架构中产品可适应性分析与设计可适应性分析的相关研究，为产品自适应设计中产品自适应、设计求解方法自适应、数据与知识自适应、设计过程自适应四个自适应设计要素的定义提供了重要的理论依据。

1.2.2　产品自适应设计的研究意义

第一，产品自适应设计以数据驱动的产品自适应在线设计模式为核心框架，建立了多级闭环反馈产品自适应设计过程模型，突破了产品自适应设计迭代反馈网络构建及评价技术、设计数据知识空间构建技术，揭示了大数据涌现和多源不确定条件下的产品自适应设计动态演化机理，在设计理论和方法上进行了多项创新。自适应在线设计模式与系统架构在新理论、新技术上的创新，为解决制造业数据涌现、产品个性化和性能波动需求提供了新的设计范式，初步形成了从理念到理论、技术 / 方法再到工具支撑的产品自适应在线设计技术体系（详见第 3～7 章）。

第二，产品自适应设计模式在全生命周期设计、数据驱动设计、可适应设计理论方法基础上进一步突破、创新，实现了面向全域动态需求的产品自适应设计决策方法、全业务链多源异构数据融合与知识管理、产品自适应设计与优化方法、闭环动态的产品在线交互协同设计过程管控等核心关键技术，着眼于打通从全生命周期数据到设计全过程的路线，充分挖掘和发挥已积累的和持续增加的数据的价值，并充分应用设计创新方法和工具，不断实践数据驱动的产品研发设计模式和技术，进而推动和促进制造企业充分利用研发设计资源创造价值，提升竞争力。

第三，产品自适应设计对于企业提升研发设计能力具有重要意义。产品自适应设计首次在设计方法学层面提出四个设计要素（详见第 2 章），其中"数据与知识自适应"和"设计过程自适应"为企业科学管控，形成柔性、高效的设计方法奠定了理论基础。自适应设计研究成果的广泛应用，将大大改善企业的数字化研发设计环境，在产品设计效率和产品质量方面获得成效。自适应设计研究成果在制造行业和领域具有较高的推广应用价值。

第四，产品自适应设计构建了完整的技术体系，开发的产品自适应设计工具、在线交互设计工具、数据处理与知识管理平台、在线交互协同设计平台，是大数据等新一代信息技术与设计方法、业务系统融合的成果，可以帮助制造企业通过信息化、数字化、网络化、智能化手段实现转型、升级和发展。

第 2 章

产品自适应设计的原理

在计算机与信息技术突飞猛进的背景下，产品自适应设计的产生是对现代设计理论体系的丰富，也是设计理论进一步发展的重要标志。本章进一步扩展与丰富了产品自适应设计的内涵，对自适应设计的原理进行阐述，为企业设计模式提供参照标准。

2.1 产品自适应设计的内涵

综合分析现代设计理论，可将其内涵通过产品、数据、设计方法和设计过程四个维度体现。产品自适应设计是多种现代设计理论的融合，其四个维度包括的要素有产品自适应、数据与知识自适应、设计求解方法自适应、设计过程自适应，充分体现了设计基本要素对设计需求时变的适应性。产品自适应设计内涵与其他设计理论的对比情况如表 2-1 所示，表中"—"表示该设计理论不重点强调该维度要素。

表 2-1 产品自适应设计内涵与其他设计理论对比

设计理论	产品维度	数据维度	设计方法维度	设计过程维度
DFX	—	全生命周期各环节信息反馈	适用于生命周期某环节的设计方法	顺序映射
数据驱动设计	—	数据感知、分析、融合，打通全生命周期数据	数据分析技术、优化方法	各域基于数据的设计决策
可适应设计	物理 / 数字产品适应需求	—	模块化、评价优化方法	—
公理化设计	—	—	独立公理和信息公理	多域映射
产品自适应设计	产品自适应	数据与知识自适应	设计求解方法自适应	设计过程自适应

2.1.1 产品自适应

产品能自主适应需求的变化是产品自适应设计的目标。产品自适应要素是以产品为核心，采用设计变更或迭代设计方式以适应新的需求或新的环境。如图 2-1 所示，产品自适应特征主要体现在可靠性、稳健性、模块化和可定制性四个方面。

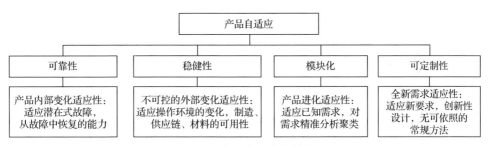

图 2-1 产品自适应的特征

1）产品内部变化的适应性：可靠性。可靠性一般是指元件、产品、系统在指定的环境中，且在一定时间内、在一定条件下无故障地执行指定功能的能力或可能性。包括从故障中恢复或预防故障的概率、从部分故障中恢复的能力或相对于潜在故障模式的可靠性。产品内部变化的适应性可通过耐久性、可维修性和设计可靠性体现。其中，耐久性是指产品使用无故障或使用寿命长；可维修性是指当产品发生故障后，能够很快、很容易地通过维护或维修排除故障；设计可靠性是决定产品质量的关键，由于人机系统的复杂性、操作的差错及使用环境的影响，发生错误的可能性依然存在，尤其在复杂设计中，需要非常高的可靠性。产品的可靠性可通过可靠度、失效率、平均无故障间隔等来评价，并通过设计故障安全、冗余和并行子系统来实现。

2）不可控的外部变化适应性：稳健性。如操作环境的变化，制造、供应链、材料的可用性。产品对这些制造和操作条件的变化适应性通常用稳健性来度量。产品具备稳健性的重要方法是稳健设计，最早的研究始于第二次世界大战后的日本，田口玄一博士于 1950—1958 年创立的三次设计法（Three Stage Design）奠定了稳健性设计的理论基础，所以稳健性设计方法也称田口方法。稳健设计使用 S/N（信噪比）评估产品的稳健性，在参数设计上采用聚焦于最小化过程变异或使产品、过程对环境变异最不敏感的实验设计方法，使产品具备适应不可控的外部变化的能力。

3）产品进化适应性：模块化。模块化是实现产品对环境和用户个性化需求适应性的重要方法。模块化一般指使用模块的概念对产品或系统进行规划和组织。产品的模块化设计是在一定范围内，对功能不同或者功能相同而性能、规格不同的产品进行功能分析的基础上，划分并设计出一系列功能模块，通过模块的选择和组合构成不同的产品，以满足市场不同需求的设计方法。模块化设计方法通过一般研究设计实体之间的耦合强度，实体的相互作用比与外部的相互作用更大，它们被组合在一起形成一个潜在的模块。通过模块化方法设计出的产品有不同类型的功能：基本功能、接口功能、扩展功能和自定义功能。其中，基本功能对系统至关重要，并且通常是反复出现的；接口功能将模块组合在一起（定位、紧固、适应匹配元素）；扩展功能可能需要可选模块；自定义功能是非标准的，可以针对特定客户实现，并且通常不会模块化，因为其他客户的需求有限。综合而言，模块化是提高产品可扩展性、可配置性，进而实现产品自适应变换的一种重要途径，也是产品自适应设计的一种关键特征。

4）全新需求适应性：可定制性。产品的可定制性强调设计需求产生后，产品通过变换满足需求的难易程度。例如，飞行器设计中任务参数、有效载荷、射程、武器系统的变化，对于这种类型的适应性没有常规的措施，所以我们将它称为可定制性。与可定制性相关的关键研究是产品的设计变更理论，产品设计变更以适应需求的可行性、难度、成本和时间，变更（产品需求）可能产生在客户端，也可能是产品设计缺陷修改，甚至可能是产品开发、原型制作、全面生产或全面部署之后的故障等。通过对产品设计信息的关联约束建模，以及设计变更影响的评估预测，结合设计方法实现面向需求的产品定制。可定制性也称产品通过定制满足需求的能力，其深入研究为缩短产品开发周期提供最大可能。

2.1.2 数据与知识自适应

数据与知识自适应是产品自适应设计的基本特点，也是实现设计求解方法自适应、设计过程自适应的基础。在数据维度方面的自适应主要包括设计数据、验证数据、运行数据、维护数据等结构化数据的适配与融合，以及数据分析、自适应数据权衡与决策、智能设计知识推送等内容，详细的逻辑关系如图 2-2 所示。

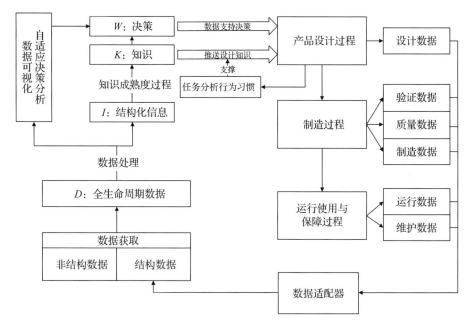

图 2-2 数据维度自适应

数据维度自适应特征体现在产品全业务链生产制造大数据的完整性和标准化，数据处理方法对多源数据的适应性，全生命周期的数据与设计知识更新、推送的动态性三个方面。

1）产品全业务链生产制造大数据的完整性和标准化。数据的完整性是指在产品全生命周期数据中对关键信息的全面获取，以完整的产品全生命周期数据作为设计的支撑，为保证数据处理结果的科学性奠定基础，进而保证基于数据的智能设计的准确性；数据的标准化主要面向大数据的结构化存储及数据处理前的准备，标准数据可以消除冗余数据对设计结果的干扰，是支撑智能自适应设计方法的重要基础，也是企业数字化、设计智能化的基础技术。为实现该特征，产品全业务链需获取各类数据，包括设计数据、验证数据、质量数据、制造数据、运行数据，以及非结构化数据的自动抽取。同时，实现多源异构制造大数据抽取与冗余清除、增量式真值发现，以及面向语义、结构、数据、描述等多维度冲突消解，提高数据质量。实现缺失数据填补和非一致业务数据的协同修复，提高数据的可用性。通过多源异构数据的统一表示、高效组织方法和以实体为中心的元数据结构化表达，实现数据的规范组织。

2）数据处理方法对多源数据的适应性。面对标准化后的多源数据，一般采用的数据处理方法有数据融合、数据可视化、数据挖掘、数据聚类、数据预测等，其中数据融合、数据可视化、数据聚类等技术的实现方法有很多，要根据不同产品、不同数据种类和特点，采取恰当的数据处理方法，才能获得更精准、更科学的数据处理结果，进而实现设计知识的科学获取。在产品自适应设计的数据分析环节，通过多决策分类器和特征重要度排序，实现各类数据样本属性和资源的智能关联，以及数据层、特征层及模式层多源数据融合；通过抽样加速可视化和多分辨率层次压缩等多种高效数据处理算法，实现数据可视化展现。通过集成学习的特征选择和深度置信网络，构建多模态、多应用的数据知识维度自适应设计主题模型，建立覆盖产品质量预测、参数优化、风险评价等主题模型，实现基于数据挖掘及数据分析的设计知识获取。

3）全生命周期的数据与设计知识更新、推送的动态性。设计过程应该被视为一个控制过程，不是静态的，而是动态的，在这个过程中，信息反馈必须迭代，直到信息内容达到可以得到最佳解决方案的水平。因此，在学习过程中应不断提高信息水平，从而有助于寻找解决方案。实现全生命周期数据知识的动态更新，是保证下一代产品汲取上一代产品设计经验，修复产品缺陷，提高产品质量的重要基础。为实现产品数据与设计知识的动态更新，企业要建立全面、实时的数据采集反馈机制，对于产品"需求分析—设计过程—生产制造—使用维护—回收利用"的全生命周期各环节产生的数据，应通过平台的存储器及工具进行采集存储，然后在数据层上分析和驱动设计过程。同时，要加强数据处理和知识提取完成后的实时推送机制，基于面向设计探索的知识推送机制，实现启发式设计过程，为产品自适应设计提供支持；通过设计任务情境指向的复杂设计知识网络实体搜索及基于本体的设计知识网络子集提取与合并，提高数据知识的获取效率；通过产品方案设计的知识推送机制，实现最佳设计案例、功能模块配置方案的重组与复用；通过面向设计优化的知识推送机制，为产品多学科协同的设计过程提供优化策略和迭代准则；通过基于用户情境模型的设计知识网络修正，实现设计任务—设计知识—设计人员的多层映射。

2.1.3 设计求解方法自适应

机械产品种类多、设计需求多样，同时满足需求涉及的任务范围很广。因此，解决办法的要求和类型极为多样，总是需要应用不同的设计方法和工具，以适应不同产品的不同设计任务。例如，食品加工机械必须满足特定的卫生要求，机床必须满足特定的精度和运行速度要求，发动机必须满足特定的功率重量比和效率要求,办公机器必须满足人体工程学和噪声水平方面的特定要求。设计过程主要分为市场需求分析、概念设计、方案设计、详细设计等环节,包括设计信息建模、设计需求决策、功能样机构建、结构配置、参数优化、故障预测、失效分析等主要模块,各个模块间的逻辑关系如图 2-3 所示。

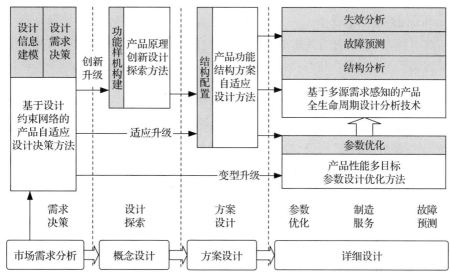

图 2-3 产品自适应设计逻辑过程

设计求解方法自适应主要是指在产品设计过程中,实现主动的多粒度(创新、结构、参数)、多层次(整体、流程、步骤)、多模式(自动与人机交互)的产品设计求解方法自适应。

1)设计信息与求解方法融合的多粒度。设计的求解方法往往面向产品的不同粒度设计信息,如功能求解方法面向产品的功能与结构信息,结构优化方法、性能参数优化方法则面向产品的三维信息及参数信息等。设计需求产生后,不同粒度的产品信息设计与修改,需采取不同的设计求解方法。可通过产品设计信息的多域设计信息关联模型的构建,将产品功能、行为、结构、参数等产品设计信息关联,并基于决策指标体系,确定产品设计需求下产品设计信息的表现形式,如参数数值、功能的关联、结构的型号等,结合与之匹配的产品设计求解方法,建立多粒度设计信息设计求解方法匹配的评价体系,进而选择最优的设计求解方法,实现设计信息的优化与修正,使不同产品设计的不同粒度设计信息可以适应全生命周期中的意外变化。这是求解方法自适应的重要问题。

2)设计任务与求解方法融合的多层次。在产品的全生命周期中,不同阶段的设计任务、设计需求不同,因此所需的设计求解方法也不同。例如:在需求响应阶段，需要开展产品创新设计的探索与分析；在产品概念设计阶段，需要开展功能求解；在产品详细设计阶段，需要进行参数优化与分析工作；在产品数字样机成型后，需要开展多领域统一建模的产品原理功能样机构建与优化；在产品工艺规划阶段，需要进行产品的可制造性分析；在产品装配设计阶段，需要开展产品可装配性分析；在产品制造和维保阶段，则需要开展产品的潜在失效模式分析。企业中不同阶段的主要设计任务及对应的求解方法已经相对成熟，然而产品全生命周期中多层次设计任务下求解方法的融合与集成管理，仍然是提高设计智能化水平的重要研究内容。在产品全生命周期的各个阶段，不同设计任务下，设计求解及分析方法的适应性匹配则体现了其多层次的特点。

3）企业需求与求解方法融合的多模式。多模式是指企业中产品自适应设计求解方法的智能化、自动化与人机交互多种模式的交叉融合。智能化的产品设计是降低经验设计风险、提高设计效率的重要基础，然而设计求解方法并非一味追求智能化，应采用最适合企业的模式。多模式交融的设计方法是企业在当前技术与科技背景下，解决产品设计问题、满足产品设计需求的最佳手段，在设计中体现为参数优化过程的智能化、功能结构匹配的自动化、装配性分析的人机交互等方面。产品设计求解方法自适应的模式不仅需要综合企业的设计环境，还需要考虑设计人员对产品的设计分析水平，以及不同设计环节的特点，进而实现企业需求与多模式设计求解方法的自适应。

2.1.4　设计过程自适应

设计和开发过程首先取决于企业的导向。在以产品为导向的企业中，产品设计与开发责任根据特定的产品类型及需求类型被分配给企业的不同部门（如旋转压缩机部门、活塞式压缩机部门、附件设备部门）。以问题为导向的企业根据整体任务被分解为部分任务的方式来划分责任（如机械工程、控制系统、材料选择、应力分析）。当然也有其他形式的设计开发过程，如基于设计过程的特定阶段（如概念设计、实施设计、详细设计）、领域（如机械工程、电气工程、软件开发）或产品开发过程的阶段（如研究、设计、开发、试生产）。因此，设计过程是一个分层次、分阶段，由全局到局部，逐层循环，逐步迭代逼近，逐渐完善，最后达到设计要求的过程。

图 2-4 展示了以设计开发过程组织任务的层次图，其以需求分析、方案设计、结构设计、详细设计、制造五个设计阶段为主要组织方式，将每个设计阶段中的设计任务进行分解，同时确定设计子任务的设计流程，并在设计流程中确定每个子设计问题的协同过程进而提高设计效率，通过设计任务的层层分解以及设计流程的组织协同优化，实现设计过程的自适应组织。

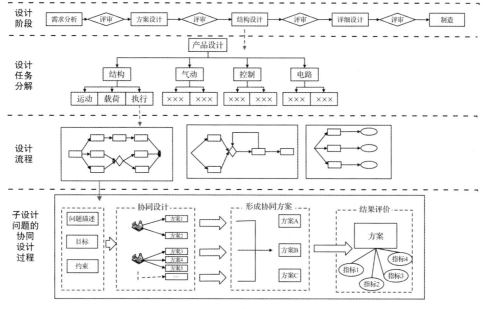

图 2-4　设计过程自适应

1）设计过程的层次性与阶段性。设计过程的层次性主要体现在设计项目中的任务，任务由目标（计划、绩效）、流程、资源、活动构成，每个流程又可以细分子流程，同样由目标、子流程、资源、活动构成。例如，在"需求分析—方案设计—结构设计—详细设计"基本设计阶段下，存在设计任务及设计流程的进一步分解，如方案设计中的气动设计、电路设计等子任务，每个设计子任务下又包含设计流程，设计流程又分阶段。产品设计过程自适应是基于产品设计需求，通过研究设计过程，拟定具有普遍适用性的产品设计流程。该特征通过产品平台中分阶段、分层次的模型要素定义，实现基于实际设计需求的设计过程的适应性建模。

2）面向需求的设计流程组织动态性。产品的设计需求是多源、异质的，如功能需求、性能需求、质量需求、运维需求、外部环境需求等。其中，运维需求、外部环境需求等会随着时间推移、科技发展不断更新，具有动态性、随机性。需求提取后，不同属性的设计需求会作用在概念设计、详细设计、工艺设计等产品设计不同阶段，如产品的功能设计需求在概念设计中完成，参数优化需求则在详细设计中完成，依据设计需求的属性实现设计需求到设计流程的快速映射是提高设计效率的重要保障。产品自适应设计通过需求的决策实现需求向设计过程与设计任务的动态映射，同时通过设计步骤、流程的动态组织，实现最优的设计流程方案。步骤的顺序不能是死板的。有些步骤可能被省略，而另一些则经常重复，这种灵活性符合设计需求特点及实际的设计经验。该特征涉及实时数据驱动的设计需求获取、面向设计任务的需求分析与转换、设计过程与设计任务的实时更新等技术。

3）设计任务的协同性。设计任务的协同性来源于并行设计理念，是指产品及其设计的相关过程并行化、一体化的工作模式。这种工作模式一开始便考虑"需求分析—方案设计—结构设计—详细设计"等产品设计过程的全部阶段及其子阶段，并考虑到子阶段中的质量、成本、进度及用户需求等要素，使产品设计过程任务合理分配，实现节约设计资源、缩短设计周期，以及提高产品质量等目标。值得注意的是，设计任务的协同是由设计人员知识的局限性决定的，设计人员不仅要了解传统的科学和工程基础知识（如物理、化学、数学、力学、热力学、流体力学、电子学、电气工程、材料科学、机械元件），还要了解特定领域的知识（如仪表、控制、传输技术、生产技术、电气驱动、电子控制），这对设计任务的协同解决和分配都有重要意义。在自适应设计平台中通过多主体的协同设计过程感知、冲突消解等研究，集合多主体建模技术，实现设计过程的协同。

2.2 产品自适应设计运作逻辑模型

产品自适应设计充分利用新一代信息技术，能根据时变的产品设计需求不停地进行快速的主动适应性设计。实现自适应设计的前提是全生命周期需求数据的实时反馈，以及随时、互动式的更新。所有设计从精准需求出发，设计过程和资源的组织要迅速、灵活地应对需求的变化。

以一般产品的设计过程为例，它是以顺序设计阶段为基础，分配设计任务和组织设计数据的过程。其中，产品设计过程划分为四个相互映射关联的阶段域，用户需求分析是产品设计开发的起点，用户需求的分解是产品协同设计过程的基础，然后映射到产品功能需求分解，以全生命周期数据作为支撑，依照需求分解和满足需求对任务执行分解、分配、调度及优化，从而形成协同设计的任务层次。产品设计过程中不同设计阶段、数据、任务流程、时序和层次存在的协同关系如图 2-5 所示。

与一般产品设计方法不同，产品自适应设计中设计过程、设计任务与设计数据之间的交互关系并不是固定的，而是以时变的设计需求为驱动，以设计过程自组织为核心，且具备"自主感知—智能决策—高效执行"闭环迭代典型特点。对图 2-5 进一步拓展，形成自适应设计的逻辑视图，并将自适应设计系统分为六个组成部分，如图 2-6 所示。

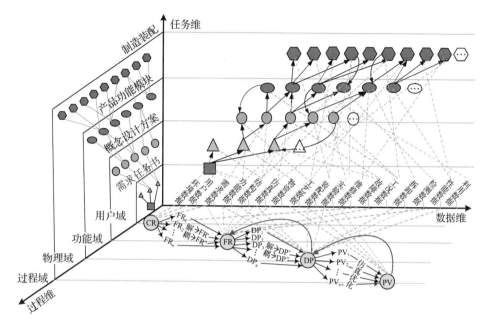

图 2-5　产品设计过程协同关系图

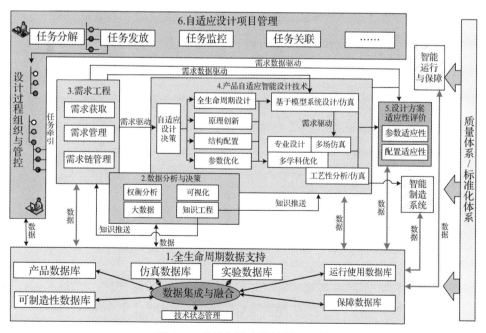

图 2-6　产品自适应设计逻辑视图

1) 全生命周期数据支持。在产品自适应设计系统的全生命周期数据感知模块中,可实现海量制造大数据治理、多源异构制造大数据融合修复,以及多源异构数据统一表达三大基本功能。其通过对产品数据库、仿真数据库、实验数据库、运行使用数据库等产品多源异构大数据抽取与冗余清除、增量式真值发现,以及面向语义、结构、数据、描述等多维度冲突消解等方法,提高数据质量;基于非精确匹配规则的缺失数据填补和不确定规则与非一致业务数据的协同修复等方法,提高数据的可用性;通过多源异构数据的统一表示、高效组织方法和以实体为中心的元数据结构化表达方法,实现数据的规范组织。

2) 数据分析与决策。在全生命周期数据感知基础上,可实现全类型制造大数据分析与可视化及基于大数据挖掘的设计知识发现。其通过多决策分类器和特征重要度排序方法,实现各类数据样本属性和资源的智能关联,以及数据层、特征层和模式层多源数据融合;通过抽样加速可视化和多分辨率层次压缩等多种高效数据处理算法,实现大数据可视化。同时,通过集成学习的特征选择和深度置信网络,以及多模态多应用的自适应设计主题模型构建方法,建立覆盖产品质量预测、参数优化、风险评价等主题模型,实现设计知识的发现。

3) 需求工程。产品自适应设计系统的需求工程模块主要包括基于全生命周期数据的设计需求获取、设计需求的管理及需求链管理功能。在需求获取时,基于图网模型建立动态产品需求图谱表征理论,实现需求的合理表征,并基于语义聚类和共指消解技术,建立需求关键词、需求关系、属性抽取和信息融合模型,实现多源异构产品需求数据的获取与集成,进而实现基于知识图谱的设计需求管理。产品设计需求图谱存在关系复杂、矛盾冲突及不确定性等问题,基于节点相似度等实体匹配方法、密度-峰值法等实体聚类算法,实现动态产品需求图谱优化。通过图谱反向推测算法和关联规则挖掘算法,形成非完备设计需求精确识别,以及全生命周期设计需求向产品设计环节的精准映射,进而实现需求链的管理。

4) 产品自适应智能设计技术。在产品自适应设计系统的产品自适应智能设计模块中,可实现多源需求感知的产品全生命周期设计分析、产品性能多目标参数设计优化、产品功能结构方案自适应设计、设计产品原理创新设计探索四大基本功能。通过对制造过程数据和数字孪生的产品制造/装配性分析,可实现产品维护性分析;同时,构建产品全生命周期权衡评价模型,利用产品全生命周期综合设计分析技术,实现多源需求感知的产品全生命周期设计分析;模块中包含产品潜在失效模式与效应分析、故障预测子模块,可实现基于数据的故障诊断与预测;为实现参数设计优化,模块通过对设计变量与性能关联强度计算和基于敏感度与信息熵的关联类型识别,建立产品性能多目标参数设计优化模型,并通过智能算法实现了多目标参数优化模型求解；最后，模块可实现基于公理化设计和发明问题解决理论的产品原理方案设计，以及研究基于信息公理和物场分析的产品原理方案评价，支持产品原理方案的优选。

5）设计方案适应性评价。通过构建产品模型成熟度指标体系及产品各域数字孪生模型和总体数字孪生模型成熟度评价，解决产品优化决策的问题。同时，综合考虑功能、性能、结构、制造、运维的产品适应性评价量化指标体系，可实现对产品关于全生命周期多样化需求及其变化的适应性的定量描述。此外，该功能模块中，提出产品参数和配置 / 架构适应性指标合成评价方法，可满足产品多样化动态需求。具体包括产品参数适应性评价方法、产品配置 / 架构适应性评价方法。最后，通过模糊集、灰色关联分析等方法，以及面向自适应设计过程的指标动态配置、数据自动清洗、可变权重，最终实现产品设计方案的适应性评价。

6）自适应设计项目管理。产品自适应设计系统的项目管理模块主要实现自适应设计过程管控，是产品自适应设计原理与产品实际设计过程有机结合的重要模块，是数据分析与决策、需求工程、产品自适应智能设计模块的集成实现，包括泛在环境下自适应设计产品建模、在线产品数字化定义、多主体可视化在线交互协同设计、在线交互协同设计过程管控四大基本功能。该模块以泛在环境下自由享用计算能力和信息资源为目标，基于云 CAD 技术实现产品建模，并基于模型的工程定义技术实现产品的数字化定义；同时实现基于三维模型可视化的在线交互协同设计和多主体参与的数据管理与同步，进而实现可视化的设计交互；在攻克协同规则与权限定义、实时通信、数据同步与冲突处理等技术难点基础上，实现多用户参与的建模指令协同、建模数据协同、多主体协同、协同历史可回溯、协同权限管理、协同版本管理，具备实时通信、增量数据、冲突消解、版本控制等能力，确保协同设计的数据准确性和响应速度。

2.3　产品自适应设计的技术体系

2.3.1　大数据感知与分析技术

产品自适应设计技术体系中关于全生命周期数据、信息、知识的采集、处理、融合、分析技术统称为大数据感知与分析技术。大数据感知与分析技术体系主要包括全业务链多源异构数据融合技术、复杂设计知识网络构建与动态维护技术、全类型制造大数据分析与设计知识发现技术等几个重要方法技术模块。

1）全业务链多源异构数据融合技术。主要针对制造企业内外部系统多源异构数据一致性差、可用性弱、共享率低等问题，通过全业务链多源异构数据融合技术，实现全业务链制造大数据的实时获取、融合集成和高效存储。在海量制造大数据治理技术领域，主要实现支持溯源的多源异构制造大数据抽取与冗余清除、增量式真值发现，以及面向语义、结构、数据、描述等多维度冲突消解，由此提高数据质量。同时，利用非精确匹配规则的缺失数据填补方法和不确定规则与非一致业务数据的协同修复方法，提高数据的可用性，实现多源异构制造大数据融合修复。通过多源异构数据的统一表示、高效组织方法和以实体为中心的元数据结构化表达方法，实现数据的规范组织和多源异构数据的统一表达（详见 3.1 节）。

2）复杂设计知识网络构建与动态维护技术。主要针对企业研发设计知识多源异构及动态变化导致的设计知识组织、管理、维护困难等问题，研究复杂设计知识网络构建与动态维护技术，实现设计知识"统一表达—高效组织—动态维护"。首先，通过结构化/非结构化设计知识统一表达方法，实现基于实体识别与链接的复杂设计知识网络构建，结合设计知识网络实体及检测补偿，实现知识数量与质量的同步提升；其次，通过复杂设计知识网络关键特性度量方法，建立复杂设计知识网络评价指标，为复杂设计知识网络维护提供基础；最后，基于复杂设计知识网络动态维护与控制机制及语义推理的设计知识网络演化方法，实现复杂设计知识网络动态维护与设计知识网络的实体消歧与链接冲突处理（详见 3.2 节）。

3）全类型制造大数据分析与设计知识发现技术。主要针对产品全生命周期制造大数据无法直接驱动产品设计的问题，通过全类型制造大数据分析和设计知识发现技术，为产品自适应设计决策提供依据和获取设计知识。通过集成学习的特征选择和深度置信网络，以及多模态多应用的自适应设计主题模型构建方法，建立产品质量预测、参数优化、风险评价等主题模型，实现基于大数据挖掘的设计知识发现（详见 3.3 节）。

在面向设计的大数据感知与分析技术领域，如何围绕实体对象，将具有异构、大噪声、冲突等特点的制造业数据转化为有价值的信息是主要技术障碍。通过全域异构跨尺度大数据分析融合相关技术研究，从数据组织、冲突消解、非一致业务数据的填补与修复、数据结构化统一表达等方面突破多源异构数据的处理技术，实现数据可视化及标签化处理。通过研究多源数据融合方法，实现各类数据样本属性和资源的智能关联，解决多元、多源数据条件下实体对象统一标识困难问题，实现全域跨尺度多源异构数据融合与集成。该技术用于提高数据质量，为产品自适应设计提供依据和支撑。此外，产品设计知识的统一表达、高效组织与动态维护是设计知识能否有效重用并发挥知识价值的关键所在，通过复杂设计知识网络构建对动态维护技术的深入研究，采用知识封装技术，将规则、模型、工具等异构多粒度的设计知识进行统一表达，基于知识图谱组织设计知识，形成复杂设计知识网络；通过动态维护确定触发机制、评判准则与控制策略，基于实体搜索技术解决复杂设计知识网络中新知识的增加与实体链接关系的发现，通过实体解析技术识别设计知识实体间的歧义与链接冲突监测，最终实现复杂设计知识网络正向与逆向维护的动态演化过程。

2.3.2　产品设计方案的生成与评价方法

设计需求提出后，首先需对产品设计做出响应，快速配置产品设计方案，因此设计需求的适应性分析技术十分关键。同时，产品适应性设计在完成产品设计后需要对产品设计的适应性进行评价，为相应设计方案提供设计决策。对产品适应性的评价，可帮助设计人员针对需求选择合理的适应性设计方案，也有助于在需求变动时提供调整建议，达到满足需求变动的要求。产品设计需求决策与适应性评价体系主要包括基于设计约束网络的产品自适应设计需求决策方法与产品适应性动态评价方法两个关键内容。

1）基于设计约束网络的产品自适应设计需求决策方法。主要针对设计变更需求响应慢，产品设计传播效应缺乏有效评估的问题。首先，构建基于设计约束网络的产品设计变更信息模型，建立产品功能－结构－参数多个设计信息域关联的多层网络模型，为需求驱动的设计信息变更分析提供基础。其次，通过设计变更传播网络的递归与多级抽象简化，提高产品设计变更需求响应效率，通过对模型下需求驱动的变更影响传播模式，实现变更影响的显式表达，实现设计变更传播的形式化和可追溯。最后，构建产品设计变更代价评价指标体系，建立产品设计优化方案决策评价模型，确定需求驱动下的产品设计变更传播响应路径，实现产品设计优化方案决策评价（详见 4.1～4.3 节）。

2）产品适应性动态评价方法。主要针对产品对市场及设计、制造、运维全周期需求变化的动态响应性差，难以及时做出产品优化决策的问题，研究产品适应性动态评价方法，为产品自适应设计决策提供依据。首先，综合考虑功能、性能、结构、制造、运维对产品适应性的影响，进而构建产品适应性评价量化指标体系，对产品全生命周期多样化需求及其变化的适应性实现定量描述。然后，为满足产品多样化动态需求，从产品参数、配置/架构、原理方案三个层次，提出产品适应性指标合成评价方法，包括产品参数适应性评价方法、产品配置/架构适应性评价方法、产品原理方案适应性评价方法（详见 4.4 节）。

在产品设计需求决策与适应性评价相关研究中，产品自适应设计需求决策是产品闭环迭代的重要环节，既是连接数据知识、设计需求与具体设计的桥梁，也是决定实施哪个层次自适应设计的扳道机。通过基于设计约束网络的产品自适应设计决策方法研究，分析产品参数关联关系、结构关联关系和功能关联关系，构建基于设计约束网络的产品强连接结构和弱连接结构的设计变更传播模型，以及产品设计变更传播动态网络，确定产品设计变更传播路径，实现产品自适应设计需求决策。该方法用于决定设计需求的迭代方向和范围，提高设计变更响应速度和准确性。产品适应性设计在完成产品设计后需要对产品设计的适应性进行评价，为相应设计方案提供设计决策。对产品适应性的评价研究，可帮助设计人员针对需求选择合理的适应性设计方案，也有助于产品对需求变动情况提供调整建议，达到满足需求变动的要求。

2.3.3　设计方案求解与优化方法

产品设计方案智能求解方法，从基于专家经验的设计系统逐步发展为人机智能化设计系统，设计方案的创新水平、求解过程的智能化水平均得到大幅提高。以新一代智能算法为引导，产品智能求解方法为设计求解的自动化水平及创新能力的提高提供了新的视角。设计方案求解与优化方法体系主要包括产品原理创新设计探索、产品功能结构方案自适应设计、产品性能多目标参数优化设计、产品全生命周期设计分析等四项关键内容。

1）产品原理创新设计探索。主要针对复杂产品在需求、设计、试验、运维等系统原理功能创新设计与仿真验证一体化方面的需求。首先，研究基于公理化设计和发明问题解决理论的产品原理方案设计方法。其次，研究基于信息公理的产品原理方案评价方法，支持产品原理方案的优选，实现基于集成化设计理论的产品原理方案设计与评价。最后，通过涵盖系统、分系统、单机多个层次的产品原理功能样机构建，实现演化与扩展的产品原理功能样机的优化设计，并实现对原理设计方案的迭代优化（详见 5.1 节）。

2）产品功能结构方案自适应设计。主要针对产品由机械、电子、液压、控制等多学科耦合而成，不同子系统间相互耦合影响的问题。首先，通过产品功能结构单元自适应划分分析，建立产品单元划分准则，对产品结构单元进行解耦规划。其次，基于等价关系的约束空间划分，建立分层次的设计功能结构约束空间稀疏表达模型，提取关键约束作为功能结构匹配推理的变量集，实现产品功能结构约束模糊自适应匹配。最后，通过建立通用配置集与可重构因子，优化配置过程模型，并基于产品功能配置算法，实现产品递归化动态功能结构方案自适应求解（详见 5.2 节）。

3）产品性能多目标参数优化设计。主要针对产品性能指标多、产品设计变量与性能间关联分析数据来源多、关联关系难以精确表达的问题。首先，通过产品设计变量多源数据融合分析和基于敏感度与信息熵的关联类型识别，实现产品设计变量与性能关联强度计算。其次，针对设计变量不确定性、系统参数不确定性等问题，提出了基于变权空间密度的产品性能多目标参数优化求解算法，通过个体变权空间密度降序排列进行参数可行解集的多样性保持和全局最优值更新，并引入概率随机变异机制增强算法的全局寻优能力。最后，定义了产品性能特性灵敏域，建立了基于灵敏域的产品性能特性稳健优化数学模型，在满足产品性能设计要求的前提下，提高产品性能对设计参数波动的稳健性，实现了产品性能适应性的高效求解（详见 5.3 节）。

4）产品全生命周期设计分析。主要针对现有产品设计，重点关注市场用户需求响应，忽视制造等全生命周期其他重要环节的需求，研究融合产品全生命周期多源需求的设计分析技术。首先，通过基于制造过程数据和数字孪生的产品制造 / 装配性分析，以及基于运维服务数据和数字孪生的产品维护性分析，实现基于单源需求感知的产品设计分析技术。其次，构建产品全生命周期权衡评价模型，并在该模型基础上展开产品全生命周期综合设计分析，为自适应设计决策提供依据，进而实现基于多源需求感知的产品全生命周期综合设计分析。最后，实现该技术的核心，研发基于多源需求感知的产品全生命周期设计分析工具（包括制造性 / 装配性分析工具 DFMA、动态装配维护分析工具 DASM、工艺知识库和产品全生命周期综合设计分析工具），以及机电产品失效模式模糊效应分析工具和运维数据驱动的故障模式分析与预测工具，实现基于数据的故障诊断和预测，进而实现产品全生命周期设计分析（详见 5.4 节、7.1 节）。

在产品设计方案求解与优化的相关技术中，产品性能设计优化是产品持续改进的核心手段。产品性能决定产品质量，由于产品性能指标多、设计变量多、不确定性因素多，因此通过对产品性能多目标参数优化设计方法建立设计变量与性能目标的设计模型构建和关联强度的计算方法，并针对设计变量不确定性、系统参数不确定性等，建立不确定性量化模型，利用智能算法实现产品性能多目标参数优化求解。本方法用于优化调整产品参数，提高产品多目标综合性能。同时，产品设计阶段是满足设计需求的重要阶段，也决定了产品全生命周期设计制造的大部分成本。此外，产品的质量、性能、可靠性甚至安全性均由该阶段决定，若在产品设计阶段出现设计问题，则会出现后续设计无法弥补的缺陷。

以产品设计求解为核心，进而研究贯穿产品全生命周期的设计及设计分析方法，提出基于集成化设计理论的概念方案创新设计和基于统一建模的功能样机构建与优化方法，解决了产品自适应设计方案探索、多领域耦合模型构建与探索方案的仿真评价等问题；提出并实现产品功能结构方案自适应设计方法，有效支持了产品通用性与多样性的改进和客户需求的自适应迭代升级设计；提出产品结构详细设计的制造性、装配性和维护性分析方法，有效解决了自适应设计对产品全生命周期需求变化进行快速响应的问题。这样可以从源头提高产品性能及质量，同时降低产品生产成本,减少产品设计迭代次数,进而缩短产品开发周期,提高产品设计效率。

2.3.4 设计过程的协同管控技术

产品自适应设计的一个显著特征是在线交互协同,它包含两层意思:第一层是多主体(设计人员、管理人员、制造人员等)在线交互协同设计;第二层是在线交互协同设计的过程管控,即对设计过程进行分配任务、授权、消除冲突等管理。设计过程的协同管控技术研究用来解决当前企业设计模式单一、设计过程动态多变、协同响应设计周期较长等实际问题。该技术主要包括泛在环境下自适应设计产品建模技术、在线产品数字化定义技术、基于情境导航的自适应在线设计知识推送、在线交互协同设计过程管控技术、产品自适应在线交互设计平台的研发五个关键内容。

1)泛在环境下自适应设计产品建模技术。主要针对企业设计模式单一、缺乏远程协同设计工具支持的问题,利用泛在环境下自由享用的计算能力和信息资源,基于云 CAD 技术,开展相关研究。首先,基于 Web 的产品参数化建模技术,解决云模式下服务器数据统一管理问题,并开发在线参数化建模工具。其次,通过三维装配模型操作方法研究,实现装配约束的定义与表达,解决云模式下装配数据统一管理问题,并开发在线装配设计工具,实现通用机械行业在线装配设计。最后,通过开发在线轻量化模型数据转换工具,突破传统建模软件的模型数据格式壁垒,兼容现有主流建模软件格式,实现多种本地模型数据向云端可编辑、可操作、可浏览的转换(详见 6.1 节、7.1 节)。

2)在线产品数字化定义技术。主要针对产品全生命周期数据异构、动态实时数据利用率低的问题,开展相关研究。首先,通过基于模型的数字化定义技术,实现基于三维模型统一定义的产品设计、工艺、质量管控与服务,通过设计、工艺、制造、服务等多业务、多领域统一知识模型的定义,形成完整的三维数字化研发服务技术应用体系。其次,基于数字孪生虚拟样机元模型建模方法,在三维模型上定义产品虚拟样机设计元模型,构建三维数字孪生模型,实现数字孪生多维信息融合,形成完整的三维数字孪生服务技术应用体系(详见 6.2 节)。

3)基于情境导航的自适应在线设计知识推送技术。主要针对企业知识存量急速增长,知识管理系统中知识资源庞大、横跨专业领域的问题,实现知识检索从"拉式"向"推式"的转变,将合适的知识在恰当的时候主动供应给需要的设计人员。首先,通过设计探索、方案设计、参数优化等设计任务的情境建模及设计人员情境建模,构建包含用户基本模型与用户偏好模型的设计人员情境模型,实现多维度设计情境建模方法。其次,通过设计任务情境指向的复杂设计知识网络实体搜索及基于本体的设计知识网络子集提取与合并，实现用户情境模型的设计知识网络修正及设计任务—设计知识—设计人员的多层映射，最终实现复杂设计知识网络的知识匹配。最后，通过面向设计探索的知识推送机制，实现启发式设计过程，为产品创新设计提供支持；通过面向产品方案设计的知识推送机制，实现最佳设计案例、功能模块配置方案的重组与复用；通过面向参数优化的知识推送机制，为产品多学科参数优化设计过程提供优化策略和迭代准则。综合三个方面实现面向产品自适应在线设计的知识推送（详见 6.3 节）。

4）在线交互协同设计过程管控技术。主要针对面向产品研发过程中不确定性、交互频繁、业务和权限复杂等问题。首先，通过支持多主体在线交互协同设计流程的图形化表达方法和可视化描述语言，开发面向不同设计模式、不同任务组织方式的设计流程架构，实现对开放网络环境下交互协同设计过程的界面交互、可视呈现与动态追溯。其次，分析在线交互协同设计活动执行过程的主体交互行为、冲突形态特征及阶段递进关系，通过分析不同设计过程之间的内容关联性、逻辑约束性和进度可调性，利用启发式智能计算技术，研究多过程活动执行方案综合评判决策方法，实现活动执行过程多方案优化决策机制。最后，通过分析基于机理模型的自适应优化设计、基于多源需求和产品实时运行大数据反馈，改进设计中可能出现的设计冲突类型和特征，形成协同过程冲突消解方法及控制策略（详见 6.4 节）。

5）产品自适应在线交互设计平台的研发。基于以上技术的研究成果，研发了性能高、拓展性好、集成性好的产品自适应在线交互设计平台，该平台具备三维零件建模、装配建模、数据转换、参数化建模引擎等核心技术，可提供在云服务器端部署研发项目管理、建模流程、协同设计、数据存储等服务，具备在线设计与交互、三维图形实时渲染、应用授权等客户端功能，为企业产品在线协同设计提供支撑（详见 6.5 节）。

在产品设计过程的协同管控技术研究中，需求、设计、制造、维护等多主体均具有交互和协同设计的需求，而企业当前仍存在协同响应效率低、跨平台适应性差、协同手段单一的问题。因此，首先，可通过多主体可视化在线交互协同设计技术研究，分析多用户协同设计的需求，形成同步分布式的设计表达可视化集成环境。其次，开展协同规则与权限定义、实时通信、数据同步与冲突处理等技术的攻关，解决多用户参与的建模指令协同、建模数据协同、多主体协同、协同历史可回溯、协同权限管理、协同版本管理等关键问题，具备实时通信、增量数据、冲突消解、版本控制等能力，确保协同设计的数据准确性和响应速度。再次，实现包括通信、权限、指令、版本等模块的协同架构的设计与开发。最后，完成基于 Windows、Android、iOS 等平台的跨平台协同模块的集成与部署。同时，在线交互协同设计过程中，需要满足需求、设计、制造、维护等多主体协同设计和交互的需求，使用各类产品数据、知识、工具、模型等信息，实现融合大数据处理、知识管理、自适应设计等技术的应用。因此，其设计过程的流畅运行和精准管控存在较大的困难。可以通过在线协同交互设计过程管控技术的研究，从设计流程的图形化表达和可视化描述出发，建立不同设计模式和任务组织方式下的设计流程架构；研究交互设计活动执行过程中的进度状态，实现对活动执行过程的全面感知；分析设计过程中的设计冲突类型与特征，提供冲突消解方法及控制策略。最终，实现在线需求感知—在线设计—在线运行使用—动态感知反馈—产品设计迭代优化—决策—控制执行的闭环动态高效自适应设计。

第 3 章

多源异构数据融合的产品设计
知识自适应组织方法

目前，制造企业在进行产品设计时，往往面临着数据、知识与设计业务融合不足、数据和知识没有或难以充分发挥创造价值作用的问题。在产品自适应设计中，首先需要对来自底层的需求域、设计域、运维域、市场域等异构数据进行融合与深度分析，挖掘其中的内在知识与规律，发展全域异构大数据分析融合、复杂设计知识网络构建与动态维护等关键技术，实现产品全生命周期制造大数据跨时空、多粒度融合与集成分析，提高产品设计资源汇聚—转换—创值全链条闭环迭代能力，从而更好地支持数据驱动的产品自适应在线设计模式落地实施。

3.1 全业务链多源异构数据融合技术

3.1.1 企业多源异构数据融合的研究现状及技术框架

1. 企业多源异构数据融合研究现状

数字化和信息化时代，技术的迅猛发展对企业产品研发产生了巨大的影响，传统的研发模式已不能满足新时期企业的发展需求。新时期企业更重视如何对来源不同、结构不同的企业大数据进行相互融合，并挖掘出潜在价值，以此提高产品设计能力与市场竞争力。随着大数据时代的到来，企业异构数据数量逐渐增长，当数据分别来自不同的组织机构时，考虑到安全性问题，各个组织机构之间数据共享存在一定难度，这也给企业带来了新的挑战。

企业数据来源多样化，有业务内部数据、外部网络抓取数据及合作企业数据等。采集的数据集包括结构化的和非结构化的，分布在不同的系统。各个业务系统从这些数据集中提取数据的需求越来越多，已经形成了难以维护、难以管理的"蜘蛛网"，因此需要建立统一的数据管理和访问平台，提供"一站式"的数据访问服务。从另一个角度看，这些数据也来自不同设备与应用系统，包括市场域、实验域、生产制造域和运维域等。每个来源的数据都有自身的逻辑，由不同的形式进行描述，这些数据共同构成了以产品为中心的大数据，即多源异构大数据集合。多源异构大数据集具有异构、自治、复杂、演化的特征。如何融合和处理这些数据，并在数据基础之上进行特征融合、决策融合是企业面临的重要问题，而最终目的是要对数据进行治理、融合与知识发现。例如，企业产品数据，一部分在企业内部 MES（制造执行系统）中，一部分在 ERP（企业资源计划）系统中，一部分在质量数据库中，还有一部分在网络上，甚至一部分存留在用户纸质资料中。数据的不一致和不统一导致数据无法产生真正的应用价值，同时数据的割裂导致对用户或产品的认识比较片面，可能做出错误的决策，这也是为什么需要数据融合。

目前，企业多源异构大数据融合存在如下问题。

1）孤岛化。企业中各种各样的业务线、系统、平台每时每刻都在产生数据，但是这些数据不汇聚、不融合，大部分数据分布在不同服务器和系统中，不同时期的系统版本也不同，企业业务的更新迭代也导致很多数据形成"信息孤岛"，无法有效地进行数据分析。

2）割裂的多源异构数据。企业分析大数据时最重要的挑战是数据的碎片化。很多企业，尤其是大型企业，数据常常分布在不同部门，而且这些数据保存在不同的数据仓库中，不同部门的数据技术也有可能不一样，这导致企业内部的数据都无法打通。如果不打通这些数据，大数据的价值就难以挖掘，因为大数据需要不同数据的关联和整合，才能更好地发挥数据挖掘的优势。如何将不同部门的数据打通，实现技术和工具共享，更好地发挥企业大数据的价值，是企业面临的重大问题。比如，需要处理的数据可能来自不同软件厂商自行开发的数据库、知识库或系统，从来源看，这些数据是多源异构的，而且这些数据被割裂在不同的系统内，形成了高度异构的数据，给数据处理带来了极大的挑战。

3）数据规模和数据价值的矛盾。企业每时每刻都在产生大量的数据，数据类型越来越多，数据规模越来越大，而高密度数据的应用价值却较低，因为只有核心业务数据有很大价值，而业务数据的量只占所有数据量的 5%～10%，其他都是附加数据，不能有效地产生价值。大数据的意义不仅仅是要收集规模庞大的数据信息，还要对收集到的数据进行很好的预处理，才有可能让数据分析和数据挖掘人员从可用性高的大数据中提取有价值的信息。数据可用性提高 10%，企业的业绩至少提升 10%。

4）跨媒体和跨语言的关联。当今时代，需要处理的数据已经由纯粹的结构化数据变为包含结构化数据、半结构化数据和非结构化数据在内的复合形式，这对数据的关联提出了很大的挑战。另外，数据在不断变化的过程中，实体和关系也是随时间不断演变的，这增加了实体和关系的判别难度，容易造成数据不一致。

随着人工智能、大数据、云计算、区块链、5G 通信等新技术的发展，更多企业呈现出数据融合应用的趋势，全域数据的融合应用已成为未来数字化转型的一个重要趋势。多源异构数据的融合技术本身已发展到一定阶段，在各行各业发挥着重要作用，但各企业的实际数据现状又有所不同。因此，根据企业数据特征，将不同类型、不同来源的数据进行有效融合并进行知识提取，才是产品自适应设计中最重要的数据基础。

数据融合是一个针对多源异构数据信息的加工过程，该过程还包括自动化检测、相关互联及多级组合等。随着多元化的数据信息急剧增加，多源异构大数据融合算法不仅要求数据来源更加可靠、多源，而且要求数据决策更加精准。数据融合发展已有了较大的进步，但数据融合大都需要依靠平台来实现。从其中核心技术分析看，数据融合的研究和应用还存在一定的问题，如：还没有成熟、统一的融合标准或理论框架，这导致现在的数据融合缺少普适性的判定结果；融合系统对容错性和鲁棒性的要求也常常得不到满足，这给实际应用带来了很大的阻碍。大部分融合算法只是刚刚起步，融合系统的落地还需要更加精细、有深度的研究和设计。因此，针对这些问题，数据融合技术还需要解决数据融合相关的配套系统，如数据预处理、数据融合框架、数据库应用、结果可视化等实际应用问题，才能解决数据融合系统走向实际应用的后顾之忧。同时，需要将新兴技术与数据融合相结合，如利用人工智能技术、统计分析技术等多技术融合来提高数据融合系统的性能。

从目前已有的与数据融合相关的文献和资料来看，数据融合的研究主要集中在三个方面：数据融合框架、数据融合算法、数据融合系统。国外研究人员对融合框架的研究相比国内更多一些，框架主要包含数据的获取、融合及数据集成等。存在的不足是，在考虑具体的设计和实现方面还有所欠缺，并没有从大数据的视角去设计数据融合框架，一般的研究知识背景仅仅针对某一个领域，融合框架不具有普遍适应性。对于数据融合算法的探索与研究，研究人员已经提出多种有关融合的算法，如深度神经网络、基于 D-S 证据理论（Dempster-Shafer Evidence Theory）、模糊集理论、主题图和语义规则的融合算法等。目前已有的数据融合算法虽已在很多数据融合场景中进行了研究，但与国际更前沿的发展状态、实际应用的迫切需求相比，还有很大的差距，在开发数据融合应用系统、构建数据融合理论框架、提出更优秀的融合算法等方面，还需要做出进一步的技术突破。

　　未来，企业将越来越多地以数据价值为导向进行多方探索，尤其是自适应设计领域，需要更多先进技术来解决多域数据融合与集成问题，才能真正用知识与规律实现产品的自适应设计。

2. 全业务链多源异构数据融合技术框架

　　企业数据来自产品设计过程中不同设备与应用系统，包括市场域、实验域、生产制造域和运维域等，如何将这些不同域、不同结构的数据进行融合和处理是企业面临的重要问题，即企业全业务链多源异构数据的融合问题。多源异构数据中的多源包括不同数据库系统和不同设备采集的数据集；异构是指数据类型、特征等不一致；数据包括问卷调查、视频影像、文本文件、制造运维数据等。从另一个角度看，制造企业内外部系统多源异构数据包含结构化数据、半结构化数据和非结构化数据等，但存在一致性差、可用性弱、共享率低等问题。因此，全业务链多源异构数据融合技术的研究至少应该包括海量制造大数据治理技术、多源异构制造大数据修复技术、多源异构大数据融合技术等。

　　全业务链多源异构数据融合技术框架如图 3-1 所示，首先，对不同来源数据进行抽取与冗余清除、冲突消解、不一致性修复等处理，形成较为正确的数据；其次，对数据进行组合与统一表达，形成唯一标识的数据集合；最后，对数据进行深度抽取，从数据、特征及决策层面进行融合，形成高质量、可表达、可建模、可深度数据分析的全域数据集。

　　全业务链多源异构数据融合技术从数据组织、语义、结构、数据、描述等冲突消解、非一致业务数据的填补与修复、数据结构化统一表达等方面入手，突破多源异构数据的原有处理技术，实现对数据的理解及标签化处理。在此基础上重点研究数据层、特征层及模式层多源数据融合方法，实现各类数据样本属性和资源的智能关联，解决多元、多源数据条件下实体对象统一 ID 标识困难问题，从数据、特征、模式及属性方面完成全域跨尺度多源异构数据融合与集成。该技术用于提高数据质量，为产品自适应设计提供依据和支撑。

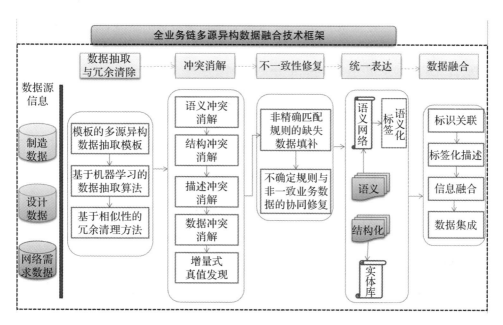

图 3-1　全业务链多源异构数据融合技术框架

3.1.2　多技术集成的全业务链多源异构数据预处理方法

1. 海量制造大数据治理技术

因产品设计过程中内部数据（管理系统、Web 系统、物理信息系统等）和外部数据（网络数据等）的数量与维度越来越多，数据来源也各不相同，所以存在不同的结构，如文件、XML 树、关系表、视频、音频等。完备的数据治理体系是规范企业数据的必要步骤，因此，首先应对制造企业的日志文件、业务数据、外部数据等进行抓取，存入数据仓库中，在新的数据空间中形成多个新的、有效的数据集，如图 3-2 所示。然后根据大数据的不同数据特征和计算特征，建立各种高层抽象模型，通过数据分析算法，进行数据统计分析、实时流处理、机器学习和图计算等。

图 3-2　数据抓取

在具体实现上，针对获取的网络需求数据、设计数据以及制造过程数据等多数据源，首先根据数据需求和特征，采取批量处理和实时处理两种不同处理策略，进行数据采集、导入、数据预处理及前期分析等操作，形成高质量的数据源，然后在融合数据基础上，进行深入的统计分析、数据挖掘及智能分析等操作，如图3-3所示。

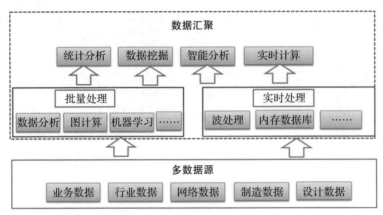

图 3-3   数据汇聚

汇聚后的数据经常存在各类冲突，如语义冲突、模式冲突及实例冲突。冲突就是针对同一个实体的不一致的表达描述，冲突消解是提升数据质量的重要方法。从高效性及数据规模的角度分析，对于矛盾数据，首先进行语义冲突、数据冲突、结构冲突等描述，其次采用语义等价推理、相似性度量、结构匹配、深度学习等方法进行消解，最后基于模糊偏序关系构建真值评估模型，获得有效的数据集。具体的数据冲突消解过程如图3-4所示。

上述关键技术研究可形成适合制造业数据特征的大数据治理框架，包括元数据管理、数据质量管理、主数据管理、信息生命周期管理、数据开发、数据组织架构管理、数据治理流程等。海量制造大数据治理技术，解决了在海量数据处理过程中可能出现的数据问题，打破了数据割裂的窘境，实现了大数据价值的最大化；同时聚合分散孤立、类型各异的大数据集，清洗和净化各种类型的数据，从而提高了数据的质量，最大限度地使用可信的数据。

2.多源异构制造大数据修复技术

对于冲突消解后的大数据集合，应建立数据约束规则，采用不同的修复方法。首先，对于缺失数据或非精确数据（原始数据本来就不准确或者满足特殊应用目的而生成的数据集），建立缺失数据机制，判断数据是完全随机缺失、随机缺失还是非随机缺失，采用均值插补、回归插补、多重插补等方法进行数据填补，从而降低数据稀疏性的影响，丰富可能的非完整数据填补结果。最后，针对

非一致数据进行不确定规则与非一致数据的协同修复，为进一步的数据分析得到
更准确的数据约束规则。数据修复流程如图 3-5 所示。

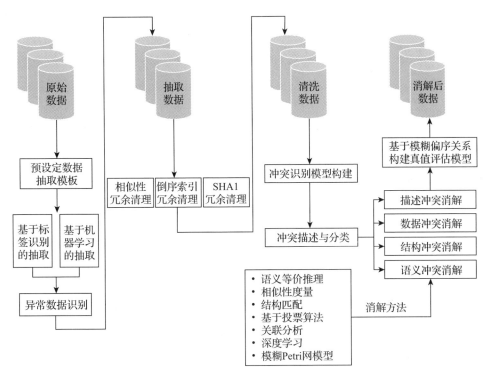

图 3-4　数据冲突消解过程

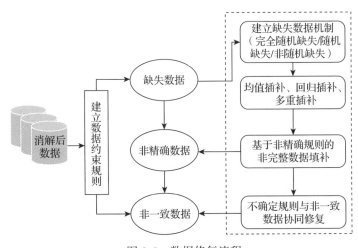

图 3-5　数据修复流程

多源异构制造大数据融合修复技术，解决了融合后数据预处理的各项关键问题，并应用到多源异构大数据融合工具和基于大数据的需求精准识别与建模工具中，提高了数据质量和应用模型的准确性，获得了较好的应用效果。

3.1.3 多源异构数据的融合方法

企业的不同数据源不仅包括多种传感器，还包括人为输入和其他信息化系统，因此获得的数据需要数据预处理，执行去重、去噪、填充等一系列操作。然后进行数据的特征提取，从原始数据中提取数据融合的操作对象，即融合的特征属性，再通过数据融合操作进一步得出融合结果。为了更好、更有效地发挥数据中的内在价值和提高数据处理能力，将数据融合分为数据级融合、特征级融合、决策级融合共三个层次。

数据级融合是对直接采集的原始数据的融合，主要消除数据中大量的冗余，形成数据层的输出。

而特征级融合和决策级融合重点实现关键特征提取和决策信息的高级融合。

特征级融合是中间的一个层次，首先从原始数据提取特征信息，再对被提取出来的特征信息进行融合。特征信息可以是数量、方向、距离等。特征级融合的融合顺序使它可以做到较好的信息压缩，较数据级融合有更好的实时性。另外，由于特征提取部分直接与决策分析相关，因而在保证实时性的同时，也能够最大限度地给出决策所需的特质信息，但是在特征提取时有可能损失部分数据，导致融合结果不够精确。特征级融合常用的方法有神经网络、特征压缩聚类法、卡尔曼滤波算法、多假设法等。

决策级融合是更高层次的融合，在决策层，数据传输量小，鲁棒性好，对传感器依赖小，且具有较好的容错性。

1. 数据融合方法

在产品设计过程中，数据量大，结构多样化，文本和结构化类型数据较多。可根据企业数据现状、复杂性及数据特征，采取如下数据融合方法。

1）加权平均法。加权平均法是将来自不同传感器的冗余信息进行加权平均，作为融合结果输出，是最简单的实时数据融合方法，但应用该方法必须以对系统和传感器进行详细分析为前提。基本过程如下：设用 n 个传感器对某状态量进行测量，第 i 个传感器输出的数据为 X_i，其中 $i = 1, 2, 3, \cdots, n$，对每个传感器采集的数据进行加权平均，加权系数为 w_i，得出加权平均融合结果。

2）贝叶斯估计法。贝叶斯估计法常用于静态数据融合，其信息满足概率分布，可对具有噪声的不确定性数据进行处理。贝叶斯估计法利用提前设定的条件对数据进行优化处理，依据概率原则对传感器信息进行组合，每个数据源都可以被表示为一个概率密度函数。若多传感器观测目标一致，可以直接用贝叶斯估计法对测量数据进行融合，但一般传感器都是从不同坐标系对物体进行描述的，在这种情况下，需要采用间接方式，利用贝叶斯估计法对数据进行融合。

3）D-S 证据理论法。D-S 证据理论法是一种不精确推理理论法，是贝叶斯估计法的扩展。不同于贝叶斯估计法必须提前给出先验概率，D-S 证据理论法可以在信息缺乏的情况下使信息明朗化。在多传感器数据融合系统中，每个数据源提供一组证据和命题，并由此建立一个质量分布函数，将数据源变成一个证据体。在同一鉴别方法下，将不同证据体通过 Dempster 规则合并成一个新的证据体，通过计算证据体的似真度选择决策规则，获得最终结果。

4）模糊集理论法。模糊集理论法的基本思想是将普通集合中的绝对隶属关系灵活化，使元素对集合的隶属度从开始只能取 {0, 1} 范围的值扩展到可以取 [0, 1] 区间的值，因此很适合用来处理传感器不确定信息。

5）神经网络。神经网络是模拟人类大脑而产生的一种信息处理技术，它由大量以一定方式相互连接和相互作用的具有非线性映射能力的神经元组成，神经元之间通过权系数相连。信息分布于神经网络的各连接权中，使神经网络具有很高的容错性和鲁棒性。神经网络根据各传感器提供的样本信息，确定分类标准，这种确定方法主要表现在网络的权值分布上；同时采用神经网络特定的学习算法进行离线或在线学习来获取知识，得到不确定性推理机制，然后根据这一机制进行融合和再学习。当同一个逻辑推理过程中的两个或多个规则形成一个联合的规则时，可以产生融合。神经网络具有较强的容错性和自组织、自学习、自适应能力，能够实现复杂的映射。神经网络的优越性和强大的非线性处理能力，能够很好地满足多传感器数据融合技术的要求。

6）卡尔曼滤波算法。卡尔曼滤波算法主要用于动态环境中传感器冗余数据的融合，该方法以测量模型的统计特性为基础，递推地确定融合数据在统计意义下的最优估计。这一特性使卡尔曼滤波算法很适合不具备大量数据传输和存储能力的系统。

2. 多源异构数据统一表达与融合技术

针对实际应用中面临的来源异构、类型异构、格式异构、动态时序等来自数据层的挑战，在异构数据的统一描述方面，引入统一的元数据对数据进行描述，利用元数据记录数据的业务属性、技术属性、时效性、可能的业务价值维度、数据依赖关系与关联关系，并通过元数据描述的关系形成数据价值网络。

数据库元数据主要由元数据描述、核心元数据元素和扩展元数据元素组成。元数据描述包括数据库元数据自身信息，如元数据的编码、类型及版本等信息。核心元数据元素描述了各类异构数据的基本访问和资源特征描述信息，由于它不描述数据应用信息，故具有较高的适用性和兼容性。扩展元数据元素描述了非共用的具有应用特征的元数据描述信息，可支持元数据元素的分组及嵌套扩充。多源异构数据的特征融合采用 D-S 证据理论法进行多源异构数据融合（如图 3-6 所示），主要对多证据源数据特征层结果进行概率赋值，其赋值权重采用距离的度量方法获得 BPA 值，最后实现决策层的特征融合，如图 3-7 所示。

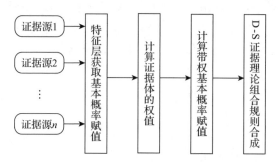

图 3-6　基于 D-S 证据理论的多源数据融合

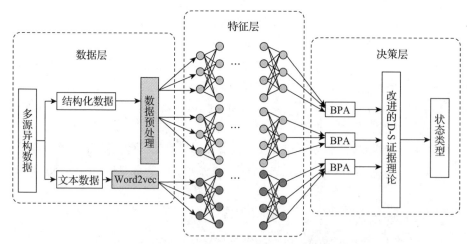

图 3-7　多源异构数据的特征融合步骤

1）初步确定 BPA 的值。特征层的模型输出评估结果赋予相应证据体初始的 BPA 函数值。

2）赋予证据体权重。多证据体的权重计算由证据体与辨识框架的距离获取。

3）重新确定 BPA 值。对证据体实现权重系数与初始 BPA 值的加权平均，获取基于证据权重的 BPA。

4）计算矛盾系数。重新确定不同证据体的 BPA 后，需要对矛盾系数进行基于新证据体 BPA 赋值的计算，描述当前基本概率赋值情形下的冲突关系。

5）使用合成规则进行融合。对证据体进行 BPA 值重新分配与矛盾系数的计算后，使用合成规则进行融合。通过对证据体之间进行带权重的计算，加强了证据体不同证据之间的关联性，提高了对不知道和不明确的区分度。

上述技术形成了多源异构数据统一表达与融合技术方案，为下一步产品自适应设计中的数据建模与知识发现提供了重要的数据和技术支撑。

3.1.4　面向全类型制造大数据的自定义建模

产品自适应设计过程积累了网络上、设计过程中及运维过程中的各类数据，需要从众多的数据中提取相应规律或知识支持产品设计。但部分数据的信息具有不完备特征，传统的多元统计分析方法或现有智能算法都难以完成产品数据规律探寻的任务。要揭示这类数据样本内部复杂的相关关系，必须采用新的技术方法走一条创新之路。

面向全类型制造大数据，可综合集成统计分析方法、计算智能技术和专家知识经验，从需求分析、数据特征提取、相关性分析、数据建模与模拟评估、知识提取等角度全面分析研究需求、工艺参数与产品质量数据的内在规律，并从数值关系、图形分析、公式表达多个角度展示数据内涵，形成多种方法集成的、适合产品自适应设计需求的数据分析与建模方法流程，为产品自适应设计提供强有力的支撑工具，推动企业技术创新和产品创新。

在具体实现上，重点利用机器学习、智能计算等多种方法，在输入数据和输出数据之间建立预测模型，自动提取数据样本中内含的规律，根据输入变量值预测输出变量值。该模块建立的预测模型将自动保存到模型知识库中，供其他功能模块直接调用。图 3-8 为建模方法组件库，针对不同的数据特征及建模目的，可选择不同的建模方法组件。

1. 神经网络知识发现与关系建模

神经网络具有强大的非线性处理能力，适合解决产品设计过程中的输入变量与输出变量呈复杂的非线性关系的建模问题。对于某些不复杂的参数相关性研究问题，应用浅层神经网络方法是非常适合的。其优势是，能从样本数据中学习知识，自动抽取数据中内含的规律与知识，在输入和输出数据之间建立映射模型。

图 3-8　建模方法组件库

　　比如，盾构机掘进参数复杂，由于外部工作环境比较恶劣，故障产生的原因是多种多样的。有些故障可能是部件失效或部件使用寿命到期引起的，这是自身因素引起的；而有些故障是相关系统故障引起的，这是外界因素引起的。这样就很难明确定位故障出现在哪个系统，也很难确定系统的故障是由哪一部分引起的。人们一般根据盾构机的掘进环号、掘进速度、铰接液压缸拉力、刀盘转矩、刀盘转速、刀盘功率、螺旋输送机转矩、螺旋输送机转速等数据，判断盾构机的故障，因此在输入参数与输出故障之间存在某种内在规律，是一种非线性关系，采用常用的线性建模方法难以表达这种关系。在面对这样的复杂关系时，神经网络却能够根据自身网络结构特点，通过调整网络连接权值，完成知识的自动获取与表达。

　　该算法的主要思想是将输入信息从网络的输入层经隐含层逐层处理至输出层，每层神经元通过激励函数对前一层的输出加权和处理，最后由输出层将结果输出；根据与期望输出比较所得的误差信号，沿原连接通路返回，逐层调整各连接权值；多次反复后，使输出误差逐步减小，最终达到给定要求。在上述过程中，每层建立的权重和前后层的相互关系建立了知识网络，形成内在规律的表达。

　　典型的 BP（Back Propagation）神经网络的设计结构如下。

　　BP 神经网络由输入节点（如盾构机的掘进环号、掘进速度、铰接液压缸拉力、刀盘转矩、刀盘转速、刀盘功率、螺旋输送机转矩、螺旋输送机转速等参数)、隐含层节点、输出节点(多种故障类型)相互连接构成,输入和输出节点数目由实际问题确定,隐含层的层数及节点数取决于问题的复杂性及分析精度。BP神经网络的学习过程由前向计算过程、误差计算和误差反向传播过程组成。其实,BP 神经网络就是一个"万能的模型 + 误差修正函数",每次根据训练得到的结果与预想结果进行误差分析,进而修改权值和阈值,一步一步得到输出和预想结果一致的模型。其中神经元是以生物研究及大脑的响应机制为基础建立的拓扑结构网络,模拟神经冲突传导的过程,即多个树突的末端接受外部信号,并传输给神经元处理融合,最后通过轴突传给其他神经元或效应器。

BP 神经网络的处理过程主要分为两个阶段:第一阶段是信号的前向传播,从输入层经过隐含层,最后到达输出层;第二阶段是误差的反向传播,从输出层到隐含层,最后到输入层,依次调节隐含层到输出层的权重和偏置,以及输入层到隐含层的权重和偏置。BP 神经网络结构如图 3-9 所示。

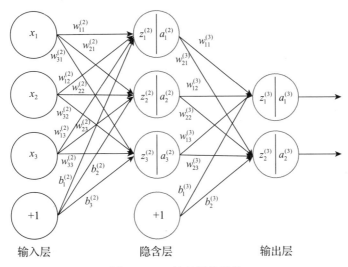

图 3-9 BP 神经网络结构

BP 神经网络算法把训练样本输出与目标输出问题变为一个非线性优化问题,利用梯度下降法迭代求得节点之间的权值,实际是把输入与输出间的映射关系以权值反映出来,这样就可以利用已有的信息识别不同的输入模式,也可以对新输入模式再学习,以识别各种待鉴别的模式。

2. 支持向量机(SVM)建模

产品设计过程中采集的部分数据存在高维、小样本、非线性等特征,当样本量较少且影响因素很多时，适合采用支持向量机（Support Vector Machine，SVM）建模方法。SVM 可以很好地应用于回归估计中，其思路与模式识别相似。

SVM 的基本思想可以概括为：它通过某种事先选择的非线性映射将输入向量 X 映射到一个高维特征空间 Z，然后在这个特征空间中构造最优分类超平面。上面的非线性映射是通过定义适当的内积函数实现的。SVM 结构如图 3-10 所示。

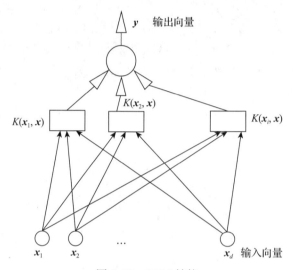

图 3-10　SVM 结构

SVM 在线性不可分情况下采用模式分类的方法，关键的思想是利用核函数把一个复杂的分类任务进行映射，使之转化成一个线性分类问题，在高维特征空间构造具有最大间隔的分类超平面。SVM 的学习目标就是寻找最大间隔分类超平面。而最大间隔分类超平面可以通过解决一个二次规划问题获得，其中包括线性可分、非线性可分和带有噪声的情况。线性可分时可以在输入空间构造分类超平面；非线性可分时利用核函数映射；考虑噪声数据时引入松弛变量构造分类超平面。SVM 符合结构风险最小化原则，它在保持训练错误固定的情况下控制分类超平面集合的复杂性，使得置信范围最小，从而使测试错误的上界最小。

3. M5P 模型树建模方法

在产品生产和运维时，经常需要从众多工艺参数中分析出哪些参数对产品质量有着怎样的影响关系。常规分析方法无法适应高维输入变量，因此决策树作为一种经典方法，能有效挖掘出高维大数据样本中的关键规则与知识，将非线性关系转化为分段线性关系，并提供明确的分段线性公式。

M5P 模型树算法由一系列分段线性模型组合起来构建成全局模型，为处理产品复杂的数据关系问题带来了所需的非线性解决方案。它与单纯的线性回归的区别在于，对输入空间的分割是由算法自动进行的。它具有效率高、鲁棒性好的优点，可以进行有效的学习，可以处理输入属性高达几百维的数据。

该算法采用决策树与线性回归相结合产生的 M5P 模型树（Model Tree，MT）技术，首先对数据进行预处理，然后根据信息增益最大的原则选择分裂属性和分裂值，递归地建立决策树。为了避免基本的决策树对训练样本的过学习，设计了一种后剪枝方法。在剪枝阶段，如果内部节点的线性模型的性能不低于此节点的子树的性能，则将此内部节点变为一个包含线性模型的叶节点。节点的线性模型可能包含的属性仅是其子树的所有属性，是在到达此节点的样本子集上线性回归产生的。由基本的剪枝树产生的分段线性模型，由于在分段点处不可避免地存在强不连续性，因此增加了平滑过程来补偿这种不连续性，最后得到预测产品感官质量的模型树，即分段线性模型。该方法可调参数少，且对参数值的调整不敏感，一般采用默认参数值。与传统的连续值预测方法相比，该方法具有简单、直观的优点。

M5P 模型树表示一种分段线性函数。同典型的回归方程一样，它通过一系列的独立变量（称为属性）来预测一个变量的值（称为类）。以表的形式表示的训练数据可以直接用来构造决策树。在数据表中，每行（样本）表示为 $(x_1, x_2, \cdots, x_N, y)$，其中 x_i 表示第 N 个属性的值，y 是类值（目标值）。对给定的数据集，典型的线性回归算法只能给出单一的回归等式，但模型树将样本空间分为边缘相互平行的长方形区域，对每个分区确定一个相应的回归模型。

M5P 模型树在每个内部节点测试某个特定属性的值，在每个叶节点预测类值。给定一个新的样本，预测其类值，树从根节点开始。在每个内部节点，根据样本某一特定属性值来选择左枝或右枝，当选择的节点是叶节点时，则由叶节点的模型预测输出。M5P 模型树的结构是递归产生的，由整个训练样本集开始。在模型树的每一层，选择最有识别力的属性作为子树的根节点，到达该节点的样本根据其节点属性的值，被分为若干子集。从技术上说，能最大限度地减少目标属性集合的方差的属性是最有识别力的。M5P 采用方差（Variance）诱导作为启发方法，在叶节点填充常数值作为模型。对离散属性来说，内部节点的每个分支表示父节点属性的一种可能取值。对连续的属性，算法将确定一个分段点，从而根据该分段点产生两个分支。对于模型树的每个子树，都递归地调用这种构造算法。当到达某节点的样本的类属性集合的方差或样本个数足够小时，树的构造算法停止，该节点为叶节点。

剪枝是避免树对训练样本过学习的一种重要方法。可以在构造树的过程中进行剪枝，或者在构造基本的树以后进行剪枝。M5P 采用后剪枝，在剪枝阶段，如果内部节点的线性模型的性能不低于该节点的子树的性能，则将该内部节点变为一个包含线性模型的叶节点。节点的线性模型可能包含的属性仅是其子树的所有属性，是在到达该节点的样本子集上线性回归产生的。

对于平滑过程，目前有两种等价的平滑方法：

一是可以在预测时进行平滑，首先由剪枝后的模型测试样本的粗值，然后从该样本到达的叶节点自下至上进行平滑，将样本的当前预测值与所到达节点的线性模型的预测值联系起来，直到到达根节点。平滑公式为：

$$p' = \frac{np + kq}{n + k}$$

式中，p' 为当前节点传递到父节点的预测值，p 为从子节点传递到当前节点的预测值，q 为当前节点的线性模型的预测值，n 为到达子节点的样本数，k 为平滑常数。

二是可以在剪枝后直接平滑，将内部节点的线性模型合并到叶节点的模型中。在预测时，当样本从树的根节点到达某叶节点时，仅用叶节点的线性模型预测输出。M5P 采用后者。对树的叶节点按照编号进行平滑，设当前叶节点为当前节点。如果当前节点的父节点为非空，则用父节点的线性回归模型平滑当前叶节点的线性模型，平滑后模型的属性为当前叶节点模型的属性或当前节点的父节点模型的属性，第 i 个属性对应的相关系数为：

$$\text{newcoeff}[i] = \frac{np + kq}{n + k}$$

式中，n 为到达当前节点的样本数，k 为平滑常数（取 $k = 15$）。将当前节点的父节点设为当前节点，继续平滑；如果当前节点的父节点为空，平滑结束，得出当前叶节点的平滑模型。

盾构施工过程中会引起隧道上方一定范围内的地表沉降，特别是在饱和含水松软的土层中，要采取严密的技术措施才能把下沉控制在很小的限度内。隧道周围土体变形及隧道上方地表沉降，是一个复杂的非线性动态系统。地表沉降涉及的因素众多，这些因素有的是确定性的，但大部分具有随机性、模糊性、可变性等特点，它们对不同类型地层的地表沉降的影响权重是变化的，这些因素之间具有复杂的非线性关系。要表达这种关系多变复杂的非线性关系，可以采用 M5P 模型树方法，与传统的神经网络相比，其应用更简单、速度更快、效率更高，其建立的模型直观、清晰，解决了神经网络知识提取面临的问题。

以盾构机中地表沉降分析因素与地面沉降量之间建立 M5P 模型树为例，其分段线性模型如下。

> 输入参数：岩土体内聚力 c、土体压缩模量 Es、内摩擦角 φ、覆盖层厚度 H、盾构直径 D、注浆
> 　　　　压力 p、注浆填充率 n、盾构掘进推力 F 和推进速率 v。
>
> 输出：地面沉降量 S。
>
> $c \leqslant 32.4$:
> |　　Es $\leqslant 11.17$: LM1 (88/70.575%)
> |　　$D > 2.19$:
> |　　|　　$D \leqslant 3.035$:
> |　　|　　|　　$\varphi \leqslant 0.39$:
> |　　|　　|　　|　　$v \leqslant 1.85$: LM2
> |　　|　　|　　|　　$v > 1.85$: LM3
> |　　|　　|　　$\varphi > 0.39$: LM4
> LM num1: $S = -0.0131 \times \mathrm{Es} - 0.644 \times H + 0.0629 \times n - 0.1972 \times F + 7.5537$
> LM num2: $S = 0.0648 \times \mathrm{Es} - 0.3288 \times H - 0.0671 \times v + 1.4019 \times p - 1.3315 \times D +$
> 　　　$1.6809 \times K + 0.0629 \times N + 0.6876$
> LM num3: $S = 0.0648 \times \mathrm{Es} - 0.3288 \times \varphi - 0.0671 \times n + 1.2669 \times F - 1.3315 \times v + 0.0757$
> LM num4: $S = 0.1171 \times \mathrm{Es} - 0.4038 \times c - 0.0671 \times F + 1.5779 \times v - 0.7337 \times n + 2.4177$

4. 深度神经网络

在产品自适应设计过程中，全域数据量大、特征多、非线性关系表达复杂，难以用简单网络结构和清晰的数学公式表达出内在关系。深度学习作为机器学习的一个重要分支，主要用于对数据进行高层抽象，即利用低层隐含层提取数据的基本特征，高层隐含层对低层的特征进行线性组合，从而实现高维特征的提取。多个层堆叠构成的神经网络结构即深度神经网络。深度神经网络在数据拟合、降维、分类、特征提取等方面具有良好的学习性能。它具有多层非线性映射的深层结构，可以完成复杂函数逼近，可以通过逐层学习算法获取输入数据的主要驱动变量，这主要是通过深度学习的非监督预训练算法实现的，可避免因网络函数表达能力过强而出现过拟合情况。

比如，为了使盾构机能高效地适应地区间地质因素及掘进参数变化的影响，从而在盾构施工的过程中更好地规避风险，需要保持盾构机的最低推进速度。在提取影响盾构机的最低推进速度的关系时，采集到的数据量大且复杂，量纲不同，各参数之间的关系不明确，因此需要利用深度神经网络具有较强的自适应性这一优势，建立输入与输出之间的映射关系，以较好地反映影响盾构机推进过程的各种微观参数与提高推进决策的内在联系，而且预测精度较高。传统的盾构机参数需要根据相关的公式及施工经验设置，而采用深度神经网络可以更高效地通过盾构机施工数据反向预测掘进时设定的参数，并且能反映出施工环境与掘进参数的联系。

卷积神经网络（CNN）是一类包含卷积计算且具有深度结构的前馈神经网络，是深度学习的代表算法之一。卷积神经网络在本质上是一种输入到输出的映射，它能够学习大量的输入与输出之间的映射关系，而不需要任何输入和输出之间精

确的数学表达式，只要用已知的模式对卷积神经网络加以训练，网络就具有输入与输出对之间的映射能力。具体如下。

（1）数据输入层（Input Layer）

数据输入层主要对原始数据进行预处理，包括以下三个方面。

1）去均值。把输入数据的各个维度都中心化为 0，其目的就是把样本的中心拉回到坐标系原点上。

2）归一化。幅度归一化到同样的范围，即减少各维度数据取值范围的差异而带来的干扰。

3）PCA/ 白化。用 PCA 降维，白化是对数据各个特征轴上的幅度归一化。

（2）ReLU 激励层（ReLU Layer）

ReLU 激励层把卷积层的输出结果做非线性映射，如图 3-11 所示。

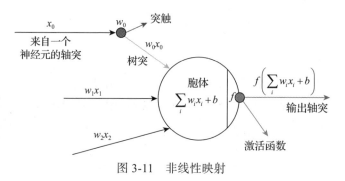

图 3-11　非线性映射

卷积神经网络采用的激励函数一般为 ReLU（修正线性单元），它的特点是收敛快，求梯度简单，但较脆弱。

（3）池化层（Pooling Layer）

池化层夹在连续的卷积层中间，用于压缩数据和参数的量，减少过拟合，但保证特征不变，同时将特征降维。池化层可用的方法有 Max Pooling 和 Average Pooling，本系统选用 Max Pooling。

（4）全连接层（FC Layer）

两层之间所有神经元都有权重连接，通常全连接层在卷积神经网络尾部，与传统的神经网络神经元的连接方式是一样的，如图 3-12 所示。

5. 最小二乘支持向量机（LS-SVM）

SVM 方法是在两类模式识别时线性可分情况下提出了最优分类线，最优分类线就是要求分类线不但能将两类正确分开（训练错误率为 0），而且使分类间隔最大。推广到高维空间，最优分类线就成为最优分类面。

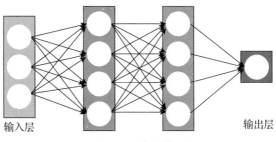

图 3-12   全连接层

最小二乘支持向量机（LS-SVM）的特点是，优化问题利用的是等式约束而不是经典的不等式约束，从而使问题的求解变为解线性方程，而无须解二次规划问题。

在核函数的选择上，由于 SVM 技术没有提供相应的理论，因此采用实验的方法对高斯型核函数与多项式核函数进行确认和选择。核函数中参数的选择是影响 SVM 性能的关键因素，采用高斯型核函数的回归估计 LS-SVM 中有两个重要的参数，即正则化项 C 和宽度参数 σ^2。这两个参数在建模过程中根据经验给出。

3.2   复杂设计知识网络构建与动态维护

3.2.1   复杂设计知识网络构建需求与目标分析

随着大数据技术与人工智能的快速发展，制造业中的大型复杂产品制造企业更需要在技术上保持同步，将技术聚焦于海量制造大数据的处理、多源异构设计知识的统一表达及设计知识网络的可视化上 [22]。例如，德国西门子公司研究的新协作和管理方法——知识管理，创造了全球化的知识网络 [23]，通过网络将全球46 万名员工的知识集合，改善了产品上市时间、战略应变能力、成本及客户关系；中国浪潮集团有限公司致力于为工业客户提供工业数据，用于产品设计、生产制造、运维服务等环节，在降低能耗、提升效率、减少成本、增加产值等方面提供支持。从某种意义上说，数据与知识混合驱动的设计技术将彻底改变企业产品研发模式，因此，这些企业对其内部的设计知识更需要有效地组织和整理。

目前，在制造企业中如何让数据和设计知识充分发挥作用是最关键的问题 [24]。面对企业中的海量数据（需求数据、设计数据、制造数据、运维数据），需要考虑如何将这些海量的多源异构数据进行有效处理，如何充分利用这些数据为产品设计提供最大的帮助 [25]。为解决这些问题，需要构建一个企业内的复杂设计知识网络，将这些无序的、重复的知识进行整理，提高知识搜索效率，促进知识重用 [26]，并且可以作为预测技术平台，协助技术支持人员的预测及新产品和新技术的开发，帮助企业创造协作的信息环境，结合信息技术、管理技术与设计技术，使知识网络有序发展并促进知识网络系统的良性循环[27]。企业知识网络系统的研究与应用，是实现复杂产品开发中智力资产的有效诱因，能够提高效率，增强企业竞争力，最终使企业实现更大的经济和社会效益。

考虑到制造企业的情况及特点[28]，构建复杂设计知识网络需要从知识网络的功能实现、对设计人员的影响以及企业的效益三方面进行目标分析。复杂设计知识网络构建目标如图 3-13 所示。

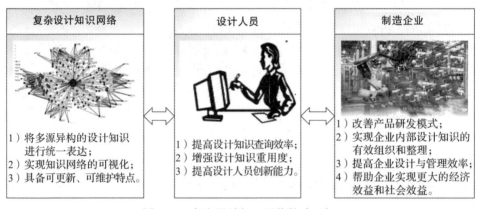

图 3-13　复杂设计知识网络构建目标

1）从复杂设计知识网络的角度考虑，构建的网络应能将多源异构的设计知识进行统一表达，如将规则、文档等设计知识融合到初步构建的知识网络中，在此基础上，实现知识网络的可视化，完成实体及关系的查询等功能。已经构建好的知识网络并不是最终状态，仍是动态变化的，应具备可更新、可维护的特点。

2）从设计人员的角度考虑，构建的知识网络需要具有良好的交互性，方便设计人员查询设计知识，提高查询效率，从而增强设计知识的重用度。此外，知识是创新活动的基础，知识网络则是探索式创新过程中的重要内容，设计人员可以根据设计知识网络中的内容，寻找设计线索与灵感，提高产品创新能力[29]。

3）从制造企业的角度考虑[30]，一个成熟的知识网络可以改善产品研发模式。设计知识是企业创新的源泉，更加注重知识驱动设计这一技术，可以实现企业内部设计知识的有效组织和整理，加强企业内部的知识交流，在提高企业设计与管理效率的同时，帮助企业实现更大的经济效益和社会效益[31]。

3.2.2　复杂设计知识网络构建方法

复杂设计知识网络体系的核心是构建复杂设计知识网络模型[32]。本节将复杂设计知识网络模型分成两部分，即知识网络顶层模型和设计知识表示模型，最后由这两部分模型共同组成复杂设计知识网络模型。

1. 知识网络顶层模型

在复杂设计知识网络构建的过程中，首先应该考虑顶层模型的设计工作，为构建任务提供基础与依据。产品的设计任务不仅依靠设计阶段的知识，还需要从整个产品全生命周期的过程考虑，即从产品需求到产品维护的整个过程。针对制造企业内部和外部系统多源异构数据一致性差、可用性弱、共享率低等问题[33]，同时考虑到为后续产品设计提供更多的服务和反馈，在全生命周期过程中聚焦于五个域的数据，分别为需求域、设计域、试验域、生产制造域、运维域，对多域数据进行知识抽取，获取实体及关系，构建基础的知识图谱结构。为更好地理解数据来源，首先对相关的术语进行解释说明。

1）需求域（Requirement Domain，RD）。是指在产品全生命周期的前期，以产品发展趋势、访谈（了解客户对产品的期望和偏好）、市场调研 / 竞品分析（有助于需求的扩展和升级）等方式获取产品的需求数据。精准把握市场中的产品需求对产品研发的准确定位具有关键作用。

2）设计域（Design Domain，DD）。是指产品研发设计阶段，该阶段是产品设计周期中最重要的一环，在设计域中产生的知识是与设计直接相关的或强相关的，如规则、文档、模型等内容，这些内容是产品设计过程的重要组成部分[34]。

3）试验域（Experiment Domain，ED）。在产品设计完成后，需要对产品进行试验来验证产品的有效性、可靠性、鲁棒性等。在试验的过程中，可以及时发现产品存在的问题，针对产生的问题对产品进行迭代更新，由此获得的试验数据将对产品质量的提高起到促进作用。

4）生产制造域（Production-Manufacturing Domain，PMD）。是指制造企业在实际的生产过程阶段，主要涉及工艺相关数据，这些数据显示出产品结构设计的合理性，如该设计是否可实现、是否影响生产效率、是否经济成本最低等，对产品设计的质量和成本的控制起到重要的作用。

5）运维域（Operation-Maintenance Domain，OMD）。是指在产品全生命周期的后期，产品使用过程中需要对其进行运行维护、变更升级等。从运维域获取的数据可以用来发现产品的使用寿命、设备故障、结构缺陷等问题，从而帮助产品设计的升级改造。

面向多域数据的知识网络顶层模型，从以上多域数据中抽取实体及关系，通过图形化表示方法将概念和实例按照关系进行链接，并对相应的实体进行细节描述，这种表示方法的优势在于易于理解和重用。该模型主要分为两部分。一部分是由这五个域的数据组成的多源数据，从这些数据中筛选出与设计相关的数据，如需求域中的需求数据、设计域中的设计规则和设计文档、试验域中的测试数据、生产制造域中的工艺数据、运维域中的设备异常和维护数据等。另一部分是针对多域数据抽取出相应的实体及关系，构建基础知识图谱。利用知识图谱相关技术，对多域数据进行知识抽取工作，以三元组的形式表示概念、实例及关系。在知识图谱中，圆表示实体，即概念或实例，边表示实体之间的关系，实现实体之间的简洁描述。在此基础上，利用三元组描述实体与其对应的属性，即该实体的知识细节，如实体的编号、名称、描述、层级等内容。由此构建的知识网络顶层模型为后续复杂设计知识网络的构建提供了理论基础。知识网络顶层模型如图 3-14 所示。

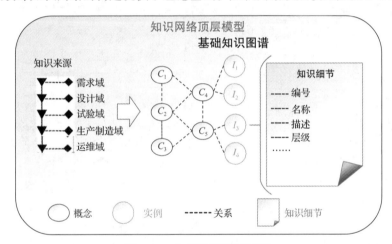

图 3-14　知识网络顶层模型

根据知识网络顶层模型，从多源数据中抽取大量的节点及关系，节点之间的关系类型不尽相同，主要分为实体间的关系和实体的属性（Property）关系，其中属性关系一般用来表示某个对象或实体内在的属性。实体间的关系主要有三大类型，如表 3-1 所示。

表 3-1　实体间的关系类型

关系类型	关系名称
物理相关	consist of（包含）
	is related to（与……有关）
	is based on（以……为基础）
	is member of（成员）

（续）

关系类型	关系名称
物理相关	is supported by（由……支撑）
	is maintained by（由……维持）
功能相关	is function of（是……功能）
	is for（是因为……）
	is deployed in（部署在……）
	is configured by（由……配置）
概念相关	is characterized with（特点是……）
	is type of（类型是……）

2. 设计知识表示模型

在实现知识网络顶层节点与设计知识匹配之前，需要将设计知识进行组织和整理。设计知识表示模型可以将制造领域中的多源设计知识统一表达，设计知识的有效组织可以让设计人员在设计过程中更直观地理解和应用各类设计知识。因此，需要构建设计知识表示模型，以该设计知识为核心节点，有效地将设计知识项链接起来。设计知识[35]的表示方法应该具有较强的表达能力，能够充分、完整、准确地表达制造领域设计过程覆盖的知识，同时这类设计知识在应用的过程中应满足较高的查找效率。

根据多域数据的特点将设计知识分为规则、文档、模型和数据表这四类设计知识项，设计知识项可以作为设计知识建模的基本单元，因此设计知识项可以用来进行设计知识的组织和存储。每类设计知识项中包含若干个元知识，多个元知识可以组成一条较完整的知识项，故用其描述知识项的具体信息。每个元知识对应若干个元属性，它是元知识的属性表示单位，可以对元知识按照字段的形式（键值对）进行描述。设计知识表示模型如图 3-15 所示。

3. 设计知识匹配方法

在知识网络顶层模型和设计知识表示模型建立后，一个面向多源数据的知识网络体系的基础已经形成，在此基础上需要将设计知识与顶层模型进行知识匹配，建立一个领域内的复杂设计知识网络。采用 Word2vec 模型将实体信息与设计知识进行相似度计算，将相似度较高的设计知识链接到实体信息上。

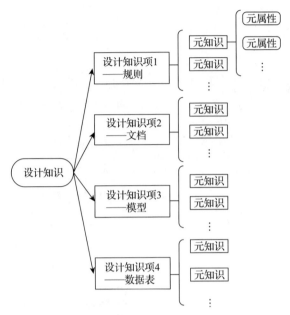

图 3-15　设计知识表示模型

　　Word2vec 是一种可以用词向量表示的模型，本质上是将非结构化、不可计算的文本转化为结构化、可计算的向量过程。词嵌入的方法可以使原来的词从旧的空间映射到新的空间，这样语义相似的词在新的空间内的距离会更加接近。Word2vec 是一种简单化的神经网络模型，输入是 one-hot（独热编码）形式的词向量。独热编码本质上是一位有效的编码形式，该向量维度使用词汇表的大小，单词存在的位置为 1，其余位置为 0。将这些唯一编号的词向量映射到分布式形式相同的词向量，从而解决了数据稀疏的问题，实现了词嵌入。spaCy 被称作工业级别最快的自然语言处理工具[36]，具有对自然语言文本进行词嵌入向量的近似度计算、词语降维和可视化等功能。由于 spaCy 具有比较两个文本对象并预测它们的相似程度的特点，故使用该工具对实体信息与设计知识库进行相似度计算。一般来说，spaCy 的相似模型假定为较通用的相似性定义，而相似性是通过词向量、词嵌入的比较来确定的，即一个词用多维进行表示。spaCy 的中文模型是基于 Word2vec 算法对中文维基语料预训练出来的 300 维词向量，共计 50 万个词条。例如，刀具的向量表示为：

```
[3.6584     0.511 06  -0.545 87  2.5883     1.4297     -0.428 16  -2.6146
...
-0.026 221  0.846 02  -2.1177    2.8853     -0.420 53  2.0401]
```

　　spaCy 采用的是语义相似度的计算方法，先将句子的词向量求平均，获取句子的语义表示，然后计算两个句子的语义表示的余弦相似度。余弦相似度是将向量空间中两个向量的夹角对应的余弦值作为衡量两个个体之间差异的方法。与距离度量方法相比，余弦相似度更加注重两个向量在方向上的差异。

　　假设当前知识网络顶层结构中的实体节点为"螺旋输送机结构设计"，设计知识库中存储的设计知识为"刀具的选型规则""螺旋输送机的结构部件表""螺旋输送机设计规则"。将设计知识库中的设计知识与实体信息进行匹配，相似度计算结果如表 3-2 所示。

表 3-2　相似度计算结果

设计知识	相似度	是否匹配
刀具的选型规则	0.460 817 442 460 719	×
螺旋输送机的结构部件表	0.820 438 943 955 739	√
螺旋输送机设计规则	0.845 499 191 060 309	√

　　通过相似度计算可以发现，后两条设计知识最匹配，因此从设计知识库中查询出这两条设计知识的信息，与"螺旋输送机结构设计"这一实体节点进行关联映射，通过这种关联映射方法，当查询实体的知识库信息时，即可将相似度较高的设计知识关联起来。

4. 复杂设计知识网络模型

　　建立好的复杂设计知识网络模型如图 3-16 所示。在顶层模型中，数据主要来源于需求域、设计域、试验域、生产制造域和运维域，基于知识图谱相关技术对输入文本进行三元组抽取，抽取的实体及关系构成了知识网络顶层结构。底层模型由设计知识层构成，包含规则、文档、模型、数据表等设计知识内容。规则可以是 IF-THEN 型的；文档可以是设计规范、设计标准等；模型可以是数学模型或结构图纸模型；数据表可以是设计参数表等。显然，这些设计知识是异构的，为实现更好的知识表达，需将这些异构知识进行统一的知识表示。建立设计知识项模型可以有效地组织和整理设计知识，方便设计人员直观地理解和应用。在设计知识层中，四种形状代表四种类型的设计知识项。

　　在整个模型体系中，知识网络顶层与设计知识层进行知识匹配，实现设计知识的链接功能。知识匹配是顶层模型与设计知识层的中间接口，其中关联映射是将设计知识融入知识网络的关键步骤，实现了顶层模型与设计知识层的知识匹配任务。采用合适的知识匹配策略，如关键字匹配、相似度计算、手工链接等方法，也可定制知识映射方法。知识网络顶层中的节点在与设计知识层匹配的过程中将实现一个节点链接多个设计知识项，即 1 : N 映射，并且每个设计知识项可以链接多个顶层节点，即 $N:1$ 映射。知识网络顶层和设计知识层共同组成复杂设计知识网络体系，为后续方法实现和系统构建提供了理论基础。

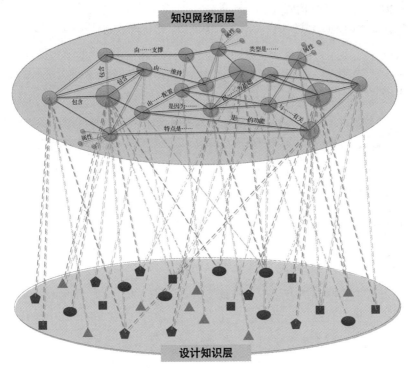

图 3-16　复杂设计知识网络模型

3.2.3　复杂设计知识网络模型评价

复杂设计知识网络模型评价主要有以下几个指标 [37]。

1）节点度。表示与节点直接连接的边的数量，对于有向图，又分入度与出度。对于节点 i，以及图 G 中的节点 j，当 i 与 j 存在边相连时，$a_{ij}=1$，否则 $a_{ij}=0$。节点 i 的度计算公式如下：

$$\text{Degree}(i) = \sum_{i,\,j \in G} a_{ij} \tag{3-1}$$

2）集聚系数。在图论中，有一个指标可以衡量密集性这种属性，就是集聚系数（Clustering Coefficient）。有局部集聚系数，也有全局集聚系数。对于节点 i，它的邻居节点 $N(i)$ 之间存在的边数与可能存在的最大边数的比值，就叫节点 i 的局部集聚系数。网络的全局集聚系数就是所有节点的集聚系数求平均值。计算公式如下：

$$\text{ClusteringCoefficient}(i) = \frac{\sum\limits_{j,k \in N(i)} a_{jk}}{|N(i)| \cdot (|N(i)|-1)/2}$$ （3-2）

这个指标在评估一个网络是否可以称为小世界网络时，具有重要意义。

3）基于特征向量法的节点度。前面讨论节点度时，默认所有邻居具有同等重要性，但实际上邻居节点本身的重要性会影响所评价节点的重要性。该指标计算公式如下（相当于对邻居节点的重要性做了线性加权，而加权权重是图 G 的邻接矩阵的特征向量，式中 λ 和 e_j 分别代表图 G 的邻接矩阵的特征值和特征向量，N 代表节点 i 相邻节点的个数）：

$$C_e(i) = \lambda^{-1} \sum_{j=1}^{N} a_{ij} e_j$$ （3-3）

4）中心度。一个点到其他所有点的最短路径越小，则该点就越居于网络的中心位置。计算公式中，d_{ij} 表示 i 到 j 的最短路径长度，N 为节点数，把所有路径长度之和除以 N−1，就得到了所有最短路径的平均值。计算公式如下：

$$C_c(i) = \frac{\sum_{j=1}^{N} d_{ij}}{N-1}$$ （3-4）

5）点介数。如果一个网络中 80% 的最短路径都经过节点 i，说明节点 i 很重要，就像重要"交通枢纽"的角色。计算公式中，分子是所有经过节点 i 的最短路径数，分母是所有最短路径数。计算公式如下：

$$C_p(i) = \sum_{s<t} \frac{n_{st}^i}{g_{st}}$$ （3-5）

可以看出，1）、2）讨论的方法仅考虑节点 i 及其邻居的信息，属于局部性质的指标。3）、4）、5）是全局指标，要注意的是，全局指标往往涉及网络整体的计算。

3.2.4　复杂设计知识网络动态维护

复杂设计知识网络动态维护主要分为两方面 [38]：一方面，基于实体搜索技术解决复杂设计知识网络中新知识的增加与实体链接关系的发现；另一方面，通过实体解析技术完成设计知识实体间的歧义识别与链接冲突监测，最终通过关系补齐解决复杂设计知识网络正向与逆向维护两种动态演化过程。知识网络的维护是维护初步建立的知识网络，首先要构建复杂设计知识网络，在知识网络的构建过程中需要研究相关领域本体的建立、实体与属性的抽取方式、知识网络推理补全算法等，并根据相关算法对网络中的变化进行动态维护。

1. 基于传统规则的推理方法

基于传统规则的推理方法主要借鉴传统知识推理中的规则推理方法，在知识网络上运用简单规则或统计特征进行推理。利用一阶概率语言模型 ProPPR（Programming with Personalized PageRank）进行知识图谱的知识推理时，ProPPR 构建有向证明图，其中起始节点为查询子句，遵循边对应规则，即一个推理步，从一个子句归约到另一个子句，边的权重与特征向量相关联。当引入一个特征模板时，边的权重可以依赖模板的部分实例化结果，如依赖某个变量的具体取值。同时，在图中添加从每个目标尾节点指向自己的自环及每个节点到起始节点的自启动边，自环用于增大目标尾节点的权重，自启动边使遍历偏向于增大推理步数少的推理的权重。在算法 SDType 和 SDValidate 中，可以利用属性和类型的统计分布，补全类型（Type）三元组及识别错误的三元组，这样可以大大提高正确性。SDType 通过属性头尾实体的类型统计分布推理实体的类型，依据类似加权反馈机制，对每个属性的反馈赋予定量的权重。在 SDValidate 算法中，首先计算关系——尾实体的频率，低频率的三元组进一步用属性和类型的统计分布计算得分，得分小于阈值的三元组被认为是潜在错误的。在此过程中提出基于模式的方法评估知识网络三元组的质量。该方法直接在知识网络中进行数据模式分析，根据更频繁出现的模式更可靠的假设，选择出现频率高的模式，包括头实体模式、尾实体模式等，然后利用这些模式进行三元组质量分析。

2. 大规模知识图谱关联推理

由于知识图谱规模庞大，推理算法驳杂，所以需要定义一类演化推理方式对知识图谱进行分割研究。知识网络对应于关系语义网络，所以可以将其划分为不同的关系子网来进行研究。其中包括很多方式，这里介绍的是大规模知识网络的关联推理方式。知识网络中以实体为元素进行研究，每个实体包含不同的属性。实体按照关系的连接方式可以分为头实体和尾实体。头实体通过相应关系的推理可以推断出尾实体。演化知识网络是一个异构演化的多重图，且图中的节点和边可以包括多重信息。例如，

- 时间信息：根据知识库同步时间和更新时间比对，确定是否进行更新；
- 空间信息：根据地理位置确定更新演化方向。把知识网络中的点作为实体，边作为实体间关系，如果两类关系对应同一实体，就视其为推理条件；如果只有单一关系，则视为相关结果。相应的推理验证为，若网络中已有三个实体，其类型满足 T-S-T 的要求，且节点类型为 T-S 和 S-T 的节点对之间的关系均为组成，则我们可推出两节点间存在组成关系。需要注意的是，此类相关关系并不是完全对应正确，也有可能形成语义上的关联歧义。

3. Trans E 更新补全推理 [39]

Trans E 算法是知识网络领域推理补全算法。其翻译模型为给定一个由三元组组成的训练集合 S，其中实体属于 E，关系属于 L。采用相关模型学习实体和关系的向量嵌入，相当于把实体和关系嵌入相关的 k 维空间内（k 是模型的一个参数）。模型的基本思想是关系与嵌入的向量相对应，也就是满足三元组中实体向量加关系向量与另一实体向量大致相等，对于其他实体向量则应远离。Trans E 模型采用三阶张量模型对知识网络中的事实（h, r, t）进行建模，参数模型的函数表达式为：

$$f(h, r, t) = h^\mathrm{T} W_r t = \sum_{a=1}^{k} \sum_{b=1}^{k} W_{obr} h_a t_b \tag{3-6}$$

式中，h, r, t 分别代表三元组的头节点、关系和尾节点，W_r 表示超平面。

另外，在元组分类方面，并不是一种关系和知识网络存在的相关实体可以替代所有元组集合。所以需要明确正例元组和负例元组的区别，在所有负例元组中也有可能存在正确的结果，负例元组由头实体被一个随机实体替换或尾实体被一个随机实体替换的训练元组组成，并且头尾实体不能够同时被替换。相比负例元组，可以通过建模函数减少正例元组的权重，增大负例元组的权重，达到分组目的。当给定一个实体时，不论把它看作头实体还是尾实体，其嵌入向量应该是一致的。

在知识网络更新过程中，根据知识表达的方法，可以发现一些新出现的实体、属性及关系。构建的一般步骤包括关系属性的抽取、实体关系的抽取及实体关系的推理。在构建的过程中，我们需要把海量的实体、属性、关系转化为机器能够读懂的知识表示方法（XML/OWL），这就需要考虑在更新过程中遇到的困难。知识网络的更新分为数据模式层更新和数据层更新，又可以按照层次分为实体属性的更新和推理过程的更新。

数据模式层是知识网络体系中最重要的一个层次，是数据的整理与实体关系存储的管理层面。数据模式层以语义网的形式存储着大量实体和实体的一般属性。在知识网络的更新过程中，数据模式层掌握着更新层次的主体推理算法。如果更新时间小于上一次数据库同步的时间，便可以利用算法对实体进行更新，对实体属性进行增加、修改操作。如果推理算法可扩展性强，还可以对实体间关系进行预测补全。

在数据模式层选择扩展性好的更新补全推理算法可以对所属层次的实体进行增加、修改操作。由于实体的增加与修改操作并不会改变知识网络的一般结构和实体间关系构造，所以能够采用知识表示方法进行展示。以 XML/OWL 关系知识表示方法为例，当增加一个网络中从未出现过的实体时，只需要在各类知识层次查询其存在范围，在顶层类添加新的三元组。

在面对实体属性的更新操作时，实体属性一般与相关实体进行链接。所以在更新实体时考虑相近意义的属性便可以进行实体属性层次的更新。但相同或相近意义的属性，需要在知识网络的建立过程中进行分词和词性划分。如同一种商品的价格与价值，在分词与词性划分方面可以归为一类，但意义不同。所以在知识网络更新过程中需要对意义相近的词运用更新推理补全算法，映射于不同的关系推理空间，分析出其自身包含的意义，再对其进行增加、修改、删除等操作。

知识网络的数据更新方式与传统数据库的数据更新有所不同。传统模式的数据更新只关注数据本身的操作，更在乎数据的更新时间或有无脏读等模式化操作，并没有考虑整体结构。知识网络的数据层更新需要确定研究问题，建立知识网络的基本框架，如研究实体与实体的关联，其中实体与实体中的属性关联为重点研究的问题。另外，在知识网络的更新与维护中，需要寻找待更新实体及持续补充实体间的关联，采用良好的实体显示模型，判断两个实体间的关联，这叫作知识网络的补全。在以不同角度解决复杂关系模型的问题上，选取较为简单准确的 Trans E 推理模型加以改进，得出更新过程中需要改进的最大实体数，作为关联更新算法的数据源加以利用。

3.2.5 复杂设计知识网络构建实例

盾构机设计任务书如图 3-17 所示。

盾构机设计任务书

工号：待定
方案图号：A00（投标及合同中用图）
项目总图号：
工地到场时间：2015年6月15日
工厂验收时间：待定
项目负责人：×××　　手机：

注意事项：
1）刀盘泡沫喷嘴采用8路设计；
2）盾体隔板处采用4路泡沫注入口设计；
3）清水罐的高度降低500m；
4）皮带机驱动端刮渣板位置参照DZ073/DZ075出厂时的设计；
5）拼装机移动、旋转增加声报警；
6）拼装机扣头持重座开口参照DZ073/DZ075出厂时的设计；

图 3-17　盾构机设计任务书

螺旋输送机机构设计说明书与设计流程如图 3-18 所示。

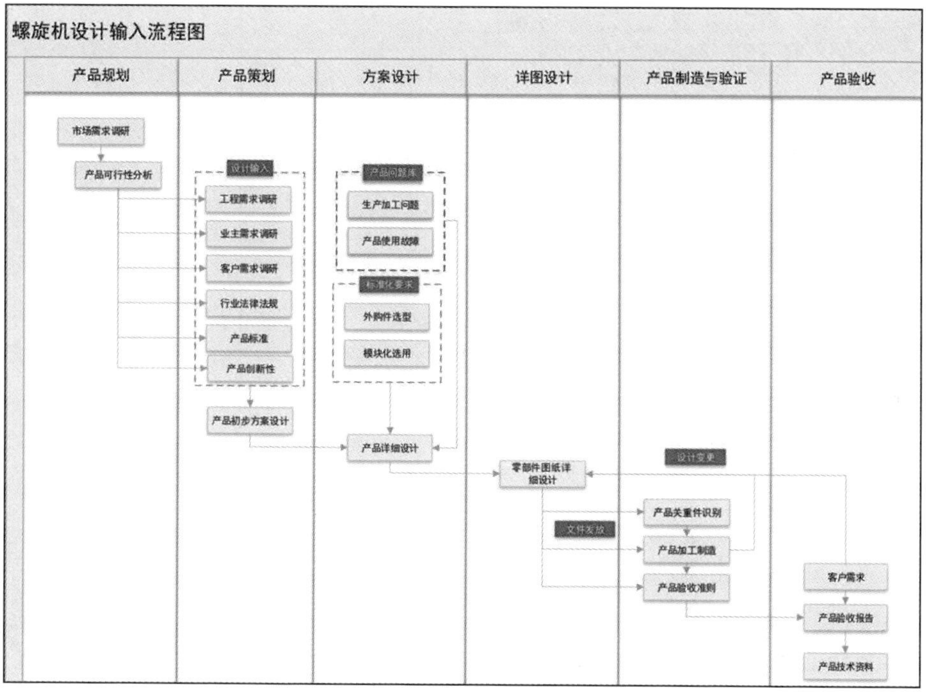

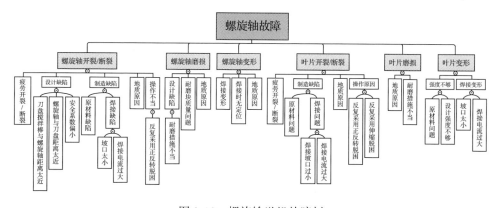

图 3-18　螺旋输送机机构设计说明书与设计流程

螺旋输送机故障树如图 3-19 所示。

图 3-19　螺旋输送机故障树

在构建知识网络顶层结构之前，需要针对选定的文本抽取知识三元组，将抽取的三元组信息存入 csv 文件，需嵌入的实体描述信息存入 json 文件，如图 3-20 所示。

```
131  刀盘驱动,细目部件名称,驱动型式
132  刀盘驱动,细目部件名称,减速机厂家
133  刀盘驱动,细目部件名称,驱动马达数量
134  刀盘驱动,细目部件名称,转速
135  刀盘驱动,细目部件名称,额定转矩
136  刀盘驱动,细目部件名称,脱困转矩
137  刀盘驱动,细目部件名称,主驱动功率
138  刀盘驱动,细目部件名称,主轴承形式
139  刀盘驱动,细目部件名称,主轴承直径
140  刀盘驱动,细目部件名称,主轴承设计使用寿命
141  刀盘驱动,细目部件名称,主驱动密封工作压力
142  刀盘驱动,细目部件名称,主轴承密封形式
143  刀盘驱动,细目部件名称,主轴承密封润滑方式
144
145  驱动型式,参数,液压驱动
146  减速机厂家,参数,德国卓仑
147  驱动马达数量,参数,8个
148  转速,参数,0~4.53r/min
149  额定转矩,参数,5787kNm@1.3r/min
150  脱困转矩,参数,7345kNm
151  主驱动功率,参数,3×315kW
152  主轴承形式,参数,3排圆柱滚子轴承
153  主轴承直径,参数,3020mm
154  主轴承设计使用寿命,参数,大于10 000h
155  主驱动密封工作压力,参数,3bar
156  主轴承密封形式,参数,唇型密封
157  主轴承密封润滑方式,参数,内外密封自动集中润滑
158  主轴承密封形式,备注,外4内2
159
160  盾体,细目部件名称,型式
161  盾体,细目部件名称,前盾直径、钢板厚度
162  盾体,细目部件名称,中盾直径、钢板厚度
163  盾体,细目部件名称,盾尾直径、钢板厚度
164  盾体,细目部件名称,中盾与前盾连接方式
165  盾体,细目部件名称,铰接密封
166  盾体,细目部件名称,允许承压能力
167  盾体,细目部件名称,钢丝刷密封数量
168  盾体,细目部件名称,盾尾密封允许承压能力
169  盾体,细目部件名称,盾尾间隙
170  盾体,细目部件名称,土压传感器数量
171  盾体,细目部件名称,前盾重量(约)
172  盾体,细目部件名称,中盾重量(约)
173  盾体,细目部件名称,盾尾重量(约)
```

图 3-20   抽取的三元组 csv 文件

文本预处理核心代码如下。

```
1: words= jieba.posseg.cut(sentence)
2: for w in words:
3:    print w.word + '/' + w.flag
```

采用 LTP 的 Python 封装工具 pyltp 对文本进行命名实体识别。LTP 是由哈尔滨工业大学计算与信息检索研究中心研发的语言技术,是国内外最具影响力的中文处理基础平台之一。在词性标注的基础上,需要将分词与词性标注后的词进行命名实体识别及合并。words_list 用来存放分词结果,postags_list 用来存放词性标注结果,ner.model 为实体识别模型,nertags_list 为实体识别结果,combine_list 为存储 BIE 连接的信息。根据前两步获得 words_list 和 postags_list 列表,通过加载 ner.model 获得由 BIE(Begin, Inside, End)标注的 nertags_list,根据 BIE 的标注结果进行连接,从而获得 combine_list 列表。实体识别的核心代码如下。

```
1: recognizer = NamedEntityRecognizer()
2: recognizer.load('ner.model')
3: nertags_list = recognizer.recognize(words_list,postags_list)
4: combine_list = EntityCombine(postags_list,nertags_list)
```

parser.model 为依存句法分析模型，arcs_list 为依存句法分析结果，依存句法分析的核心代码如下。

```
1: parser = Parser()
2: parser.load('parser.model')
3: arcs_list = parser.parse(words_list, postags_list)
```

依存语义范式模型的三元组抽取核心代码如下。

```
1: extract_dsnf = ExtractByDSNF(origin_sentence, sentence, entity1, entity2,
      file_path, num)
2: extract_dsnf.entity_de_entity(entity1, entity2)
3: extract_dsnf.SBV_VOB(entity1, entity2)
4: extract_dsnf.coordinate(entity1, entity2)
```

对抽取的知识三元组进行核对、修改及补充等工作，上传 csv 格式的三元组文件，同时可以上传 json 等格式的文件，以实现实体描述文本嵌入功能，如图 3-21 所示。

图 3-21　上传文件

构建的知识网络顶层结构如图 3-22 所示。以“盾构机设计任务”的知识三元组为例，领域名称为“盾构机”，在该网络中的节点数量为 1552 个，关系数量为 10 000 个。读取 json 文件的核心代码如下。

```
1: InputStream inputStream = file.getInputStream();
2: String s = JsonUtil.readJsonFile(inputStream);
3: JSONObject jsonObject = JSON.parseObject(s);
4: JSONArray nodes = jsonObject.getJSONArray("nodes");
```

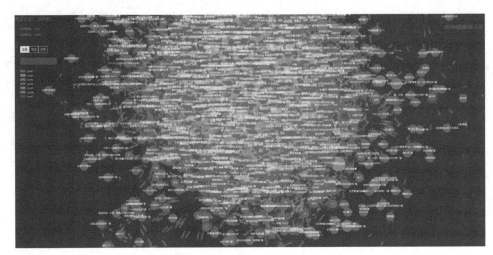

图 3-22　知识网络顶层构建（显示节点和名称）

构建知识网络的核心代码如下。

```
1: List<Map<String, Object>> nodesMapList = dataMap.get("nodes");
2: List<Map<String, Object>> linksMapList = dataMap.get("links");
3: for(int i=0;i<nodesMapList.size();i++){
4:        neo4jUtil.excuteCypherSql(addNodeName);
5:        neo4jUtil.excuteCypherSql(addProperty);
6:        }
7: for(int i=0;i<linksMapList.size();i++){
8:        neo4jUtil.excuteCypherSql(addRel);
9:        }
```

在已经构建的知识网络顶层结构基础上，需要通过关联映射实现知识网络顶层节点与设计知识的匹配功能。如图 3-23 所示，单击"螺旋输送机"节点会显示六个功能按钮，其中"知识库"按钮用来实现设计知识匹配功能，单击此按钮弹出设计知识库界面，默认按照当前节点信息进行匹配，如有需要可以在关键字一栏输入需要匹配的信息。单击"规则""文档""模型""数据表"则分别根据当前信息在相应的设计知识库中匹配设计知识，根据相似度计算结果，按照相似度从高到低进行排列。图 3-23 为规则知识库中匹配出来的规则，其中相似度大于0.5 的规则属于最匹配的内容。

其中相似度计算的核心代码如下。

```
1: nlp = spacy.load("zh_core_web_lg")
2: def main(argv):
3:     keyword = nlp(list[0])  #第一个为关键词
4:     for i in range(1, len(list)):
```

```
5:        target_word = nlp(list[i])
6:        similarity_spacy = keyword.similarity(target_word)
7:        print(similarity_spacy)
```

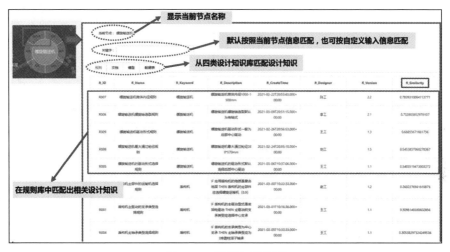

图 3-23　设计知识匹配

3.3　全业务链多源异构数据融合与知识管理

3.3.1　全业务链多源异构数据采集与处理

全业务链多源异构大数据的汇集存在一定的困难，因为整个业务链条的各种数据结构、数据类型均不统一。生产制造领域的全业务链涉及多种数据格式、多种数据来源、多种数据采集方式，平台需要统筹考虑，做出融合管理方案。

表 3-3 列举了部分数据类别。

表 3-3　部分数据类别

序　号	领　域	数据类型	数据来源	数据格式	采集方式
1	设计域	设计需求	PLM	结构化	系统对接
2		设计文档	PLM	非结构化	系统对接
3		设计图纸	PLM	非结构化	系统对接
4		产品档案	MDM	结构化	系统对接
5		产品 BOM	MDM	结构化	系统对接

（续）

序　号	领　域	数据类型	数据来源	数据格式	采集方式
6	生产域	生产工艺	MES	结构化	系统对接
7		生产过程管控	MES	结构化	系统对接
8		质检数据	MES	结构化	系统对接
9		能耗	MES	结构化	系统对接
10	测试域	功能测试	PLM	结构化	系统对接
11		老化测试	PLM	结构化	系统对接
12		用户测试	CRM	结构化	系统对接
13	销售域	市场调研	CRM	结构化	系统对接
14		客户档案	OMS	结构化	系统对接
15		工况档案	OMS	结构化	系统对接
16		客户订单	OMS	结构化	系统对接
17		现场安装	CRM	结构化	系统对接
18	运维域	运行监控	—	结构化	传感器采集
19		售后工单	CRM	结构化	系统对接
20		售后服务	CRM	结构化	系统对接
21		客户反馈	CRM	结构化	系统对接
22		舆情管理	—	非结构化	网络爬虫

　　平台的大数据处理是系统的核心部分，主要完成数据存储和有关数据处理工作，包含数据接入适配器（输入）、数据总线处理管道、数据处理插件库、写数据/写接口/写消息（输出）。采用并行数据仓库、分布式文件系统、分布式内存数据库等多种技术进行海量数据存储，满足不同数据来源、不同处理时效及不同计算方式的需求。

　　大数据引擎中包括数据共享和知识管理服务引擎，对于异构系统和多源数据进行相似性提炼、数据处理（包括数据清洗、数据冲突消解与修复、数据分组与组织、数据排序、数据融合与集成等）。通过插件进行服务封装、流程配置和调度编排，通过 UI 插件进行模块化设计，实现数据和流程服务的可视化配置与管控。

　　其中，适配器部分可以利用不同的 Adapter 侦听所有支持格式的来源数据，并做基本数据处理，保证元数据的完整性和独立性，同时每个 Adapter 需要做基本的数据标签补充，如系统来源、数据类型（结构化/非结构化）、Adapter 类型、唯一数据标识、接收时间戳、同步/异步处理标志等标签。

　　数据接收完成后，如果是异步处理数据，会先写入分布式缓存池中，此时 Adapter 释放资源。数据总线处理线程池内的某个线程会拿到该数据，进入数据处理流程，此流程会依次将数据流给每个注册的数据处理插件，每个插件各司其职，对元数据进行必要处理。当然，系统需要有一个默认初始插件，将原始数据保存到分布式数据库中，后续的插件处理也可以随时将数据输出，最终会传给输出插件，将清洗修整完成的数据写入分布式数据库中保存。如果是同步处理数据，则由 Adapter 主动传输给线程池里的某个线程，做同样的数据处理，并返回应答数据。

1）数据清洗与整理。由上述分析可知，数据来源不同、数据格式不同及数据结构不同及数据来源的数据质量不高等，都对数据的后续存储提出挑战，于是需要在输入接入层和数据存储层之间做必要的数据处理工作。数据清洗路径如图 3-24 所示。

2）数据存储。由于数据量大且格式不统一，因此需要利用数据库集群进行管理。选择 Mysql 数据库集群作为结构化存储，MongoDB 集群作为非结构化存储，同时通过数据整理，将非结构化的文档数据打上标签做结构化存储，便于后续的检索和使用。

3）数据挖掘与知识网络搭建。平台需要整合大数据挖掘和知识图谱的相关组件工具，利用这些工具实现数据的价值和增值，这部分功能涉及结构的确定、数据共享的实现及界面展现的集成。

4）数据输出与共享。除了对数据进行基础清洗和整理，还需要根据其他课题的需求对数据进一步整理和挖掘，生成其他课题需要的结果数据，并利用数据精准推送技术，将正确的数据推送给正确的接收方。这部分需要做出合理的设计，实现精准地订阅、分发。

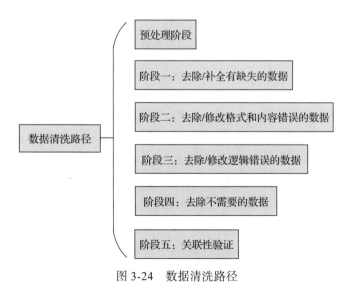

图 3-24　数据清洗路径

系统采用多层分布式微服务架构，不同的业务数据通过接入层接入，并汇总到源数据层，通过平台的基本数据处理功能将数据做初步的整理，然后通过集成工具，将数据做相应的精准识别、数据融合、知识发现等处理，最终提供挖掘出的有效数据。详细架构如图 3-25 所示。

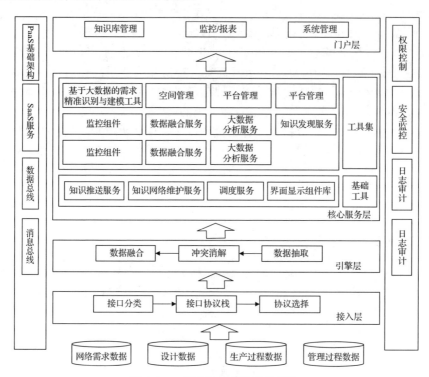

图 3-25 多层分布式微服务架构

如图 3-26 所示，为实现多源异构大数据处理，设计中将数据处理进行拆解，利用缓存及消息队列进行数据解耦，利用数据订阅分发机制将数据处理做成了分布式微服务，提高了系统的处理能力及容错能力，可支撑海量数据的高并发处理。

3.3.2 设计知识抽取与表示层构建

复杂设计知识网络模型主要分为知识网络顶层和设计知识表示层两部分内容，根据知识网络顶层模型的数据组织和表达方式，从需求域、设计域、试验域、生产制造域、运维域等多域数据中抽取实体及关系，通过图形化表示方法将概念和实例按照关系进行链接，并对相应的实体进行细节描述，形成复杂设计知识网络的顶层。根据构建的知识项通用模型，分别对规则、文档、模型和数据表四类设计知识进行建模，构建设计知识表示层。下面将从两个部分分别介绍知识网络顶层的设计知识抽取方法和设计知识表示层的构建。

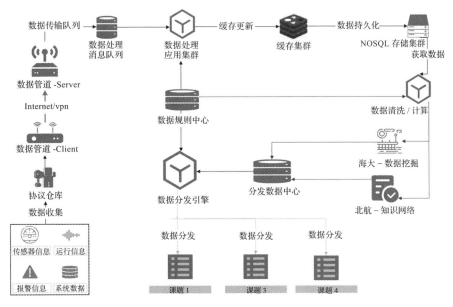

图 3-26　数据平台处理流程

1. 知识网络顶层设计知识抽取

知识抽取是构建知识网络的基础，知识抽取旨在从大规模文本、海量数据中抽取结构化信息，三元组就是其中一种结构化信息表示方法，更加便于构建知识网络顶层。本章在知识网络顶层构建的过程中，输入的是制造企业中的需求域、设计域、试验域、生产制造域和运维域相关的文本，基于 Bi-LSTM-CRF 模型的命名实体识别方法和基于依存语义模型的三元组抽取方法 [40]，从这些多域文本中抽取大量三元组，这些三元组可以通过 csv、json 等格式进行存储，根据实体和实体之间相应的关系进行链接形成知识图谱。由于知识网络中包含的实体信息不足，因此需要在知识网络中嵌入实体详细信息进行更新，这个更新的知识网络称为知识网络顶层模型。如图 3-27 所示为知识网络顶层构建流程。

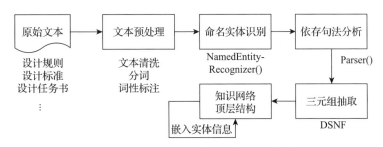

图 3-27　面向文本的知识网络顶层构建流程

将 Bi-LSTM 与 CRF 结合，通过 Bi-LSTM 获取观测序列特征，再应用 CRF 对该序列标记建模，学习已标记后的序列特征，识别出文本中的命名实体，为后续构建复杂知识网络提供数据基础。基于 Bi-LSTM-CRF 的命名实体模型如图 3-28 所示。

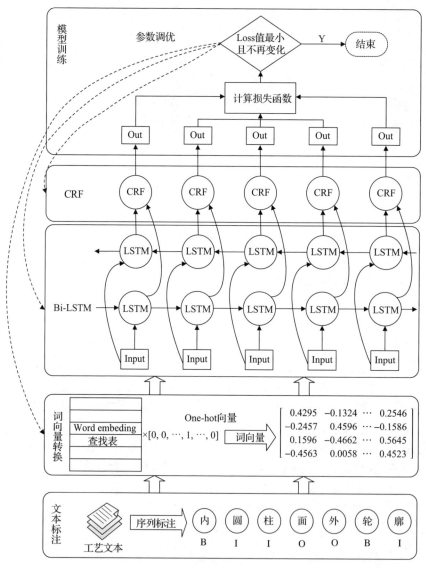

图 3-28　基于 Bi-LSTM-CRF 的命名实体模型

依存句法分析是在实体识别结果的基础上，通过分析文本中词语之间的相互依存关系揭示其语法结构，在句子中以核心动词支配其他成分，可以识别文本中的"主谓宾""定状补"等语法成分，本质上就是在实体识别的基础上用来获得词与词之间的关系，为三元组抽取提供依据。常用的依存关系类别如表 3-4 所示。

表 3-4　常用依存关系类别

关系类型	标　签	描　述	关系类型	标　签	描　述
主谓关系	SBV	subject-verb	间宾关系	IOB	indirect-object
核心关系	HED	head	介宾关系	POB	preposition-object
定中关系	ATT	attribute	状中结构	ADV	adverbial
动宾关系	VOB	verb-object	动补结构	CMP	complement
并列关系	COO	coordinate	独立结构	IS	Independent-structure
前置宾语	FOB	fronting-object	兼语	DBL	double
左附加关系	LAD	left-adjunct	右附加关系	RAD	right-adjunct

依存句法定义如下。

给定一个集合 $R = \{r_1, \cdots, r_R\}$，其中每个元素表示一种依存关系（如 SBV、ATT、VOB 等），每个句子的依存树是一棵有向树 $G = (V, A)$，满足以下条件：① $V = \{0, 1, \cdots, n\}$，V 是依存树中顶点的集合；② $A \in V \times R \times V$，$A$ 是依存树中依存弧的集合。

V 是顶点集合，用非负整数表示，V 中每个顶点依次与句子中的单词 w_i 相对应（其中 Root 标号为 0）。A 为依存弧集合，用三元组（w_i, r, w_j）表示，w_i 与 w_j 表示顶点，r 表示这两个顶点间的依存关系。在依存语法的结构中，词与词之间会产生依存关系，构成多个依存对，每个依存对中有一个核心词，也称支配词，另一个为修饰词，也称从属词。依存关系用一个带有方向的圆弧表示，称为依存弧。

依存句法分析结果如图 3-29 所示。

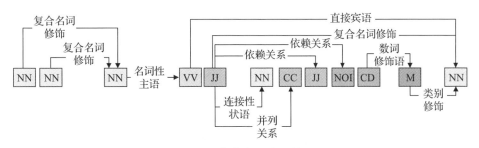

图 3-29　依存句法分析结果

依存句法分析图建立了实体与关系[41]，在此基础上根据依存关系抽取文本中的三元组，应用依存语义范式（Dependency Semantic Normal Forms，DSNF）的无监督模型，在该模型中实体和关系之间的距离是没有限制的，可以根据文本情况制定遍历范围，可以提取介词和名词的关系，同时处理处于平行状态的从句。在该模型中，对于相关的实体对制定规则进行语法构造，如识别出的两个实体在句子中的成分分别是主语和宾语，那么谓语动词即为这两个实体之间的关系。根据依存关系可以看出句子成分之间的语义修饰情况，因此依存语义范式可以将实体识别和依存关系分析结合，从而实现三元组的抽取任务。

该模型有三类语法结构，分别为修饰结构（Modified Construction，MOD）、动词结构（Verbal Construction，VERB）、并列结构（Coordination Construction，COO），下面以"刀具包含中心刀具、正面刀具、边缘刀具、切刀、刮刀"为例介绍这三种结构。

1）修饰结构。在修饰结构中，实体作为主词，修饰语作为定语，其中修饰语包括名词、含"的"短语及数字等。主语和定语之间的依存关系通常是 ATT 与 RAD，如由 ATT 的指向可知"中心"是修饰"刀具"的属性。同时，一个主语可以存在多个定语，这时需要考虑定语的遍历范围。

2）动词结构。动词一般可以直接作为三元组中的关系词，由 SBV、VOB 的指向关系可以抽取三元组（刀具，包含，中心刀具）。

3）并列结构。宾语和并列动作通常作为并列结构，顿号、逗号或连词也是并列结构的一种体现。由并列结构的并列依存关系可获得三元组（刀具，包含，正面刀具）、（刀具，包含，边缘刀具）、（刀具，包含，切刀）、（刀具，包含，刮刀）。

2. 设计知识表示层构建

设计知识表示层是由众多的设计知识项共同组成的，设计知识项可以作为设计知识建模的基本单元，因此设计知识项可以用来进行设计知识的组织和存储。在制造领域中，设计知识是海量的、杂序的，需要构建一个统一的形式将其进行整理、建模，从而实现设计知识的完整表达。将设计知识按照异构形式划分为四类：设计规则、设计文档、设计模型、设计数据表。这四类设计知识的特点如下。

1）设计规则。主要分为命题式规则和产生式规则。其中命题式规则实际上是一种非真即假的陈述性规则，如"盾构机主驱动的转速范围应在 0～2.8（r/min）"就是一个命题式规则。而产生式规则是通过逻辑推理或专家指导得出的，适用于不确定性度量，具体的语义为：如果满足前提条件（当前条件为真），那么将得出结论或执行后续的动作。简单来说，这是一种"条件→动作"的规则，一般形式如下：

$$IF(condition)THEN(conclusion)$$

其中 condition 被称为前件或前提，conclusion 被称为后件或结论，前提和结论都可以由 AND、OR、NOT 等逻辑运算符进行不同的组合，例如：

R1：IF 盾构机的主驱动型式是变频电驱动

THEN 主驱动的支承类型应选择中心支承

产生式规则具有不确定性的特点，因此可以表示设计规则中存在概率的情况，比如：

R2：IF 应用盾构机的地质是复合地层

THEN 盾构机的主部件应选择螺旋运输机 (0.9)

产生式规则的后件部分不仅可以是结论或命题，还可以是后续的动作，比如：

R3：IF 盾构机的性能不满足客户的需求

THEN 设计团队对该性能进行评估及设计

产生式规则是规则库的重要组成部分，用规则进行推导从而解决实际设计问题，基于这种方式，还可以继续构建特定的规则类以满足设计需求。产生式规则的优势在于清晰性和可扩展性，具有表达因果关系的特点，是设计知识库中重要的一部分。

2）设计文档。其中存储着设计知识，如企业设计规范、行业设计标准、产品设计说明书等，主要特点是以文本形式存储大量文字。设计文档也是企业知识管理最主要的形式。

3）设计模型。其中存储着设计模型，如零件模型或装配模型等，主要以图纸形式存储。制造企业离不开产品设计，而产品设计会产生诸多设计图纸。

4）设计数据表。其中存储着设计相关的数据表信息，如设计参数表等，主要以表格形式存储。

根据构建的知识项通用模型，分别对这四类设计知识进行建模任务，构建设计知识项模型，这些知识项模型的实例共同形成设计知识表示层。针对设计知识，基本元知识类型包括 ID、名称、关键词、资源信息，基本元知识类型意味着必须要在该设计知识项中存在。其中，ID 表示该项设计知识的编号，对应的元属性为数据类型、数据长度、数据结构、格式约束等；名称表示该项设计知识的名称，对应的元属性同上；关键词表示该项设计知识中的高频词组，用于知识网络中的链接与查找，对应的元属性同上；资源信息表示该项设计知识的关键部分，通过资源信息可以获取该项设计知识的核心内容，对应的元属性同上。扩展元知识类型包括创建 / 更新时间、创建 / 更新人员、版本等，扩展元知识类型意味着是否在设计知识项中存在皆可，没有强制要求。其中，创建 / 更新时间用来记录该项设计知识创建或更新时的日期，对应的元属性同上；创建 / 更新人员用来记录该项设计知识的相关责任人，方便后续维护，对应的元属性同上；版本用来记录该项设计知识的迭代版本，方便管理知识，对应的元属性同上。设计知识项模型具体结构如图 3-30 所示，基于具体设计任务的知识表示如图 3-31 所示。

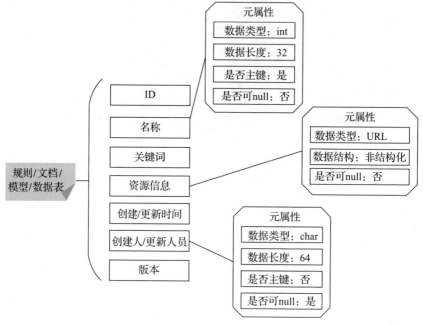

图 3-30　设计知识项模型具体结构

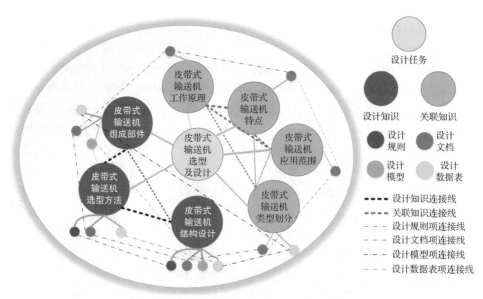

图 3-31　基于具体设计任务的知识表示

3.3.3　多源异构数据资源与产品设计知识的存储及检索

　　企业实际生产过程中会产生大量的数据及知识,数据知识集成管理工具以各类实际工程项目数据与知识为例,对需求、设计、制造、运维等全业务领域的多源异构数据资源及产品设计知识进行封装,构建索引并进行数据与知识储存,最终实现数据与知识的集中管控。

　　作为支持产品自适应设计的大数据处理与知识管理平台的数据与知识源,该工具支持通过大数据处理与知识管理平台进行数据与知识访问,主要从四个方面实现:根据实际的各类数据实现数据的存储与修改;针对数据不同特点完成数据统计;结合自然语言处理技术与数据封装完成数据索引;设计知识的储存管理。系统主要分为以下模块:系统主页、全业务领域数据管理模块、数据统计可视化模块、数据封装索引模块、设计知识管理模块。

　　该工具首先对数据和知识实现基础的储存功能,通过列表方式展示数据库中的数据和知识条目。

　　同时,该工具还支持对录入的数据进行统计与可视化,可通过页面上方的"起始时间"与"终止时间"输入需要统计的数据时间区间。数据分为需求数据、制造数据、运维数据、试验数据四类,分别拥有不同的数据统计界面。图 3-32 展示了需求数据统计界面。

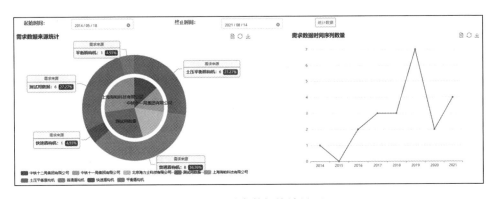

图 3-32　需求数据统计界面

　　可使用该工具对设计知识进行操作及查看,设计知识数据通过三元组形式储存和录入,录入知识完毕后可生成知识图谱。

　　知识管理界面用于管理设计知识文件中的细则及文件库,由两部分构成。一部分用户可使用知识文件库查看所有知识文件的上传日期、知识类别、知识关键词等信息,也可以通过"查看""删除"等按钮进行相关操作。另一部分可以对特定的知识文件中的每个条目进行编辑及删除操作,以便用户管理知识细则。

3.3.4　产品设计知识空间设计与需求发现

1. 大数据挖掘的设计知识发现与空间设计

产品设计与运维时，采集到的数据往往多而杂。企业希望从大数据中发现内在知识，并总结所需规律，为操作与控制提供重要参考，使设计过程更加高效、平稳、科学。但目前企业普遍存在产品全生命周期制造大数据无法直接驱动产品设计的问题，因此需要研究基于大数据挖掘的设计知识发现技术，设计了深度神经网络、遗传算法、决策树等多种分析方法，在输入数据和输出数据之间建立了覆盖产品质量预测、参数优化、风险评价等主题模型，并采用一致化数据耦合优化和 PQN-NN 理论对构建模型进行置信度评估，从中挖掘出内在规律和相关设计知识，形成模型库。由此形成大数据分析与挖掘主题、应用场景与分析决策流程，为企业利用大数据产品设计与价值发现提供基础支撑。设计路线如图 3-33 所示。

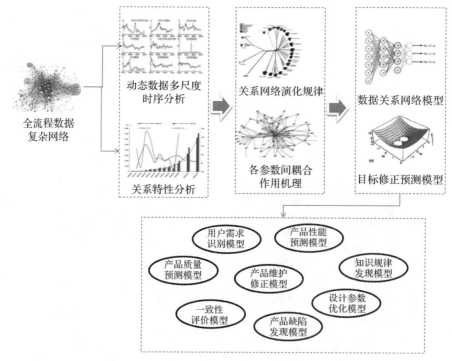

图 3-33　大数据挖掘的设计知识发现技术路线

大数据挖掘算法知识空间设计如图 3-34 所示。

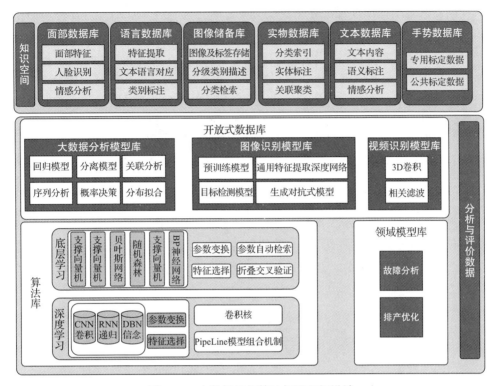

图 3-34　大数据挖掘算法知识空间设计

　　知识空间提供了一个基础的通用算法库，集成已有的分析算法，包括浅层学习和深度学习算法，使开发人员不必进行基础算法的编程，而是将工作的重心转移到模型的设计上。算法库中的算法符合平台相应的标准规范，提供标准接口，可由开发人员或系统研发人员导入算法。同时，设计了开放式模型库，用于管理平台生成或导入的分析模型，可以为开发人员的模型设计提供支持与辅助，从而大大提高开发人员的建模效率。开放式模型库主要分为两类，一类是单一功能的模型库，如大数据分析模型库；另一类是完整功能的模型库，如图像识别模型库、视频识别模型库。上述设计的各类算法库和模型库为产品设计中的知识与需求发现提供了重要的技术支撑。

2. 设计需求知识发现

　　产品设计任务书具有很强的专业性，其中往往包含了大量的设计需求知识，以不同的格式、不同的组织方式交织在一起。传统设计流程需要设计人员基于经验，分析总结任务书中的需求，再通过对比现有产品进行新产品设计。这样不仅对设计人员的设计经验要求较高，也往往会在资料分析上花费大量的时间。

因此，基于模式匹配方法根据需求本身的特点及对产品配置设计产生的影响，将一项产品的全部设计需求总体上分为三大类：产品特征需求、工程需求和个性化需求。产品特征需求指设计该产品必须提供的、产品实现功能所依赖的参数。这类需求往往由产品设计人员根据行业标准及经验提供，可以较直接地映射到产品规范，通过参数化产品设计的方法实现高效配置。产品特征需求数据量较庞大，可以根据具有明显区分特征的产品各子系统进一步划分。

工程需求指产品设计过程中可能需要考虑的产品运行环境，包括产品工作场景、与其他产品协同工作的能力要求等。这类需求往往并不对产品设计产生直接影响，因此很难直接映射到产品功能域，需要产品设计人员进行主观判断，将其转换为产品规范，或者根据具有相似情况的设计先例进行再设计。很多情况下，工程需求可以进一步划分为产品工作环境需求和产品整体性能需求。

个性化需求反映用户对产品实际使用的主观意愿。这类需求并不对产品主要功能产生影响，却影响用户体验，并且往往具有较大的不确定性，可能需要产品设计人员对现有产品功能进行扩充以满足需求，也可能需要对产品增加额外的功能模块以满足用户需求。

在提取需求时有两个问题：一是数据的类型不同，难以以某种特定的方法进行提取。一般情况下，产品特征需求以数值型数据为主，工程需求混杂字符型与数据型两种数据，个性化需求以自然语言形式出现，但这不是绝对的，需求格式的不确定性使得提取变得困难。二是难以对需求进行定位。因为产品设计任务书不仅包含设计需求，还涉及产品原理、结构、性能、技术指标、使用范围、使用要求等。不同企业的产品设计任务书往往有不同的组织形式，即使同一企业，不同设计批次的产品也可能有不同形式和逻辑结构的产品设计任务书。因此，在一份产品设计任务书中，同一设计需求属性名称可能在任务书的不同地方出现数次，不同需求的属性值可能非常相近，难以划分，这就意味着难以仅通过特定字符或特定数值范围提取需求。

因此，可以通过提前标记定位、命名实体库与正则表达式相结合的方式进行需求提取。通过对产品设计任务书的分析，可以发现相同种类的需求通常聚集出现。通过标记需求种类出现位置，系统定位该类需求在文本中的大致范围，便可以结合知识库中的词典，运用正则表达式及命名实体库对该需求种类下的所有需求进行提取。

设计需求知识挖掘系统采用 B-S 架构与用户进行交互，数据库采用 Mysql，推理程序采用 python 语言编写。用户输入需求文档，然后由推理程序对产品设计任务书进行分析处理，将提取成功的需求结构化保存到数据库，并将结果返回界面。

第 4 章

设计需求驱动的产品自适应决策技术

产品自适应设计首先要对设计需求进行响应决策，包括需求的分解及方案对需求的满足程度等相关内容。产品自适应决策技术，需要基于产品设计需求，判断能否通过产品的设计改进满足需求，并快速搜索产品模型库或快速形成产品的概念设计方案集，同时决策出满足需求的最优产品方案。设计需求驱动的产品自适应决策技术分为需求变更的可执行性评估、基于需求的设计方案生成决策及产品适应性动态评价三部分。需求变更的可执行性评估，可帮助设计师针对需求选择合理的设计路径，也有助于产品对需求变动情况提供科学的调整建议。基于需求的设计方案生成决策，可基于产品设计信息的变更模式，实现设计方案的适应性推荐，提高设计效率。产品适应性动态评价，针对产品全生命周期、动态与多人多域的适应性要求，研究产品适应性动态评价方法并开发产品适应性动态评价工具，为产品自适应提供决策，实现设计方案对需求满足程度的度量，为设计方案的实施提供科学的理论依据。

4.1 复杂产品自适应设计信息组织

4.1.1 产品设计过程中的设计信息组织形式概述

产品设计是一个包含多个设计环节的复杂过程，一般可将产品设计过程分为产品定义、概念设计、详细设计三个基本阶段[42]。产品设计在不同阶段关注的设计信息不同。在产品的定义阶段主要关注产品的需求信息；在产品的概念设计阶段主要关注产品的功能信息、结构信息；而产品概念设计方案确定之后的详细设计阶段，则主要关注参数化信息和工艺特征信息。产品设计执行过程中的设计信息则通过相关的文本文档和数据文档表现，如产品的需求分析报告、设计说明书、结构 BOM 表、工艺卡片、质量评估报告等。

具体来说，设计师首先通过需求分析，提取产品的功能需求，并以功能需求为目标，以功能设计原理为基础，研究并设计出产品功能划分方案，同时把功能模块分解为子功能、功能元。功能分解完成后，进一步分析功能元之间的行为过程，建立功能元之间物质、能量、信息的横向交互关系。通过上述功能设计基本过程，可构建起产品的功能树和功能链模型。功能模型构建的同时，需进行产品功能求解。公理化设计理论将功能求解抽象为功能域与物理域间逐层映射的"Z"形结构，明确功能模块的结构配置，建立满足功能的基本产品结构。概念设计阶段确定产品的功能系统和满足功能的基本产品结构体系后，输出产品概念设计方案，进入产品的详细设计阶段。详细设计阶段则以产品概念方案为基础，将产品结构进一步分解为装配体、部件、零件等，生成产品的三维模型；并以产品的基本功能约束为基础，以质量约束、性能约束等为目标，通过参数化计算的手段确定产品的尺寸、材质、公差等详细参数，进一步生成加工图纸与后续加工制造相关的各种技术要求说明。随着设计过程的推进，设计信息也展现出由粗向精、由模糊向清晰演进的特点，进而可以由最初抽象的设计需求或构想建立成为具备某种功能的结构实体。

基于上述分析，结合公理化设计中的设计域及各域之间的"Z"形跨域映射过程，来表达产品设计过程中的设计信息组织形式，如图 4-1 所示。

需要注意的是，详细设计阶段中的参数化设计环节是产品实体构建的关键环节，有以下两个基本特点。

1）设计参数种类多。参与设计计算的参数不仅包含产品结构参数、材料参数、工艺参数等与三维构型和工艺加工相关的参数，还包含性能参数、质量参数等关键校核参数，以及常值参数、经验参数等。参数种类混杂，参数池的管理工作困难。

2）参数间的关联约束复杂。产品参数化计算过程中包含大量的数值计算公式、经验公式等关联信息，以及参数阈值范围、隐性的设计经验等约束信息。参数间关联约束的来源也多种多样，如实际的工程约束（约束特征参数的值）、机制模型（确定参数之间的数学方程）、数据驱动模型（由历史数据关系描述参数之间的变动关系）、设计规范或标准（根据条件确定参数取值）、工程师的决策（确定参数的变动条件）等。

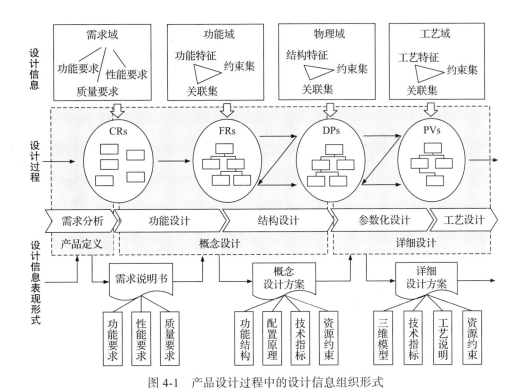

图 4-1 产品设计过程中的设计信息组织形式

参数的计算和校核结果是决定产品结构、加工制造工艺的基础；参数能够满足多源的设计约束，是设计变更完成后产品正常运行的基础，也是产品满足设计需求的重要保障。因此，如何组织产品参数设计信息域内多种设计参数及其复杂关联约束信息是产品设计信息集成的关键，也是实现产品自适应设计决策的关键特征。

4.1.2 产品设计信息的组织结构

通过对概念设计、详细设计过程中主要包含的产品设计信息及其主要特点的分析，这里提出一种以产品设计参数信息域（以下简称参数域）为模型的中间域，以产品结构信息域、功能信息域（以下简称结构域和功能域）为两端的产品设计信息组织结构，如图 4-2 所示。

该结构可以直观和深刻地表达参数域中相关参数信息的详细修改过程，以及参数信息修改后对功能、结构信息的影响过程。设计信息的组织是实现需求响应的模型基础，是实现产品设计信息一致性修改的重要保障，也是设计变更分析的数据驱动方法。

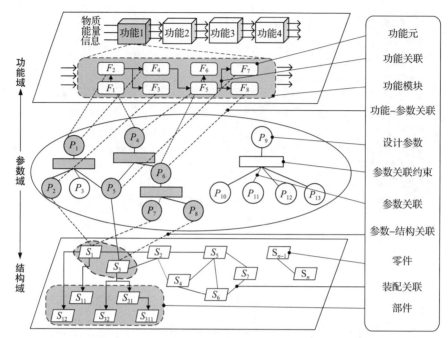

图 4-2 多域设计信息关联约束的产品设计信息组织结构

构建产品设计信息组织结构的数据需求如表 4-1 所示。

表 4-1 产品设计信息组织结构的数据需求

模型元素	所属域	所需数据	数据源
节点	功能域	功能元	功能设计说明书
	结构域	零部件	BOM 表
	参数域	设计参数 & 关联约束	参数设计说明书等
域内边	功能域	功能元间关联	功能设计说明书
	结构域	零部件间关联	图纸
	参数域	设计参数与关联约束的匹配关系	参数设计说明书等
跨域边	参数 – 功能	功能元与设计参数的匹配关系	设计师
	参数 – 结构	设计参数与零部件的匹配关系	CAD 系统

4.1.3 产品设计信息的组织方法

1. 域内信息关联约束建模

（1）参数关联约束网络模型构建

参数关联约束网络模型用来表达参数之间的关联关系，是参数变更分析的基础。参数关联约束网络模型中的基本要素包括参数节点、关联约束节点及参数和关联约束节点间的连边。其中，参数节点包括结构参数、材料参数、性能参数、质量参数等，虽然参数种类繁多，但在网络模型中仍可视为同质的节点。参数之间的关联关系复杂，通过整理归类，可将复杂的关联约束分为两类：函数关联关系和条件关联关系。函数关联关系为等式关系，设计中常用 $y = f(x_1, x_2, \cdots, x_n)$ 表示，表明参数之间有确定的函数公式关联，其中 y 为父参数节点，$x_1, x_2, \cdots, x_i$ 为子节点。通常来讲，父参数节点一般指性能参数、选型参数等关键参数，而子节点则为几何参数、材料参数等基础的设计参数。根据设计目标不同，函数关联中的父节点和子节点的相对位置关系会发生变化，也可将函数关联关系表示为 $f(x_1, x_2, \cdots, x_n) = 0$，但是它们仍隶属于同一关联关系。条件关联关系为非等式，设计中常用公式 $y > f(x_1, x_2, \cdots, x_n)$ 或 $0 < f(x_1, x_2, \cdots, x_n) < n$ 表示，表达参数间的取值限制关系，同时将参数限制在某个范围内，该关联约束关系一般从产品设计经验获得。通常来说，一组或几组由函数关联和条件关联联系起来的参数集可以表达产品的某种设计原理。

通过提取产品设计参数及参数间的函数关联、条件关联等基础数据，建立产品的参数网络模型。假设某产品的设计涉及 m 个设计参数，设计参数节点集可用 $DP = \{P_1, P_2, \cdots, P_k, \cdots, P_m\}$ 表示，其中 P_k 为第 k 个设计参数，在网络模型中可用圆形表示参数节点；若产品设计涉及 n 个关联约束，关联约束集可用 $AC = \{R_1, R_2, \cdots, R_h, \cdots, R_n\}$ 表示，R_h 为第 h 个关联约束，在网络模型中可用矩形表示关联约束节点。参数和关联约束连边集合 $PE = \{P_1\text{-}R_1, P_2\text{-}R_1, \cdots, P_k\text{-}R_h, \cdots, P_m\text{-}R_n\}$，其中 $P_k\text{-}R_h$ 表示第 k 个设计参数与第 h 个关联约束存在关联关系，或第 h 个关联约束中包含设计参数 P_k。在参数关联约束网络模型中，函数关联与参数节点之间的连边可用双向箭头表示，条件关联与参数节点之间的连边可由条件关联指向对应参数节点的单向箭头表示。因此，参数网络模型 G_p 可表示为：

$$G_P = (DP, AC, PE) \tag{4-1}$$

一般参数关联约束网络模型如图 4-3 所示。

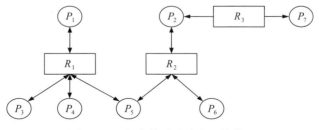

图 4-3　一般参数关联约束网络模型

将关联约束信息加入模型后，模型可表达更加丰富的信息。如图 4-4 所示的参数关联约束网络模型中，参数 P_1 通过函数关联 $P_1 = f(P_3, P_4, P_5)$ 与参数 P_3、P_4、P_5 建立关联约束，在该结构中，P_1 在网络模型中位置更高，在 R_1 这一关联约束中，P_1 可能为目标设计参数。同时 P_5 又通过函数关联 $P_2 = f(P_5, P_6)$ 与参数 P_2、P_6 建立关联约束。此外，P_2 与 P_7 之间存在条件关联关系 $f(P_2, P_7) > 0$，使参数 P_2 与 P_7 的取值互相约束。

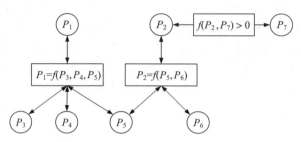

图 4-4   含关联约束信息的参数关联约束网络模型

（2）功能域和结构域信息关联模型构建

在功能域内，功能元是基本的信息单元，功能之间的关联关系主要包括组成关系、因果关系、时序关系、更新关系。设计师为了描述产品的功能系统，往往将产品的功能信息组织为功能树或功能链的形式。功能树的生成过程是功能分解的过程，功能链的构建则是功能元之间的详细行为描述。在结构域内，产品零部件是基本单元，零部件之间的主要关系为装配关系和组成关系。设计师以产品装配关系网络的形式表达产品零部件间的装配关系，以产品的 BOM 表的形式组织管理产品结构，其本质是产品的结构树。

模块化作为产品设计遵循的基本原则，也是原型产品功能和结构体系具备的基本特点。功能树模型和结构树模型通过功能、结构模块的层级分解表达产品信息，体现了产品模块化的设计特点，同时，该建模方法降低了产品设计信息的复杂度，对设计信息的表达更为清晰。树状模型层次性、低耦合性及多粒度性的特点是产品设计完成后，对产品设计信息进行系统性分析、管理的重要特性。因此，产品自适应设计在建立产品功能域和结构域的设计信息组织结构时，采用功能树模型和结构树模型的表达形式，表达功能之间和结构之间的关联约束关系。

假设某产品的设计涉及 i 个产品基本功能，设计功能节点集可用 $F = \{F_1, F_2, \cdots, F_k, \cdots, F_i\}$ 表示，其中 F_k 为第 k 个产品功能。为了更加清晰地表达功能树之间的层级关系，第 k 个功能的第一个子功能节点可用 $F_{k,1}$ 表示，随着功能树的进一步分解，$F_{k,1}$ 的第一个子功能可以用 $F_{k,1,1}$ 表示，以此类推实现功能树中的功能结构表达，在网络模型中可用圆角矩形表示功能节点。功能树的边集可表示为 FE =

$\{F_1-F_{1,1}, \cdots, F_k-F_{k,1}, \cdots, F_{k,1}-F_{k,1,2}, \cdots\}$，其中，$F_k-F_{k,1}$ 表示第 k 个功能与其第一个子功能的连边，$F_{k,1}-F_{k,1,2}$ 表示第 k 个功能中第一个子功能与其第二个子功能的连边。在网络模型中可用由父功能节点指向子功能节点的单向箭头表示。以同样的表达方法可表达产品结构树，产品结构节点集可用 $S = \{S_1, S_2, \cdots, S_k, \cdots, S_j\}$ 表示，在模型中为区别于功能节点，可以用平行四边形表示产品的零部件结构节点。

综上，功能树和结构树可用二元组网络模型表示：

$$G_F = (F, \text{FE}) \tag{4-2}$$

$$G_S = (S, \text{SE}) \tag{4-3}$$

功能树模型如图 4-5 所示。首先将总功能分解为 F_1、F_2、F_3 三个子功能模块，并将 F_1、F_3 子功能模块进一步拆解为 $F_{1,1}$、$F_{1,2}$ 及 $F_{3,1}$、$F_{3,2}$、$F_{3,3}$ 五个功能元。同样，在结构树模型中（见图 4-6），将产品结构拆解为 S_1、S_2 两个结构模块，并将结构模块进一步拆解为 $S_{1,1}$、$S_{1,2}$、$S_{1,3}$ 和 $S_{2,1}$、$S_{2,2}$ 五个零部件。该模型可以清晰地表现出产品功能、结构的层级分解特性及模块化特点。

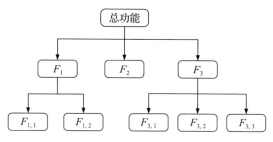

图 4-5　功能树模型

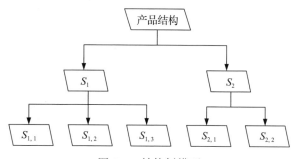

图 4-6　结构树模型

2. 跨域信息关联约束建模

在多域设计信息关联的产品设计信息组织结构中，跨域关联主要指参数域与功能域、参数域与结构域之间的映射关联。跨域关联约束可分为从属关系和并列关系两类，根据关联的强弱程度可分为紧密关联、一般关联、微弱关联等。为清晰地表达这种跨域对应关系，可将产品功能分解后的功能元及产品结构分解后的零部件与设计参数之间建立对应关系。

值得注意的是，跨域信息关联约束建模在一定程度上可以解决功能树和结构树模型中横向交互信息不明显的问题。以参数域为基础，构建跨域关联关系，可以辅助设计师分析功能域中以功能链形式存在的功能元间的因果关系、行为关系等，也可以明确结构域中零部件之间的物理装配关系等，还可以实现对功能设计及结构设计中设计原理、设计知识的匹配。这些跨域的关联约束关系可以是定性或定量的、显性或隐性的，如何建立联系取决于设计师经验和设计知识库中的知识。在两种跨域关联约束关系中，结构域中的产品零部件与结构参数的匹配关系是显而易见的，而功能元与特征之间的关联则较模糊，用关联的强弱加以约束可以使其更准确。例如，螺旋输送机产品设计中的结构参数叶片节距 P 与主轴叶片结构关联关系明显，而性能参数驱动轴转速 n_1 与土仓压力调节功能之间的关系则难以准确描述。

在描述跨域关联关系时，常采用设计参数与功能元、零部件间跨域关联矩阵的形式，如式（4-4）、式（4-5）所示。参数域与功能域之间的跨域关联矩阵用 $[A]$ 表示，是 $i \times m$ 阶的矩阵，其中 i 是功能元数量，m 是产品设计参数的数量。参数域与结构域之间的跨域关联矩阵用 $[A']$ 表示，是 $j \times m$ 阶的矩阵，其中 j 是零部件数量，m 是产品设计参数的数量。矩阵内的元素 A_{im} 和 A'_{jm} 为 0 或 1，当设计参数与产品功能、产品结构存在关联关系时，元素值为 1，否则为 0。

$$F = [A] \times \text{DP} \tag{4-4}$$

$$S = [A'] \times \text{DP} \tag{4-5}$$

式（4-4）、式（4-5）的展开形式如式（4-6）、式（4-7）所示。

$$\begin{bmatrix} F_1 \\ \vdots \\ F_i \end{bmatrix} = [A] \begin{bmatrix} \text{DP}_1 \\ \vdots \\ \text{DP}_m \end{bmatrix} = \begin{bmatrix} A_{11} & \cdots & A_{1m} \\ \vdots & \vdots & \vdots \\ A_{i1} & \cdots & A_{im} \end{bmatrix} \begin{bmatrix} \text{DP}_1 \\ \vdots \\ \text{DP}_m \end{bmatrix} \tag{4-6}$$

$$\begin{bmatrix} S_1 \\ \vdots \\ S_j \end{bmatrix} = [A'] \begin{bmatrix} \text{DP}_1 \\ \vdots \\ \text{DP}_m \end{bmatrix} = \begin{bmatrix} A'_{11} & \cdots & A'_{1m} \\ \vdots & \vdots & \vdots \\ A'_{j1} & \cdots & A'_{jm} \end{bmatrix} \begin{bmatrix} \text{DP}_1 \\ \vdots \\ \text{DP}_m \end{bmatrix} \tag{4-7}$$

根据研究目的不同，可对矩阵内的要素类型做标定，定义跨域关联要素之间的包含关系或并列关系；也可运用关联强度分析、机器学习等手段，分析跨域关联关系的强度，将矩阵中的元素值定义为 [0, 1] 的强度值。

在产品设计信息组织结构中，跨域关联关系可以用设计参数与功能元、零部件间的虚线段来表示。如图 4-7 所示，产品设计参数 P_4 从属于功能元 $F_{1,2}$，特征参数与功能元之间紧密关联；同时 P_4 从属于功能 $F_{3,2}$，特征参数与功能元之间关联微弱。根据该跨域关联约束关系，可以分析并得出功能元 $F_{1,2}$ 和功能元 $F_{3,2}$ 之间存在某种隐含的行为信息。如图 4-8 所示，设计参数 P_2 从属于产品结构 $S_{1,1}$，设计参数 P_3 从属于产品结构 $S_{1,2}$，而 P_2 和 P_3 同属于一个关联约束，可以分析并判断出产品结构 $S_{1,1}$ 和 $S_{1,2}$ 之间存在某种装配关联或其他关联。

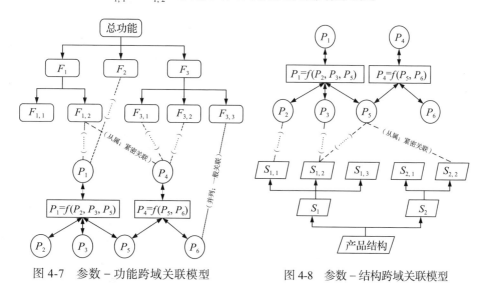

图 4-7　参数 - 功能跨域关联模型　　　　图 4-8　参数 - 结构跨域关联模型

4.2　面向变更需求的产品设计变更的可执行性评估

4.2.1　产品设计变更特征分析

为了满足客户的原始需求，企业设计部门通过需求分析、功能设计、结构设计、参数化设计、工艺设计等基本设计过程构建满足需求的新产品，第一批投入市场。然而，随着科学技术的进步和需求的多元化，问题频出的新产品无法取得市场青睐甚至会被废弃，而优质的新产品则会演化为"旗舰"产品，对企业产品的后续发展具有奠基性。即便是"旗舰"产品，其在运行过程中，也会面临运行环境改变、性能要求提高、设备运行故障等新的设计需求。需求数据和故障监测数据通过数据挖掘、语义分析、关联聚类等初步的数据分析与处理，将需求与设计知识反馈至设计部门，设计部门通过变更分析、结构优化、性能优化、方案决策等手段满足这些需求，"旗舰"产品将升级、扩展为逐渐丰富的"系列"产品，如图 4-9 所示。随着产品完善，功能模块不断成熟，部分产品甚至可以通过模块配置、型号调用的手段实现快速产品变更[43]，为企业节省大量成本。

当遇到产品变更无法满足设计需求时，产品创新成为必由之路。产品创新不仅可以"基本满足"产品的设计需求，甚至可以满足客户的"期望型需求"，给消费者和企业带来额外的"惊喜"，这都是产品创新的优势。然而，收益与风险并存，创新产品的开发和推广过程往往消耗大量的人力和物力资源，因此，复杂产品的创新开发甚至成为企业战略决策的一部分，波士顿矩阵分析（BCG Matrix）、SWOT Analysis 等方法均被用于创新产品开发的战略决策。产品创新一般由产品基本的功能需求出发，经过产品的概念设计、详细设计，构建产品满足设计需求的三维实体，其中产品的概念设计是产品创新的核心步骤。

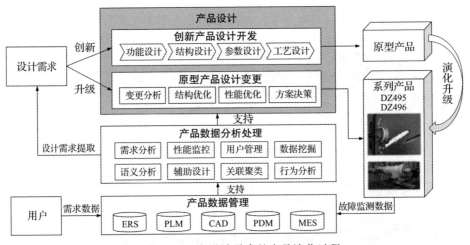

图 4-9 面向设计需求的产品演化过程

实际上，产品对不同的需求展现出了不同的适应性，我们将这种适应性解释为满足需求的产品变更路径难易程度。若产品对需求适应性高，通过产品的简单修改即可满足需求，则适宜执行产品变更；反之，若产品对需求适应性低，变更执行困难，则不宜执行产品变更，应转而进行产品创新，如图 4-10 所示。

例如，产品需求是增加某个新的功能时，若产品的设计方案中包含该功能模块接口，则面向该需求，产品可实现快速的功能模块配置，不需要额外的设计成本。相反，若产品需求是增加一个原型产品不具备的功能，且产品融合该功能困难，则不适合采用产品变更的手段，盲目地进行产品变更不仅不能很好地满足需求，还会给企业带来额外的设计制造成本。因此，如何将需求与产品属性相结合，选择合理的设计路径，以指导后续的产品设计，对企业而言是重要的议题。

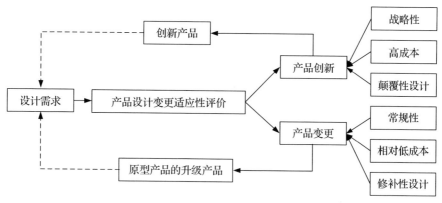

图 4-10 基于适应性评价的方式选择

4.2.2 面向设计需求的产品适应性分析

产品的设计需求是多样的，如功能需求、性能需求、质量需求、运行需求、维保需求、环境需求等，其中运行需求、环境需求等需求种类会随着时间推移、科技发展不断更新，且不可预测，具有动态性、随机性。兼具动态性、随机性和多样性的设计需求归根结底是对现有产品提出的设计修改要求 [44]。为了将产品设计需求转化为可以修改的设计信息，这里将设计需求转化为功能需求、结构需求和参数需求，与一般产品设计信息组织结构中的功能域、结构域、参数域的设计信息相对应，如图 4-11 所示。通过设计信息数据调用和数据对比，科学地评价产品对需求的适应性。

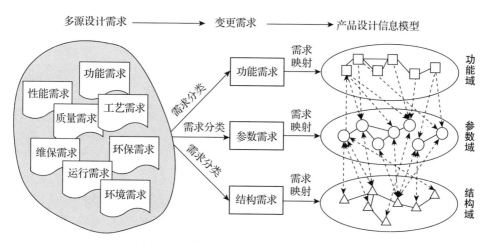

图 4-11 原型产品的需求适应性分析框架

需求种类不同，面向需求的产品适应性分析方法也不同。其中，功能需求是产品的基本需求，具有统领性和模糊性。统领性体现在功能需求指导产品后续设计，功能需求的满足是产品实体结构构建的基本原则，即功能需求会进一步转化为结构需求和参数需求；模糊性主要体现在产品的功能需求无法直接指导产品设计，在产品的设计需求中，功能需求往往不会单独出现，而是附带额外的参数需求，如性能参数指标、质量参数指标等。评估产品功能适应性时，需要以结构和参数适应性作为基础。结构需求主要体现在对产品零部件的修改和删减方面，也可转化为参数需求，如尺寸参数的修改、数量参数的增减等。结构域是产品的最终表现形式，产品对结构需求的适应性评估更直观，这与产品结构的模块度、结构接口可配置性等因素有关，具体可以通过结构的更改成本体现。参数是产品最底层的设计信息，参数需求的粒度也最小，如性能参数的提高、结构参数的调整、环境参数的变化等均可通过参数域内的参数变更使需求得到满足。同时，参数需求往往作为功能需求和结构需求的指标存在，当产品对功能需求和结构需求的适应性较高时，可在参数域执行详细的产品设计。

1. 功能需求的适应性分析

功能实现是产品设计的出发点，超出产品功能体系的新功能需求对原型产品影响巨大。甚至有学者提出了以判断功能模型之间是否存在冲突作为产品创新设计的评判准则[45]，足见功能需求的输入及功能模型的变迁对产品存在的巨大影响。为此，本节提出以产品固有功能系统能否满足需求为标准，实现功能需求的适应性分析。假设产品的功能需求集为 FR，产品功能节点集为 F。

1）若 $FR \cap F = FR$，产品的功能模型中包含需求描述的功能，即产品完全可以满足功能需求，可称该需求为完备功能需求，产品对该需求适应性强，此时无须进行产品的创新。

2）若 $FR \cap F = \varnothing$，产品的功能结构中没有需求描述的功能，则需要进一步确定产品有无功能扩展接口，如果存在功能扩展接口，亦可将该功能需求视为完备功能需求；如果没有功能扩展接口，则说明产品无法满足该功能需求，可称该功能需求为缺失功能需求，产品对该需求适应性弱，此时不宜采用产品变更的手段满足需求，而应该采取产品创新的手段。

3）若 $FR \cap F \neq \varnothing$ 且 $FR \cup F \neq FR$，产品原有功能可实现部分功能需求，但无法完全满足，称该需求为可适应功能需求。此时，产品的功能需求需要通过功能分解进一步转化为结构需求和参数需求等子需求，通过结构的设计修改、参数的调整才可以满足功能需求。因此，该功能需求的适应性如何，还需要依据分解后的结构需求和参数需求适应性评价结果进行判断。

2. 结构需求的适应性分析

结构需求既包含多源设计需求中直接获取的结构需求，也包含由功能需求转化而来的结构需求。结构需求主要包括产品结构模块内零部件的增删，以及零部件特征的修改等方面。因为产品结构域以零部件为基本单元，设计效率、质量、时间、成本等指标易于获取，所以产品结构需求的适应性评估易于量化。这也是结构域区别于功能域和参数域的典型特征，也是产品变更影响评估的研究集中在产品结构域的重要原因[46]。为实现产品结构需求的适应性分析，本书提出产品结构需求适应性评估因子 $SA_{needs(i)}$ 作为产品的适应性评价指标：

$$SA_{needs(i)} = \frac{Cost_{(zero \to s\_states)} - Cost_{(c\_states \to s\_states)}}{Cost_{(zero \to s\_states)}} = 1 - \frac{Cost_{(c\_states \to s\_states)}}{Cost_{(zero \to s\_states)}} \qquad (4-8)$$

式中，$SA_{needs(i)}$ 表示产品对结构需求 i 的适应性评估因子；$Cost_{(c\_states \to s\_states)}$ 表示产品由当前的状态，通过设计变更手段构建满足需求的产品消耗的成本；$Cost_{(zero \to s\_states)}$ 表示抛弃已有产品后，通过产品创新的手段构建满足需求的新产品的成本。通常来说，产品创新需要重新设计制造产品，而产品变更则是对已有产品结构的变型升级，省去了已有产品构建成本 $Cost_{c\_states}$。产品结构变更成本主要包括变更的三维结构设计成本、产品变更部分的材料成本、加工制造成本等，这些成本也与产品结构扩展性、模块可配置性等结构属性紧密相关；产品创新则需要考虑创新设计成本、产品构建全部的材料成本、加工制造成本等，其中创新设计成本与企业团队的创新能力因素紧密相关。

满足结构需求的成本估算仍需要依赖修改记录及专家经验，若想实现精准的结构变更成本评估，只能通过产品的试制或小批量生产加以计算。结构成本估算完成后，可根据 $Cost_{(c\_states \to s\_states)}$ 及 $Cost_{(zero \to s\_states)}$ 的关系，计算产品结构需求适应性评估因子 $SA_{needs(i)}$，并进一步分析产品对结构需求的适应性，如图 4-12 所示。

结构需求的适应性评估因子 $SA_{needs(i)}$ 以满足结构需求的产品变更成本及产品创新的成本的比值进行表征，该值作为结构需求适应性的评价依据。

1）当产品创新满足结构需求 i 的成本高于产品变更的成本时，即 $SA_{needs(i)} > 0$，产品对结构需求的适应性较高，适合采用产品变更满足该结构需求，但当结构需求涉及参数变更时，则需依据参数需求适应性评价方法进一步判断。

2）当产品创新满足结构需求 i 的成本低于产品变更的成本时，即 $SA_{needs(i)} < 0$，产品对结构需求的适应性较低，适合采用产品创新。由此可见，并不是所有产品创新的实施成本均高于产品变更的实施成本，当为了满足结构需求而对原型产品结构进行大幅修改或有些结构需求背离原型产品设计基本原理时，通过产品变更对结构进行改进反而是更差的选择。

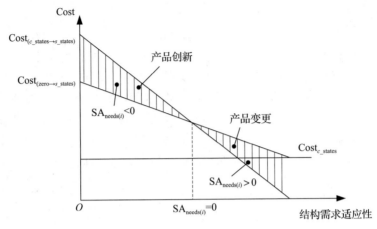

图 4-12　结构需求适应性分析

3）极特殊的情况是，当产品创新满足结构需求 i 的成本等于产品变更的成本时，即 $SA_{needs(i)} = 0$，产品结构需求适应性适中，可考虑企业的创新能力、设计变更实施水平等因素，综合判断是否执行产品设计变更。

3. 参数需求的适应性分析

参数作为产品设计过程中最详细、粒度最小的设计信息，决定了产品功能和产品结构能否满足设计需求。由于参数种类繁多，因此参数变更需求也具有多样性，如性能参数的提高、结构参数的调整、环境参数的变化等。

参数需求的来源有三个：功能需求转化的参数需求、结构需求转化的参数需求，以及产品设计需求中包含的参数需求。参数需求来源不同，包含的需求种类也有所差别。例如，由功能需求转化的参数需求，一般包括性能参数需求、质量参数需求等；由结构需求转化的参数需求，一般包括几何参数需求、工艺参数需求等；而从产品设计需求中直接获取的参数需求则种类多样。转化的参数需求以功能需求指标和结构需求指标的形式存在。

当参数需求映射到参数关联约束网络后，参数需求一般表现为对参数值的限定。然而，产品设计参数阈值范围并不是无限制的，根据参数需求对参数取值要求的不同，产品对参数需求展现出了不同的适应性。当某需求对参数修值要求过高，违背了产品设计原理或超出阈值条件时，会导致原型产品变更修改代价过大，进而无法满足该参数需求；若参数的变化值相对合理，则对需求的适应性高。

因此，本书提出参数需求适应性阈值范围 (δ, θ)，作为评价参数需求适应性的标准，其中 δ 为参数阈值范围的下限，θ 为参数阈值范围的上限。产品设计参数的适应性阈值范围，是产品设计完成后设计师根据设计标准、设计经验设定的阈值条件。假设某设计需求要求参数值调整为 P_value，当参数值 $P\_value \in (\delta, \theta)$ 时，产品对该参数需求的适应性高，则适合进行产品设计变更；当参数值 $P\_value \notin (\delta, \theta)$ 时，产品对参数需求的适应性低，则不宜采取产品变更的手段满足参数需求。

值得注意的是，由于产品设计参数数量巨大，设计师不可能评估并制定所有参数的适应性阈值范围。例如，有些参数与某些标准件的尺寸相关或与产品的基本功能相关，该类参数作为常值参数不可变动，无须制定适应性阈值范围；有些参数是提供给客户选择的产品定制参数；有些参数是与设计过程中结构选型紧密相关的变型参数，这些参数则需要严格制定适应性阈值范围，以保证参数设计变更的可执行性；还有些参数是公共参数，可变动量较大，协助满足一些参数需求的约束条件，这些参数无须严格制定适应性阈值范围。多参数的分类及适应性阈值的制定，不仅提高了产品参数需求适应分析的能力，还提高了产品变更的参数可配置性。

4.2.3　产品设计变更的可执行性评估流程

通过产品对三类设计需求的适应性分析，本节提出了产品设计变更适应性评价方法，该方法的流程如图 4-13 所示。

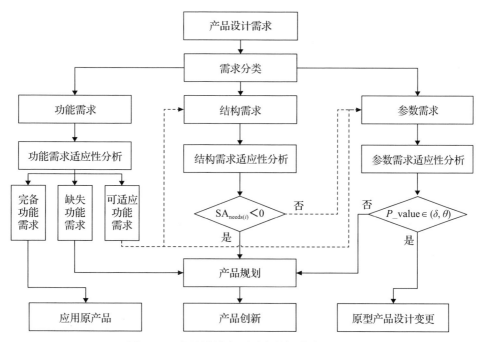

图 4-13　产品设计变更适应性评价方法流程

下面对流程中的一些重点步骤进行介绍。

1）需求分类。获取产品设计需求后，根据需求描述将来源于产品全生命周期的设计需求分为功能需求、结构需求和参数需求，并将需求准确映射到产品设计信息关联模型中。

2）功能需求适应性分析。如果设计需求是功能需求，则通过功能需求的适应性分析，将其分为完备功能需求、缺失功能需求和可适应功能需求。若功能需求是产品的完备功能需求，则可直接应用原产品；若功能需求是产品的缺失功能需求，则需执行产品创新；若功能需求是产品的可适应功能需求，则产品设计变更适应性需要进一步评价。

3）可适应功能需求。将可适应功能需求转化为结构需求和参数需求。该步骤主要确定满足该功能需求时产品的哪些结构需要变动，哪些参数需要调整。

4）结构需求适应性分析。对功能需求转化的结构需求及设计需求中提取的结构需求进行适应性分析，当 $SA_{needs(i)} < 0$ 时，执行产品创新；当 $SA_{needs(i)} > 0$ 时，将产品的结构需求 i 转化为参数需求，确定满足结构需求具体需要修改哪些设计参数。

5）参数需求适应性分析。该步骤主要对功能需求和结构需求中分解的参数需求及设计需求中提取的参数需求进行适应性分析。当参数需求中定义的 $P\_value \notin (\delta, \theta)$ 时，说明产品设计变更的适应性低，无法通过产品变更满足参数需求，需要执行产品创新；反之，$P\_value \in (\delta, \theta)$ 时，产品设计变更的适应性高，适合执行原型产品的设计变更。

是执行产品变更还是产品创新，由需求特性和产品设计特性共同决定的。当产品能完全满足功能需求时，可直接套用已有产品；当功能需求得不到满足时，需要进行创新产品设计。可适应功能需求能否执行设计变更，主要由功能需求分解的结构需求及参数需求的适应性决定。结构需求的适应性是由结构需求的适应性评估因子决定的，评估因子小于 0 时，则不宜执行设计变更；大于 0 时，则由结构需求转化的参数需求适应性决定。设计参数作为设计过程中最底层的设计信息，满足参数需求时，能否执行设计变更与参数的适应性阈值范围有关，参数需求定义的参数值在阈值范围内，原型产品对参数需求的适应性高，则可执行设计变更。

值得注意的是，对于生产、研发系列产品的企业，产品创新这种具备颠覆性、高成本特点的需求满足手段，往往伴随较高的风险，执行产品创新前必须经过市场分析、项目评估、资源分配、计划时间、前期规划、流程开发等产品规划流程。

4.3　设计需求驱动的产品设计方案决策

4.3.1　产品设计变更影响传播模式

复杂产品设计信息复杂性高、耦合性强，变更影响分析难度大，变更实施难度高。当需求引起某个产品设计信息发生变更时，会对产品内部的其他设计信息产生影响。例如，设计参数的调整会使原本的参数约束无法满足，为满足参数约束，又会造成其他关联参数的变化，参数的变化反映为结构的修改、功能的变动等，这种设计信息之间的连锁变化称为变更影响传播。分析产品设计信息组织结构及设计变更适应性评价分析框架，不难发现，参数需求是设计变更的直接输入，设计变更时必须以参数网络模型作为基础展开分析，而不是一开始便分解产品固有的功能体系和结构体系。在分析变更影响传播时，只有以详细的设计参数域为基础进行影响分析，确定需要满足的关联约束条件及变更的参数，才能进一步判断变更对功能、结构的影响。

基于以上分析，可将产品设计信息组织结构中的变更影响传播模式分为以下三个基本环节。

1）确定需要执行设计变更后，先要将产品设计需求转化为需要变动的特征参数，并将需要变动的特征参数定位到参数关联约束网络模型中，作为初始变更参数。

2）以初始变更参数为起点，通过参数关联约束网络内的变更影响传播过程分析，确定变更影响的参数集。

3）以多域关联约束网络内的变更影响参数集为基础，通过跨域的变更影响传播过程分析，确定参数变更产品功能和结构的影响，进而确定变更对产品的影响。

设计师可在变更影响范围的基础上进一步判断影响范围中是否存在冲突信息，也可以根据变更影响的设计信息数据选择最优的产品设计变更方案，并进一步制定变更方案的执行策略，最终指导变更对象的设计变更实施。产品变更影响传播模式具体如图 4-14 所示。

1. 参数关联约束网络内变更影响传播过程分析

参数关联约束网络模型中主要包含参数节点、关联约束节点及参数与关联约束节点之间的连边三个基本要素。参数关联约束网络内的变更影响传播过程是指，由参数需求引起的参数值变更使参数间关联约束无法满足，为满足关联约束，会引起其他相关的设计参数发生变更，从而发生参数变更影响的传播。参数关联约束中包含产品的设计原理，参数关联约束的满足是设计变更的前提条件，也是参数关联约束网络内变更影响传播的基础。

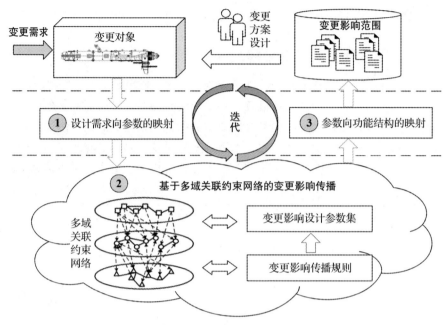

图 4-14 产品变更影响传播模式

　　为了使产品适应更多的参数变更需求，产品设计时，会对产品参数施加设计裕量，设定可接受的参数误差变化范围，如结构参数的公差、性能参数的裕量等。除了参数自身有裕量，条件关联关系也会给参数间的变更影响传播设定阈值条件，只有超出阈值条件时，条件关联中的其他参数才会受到影响，因此变更影响的传播并不是无限制的。值得注意的是，参数自身的设计裕量、参数间的条件关联阈值与变更影响传播紧密相关，而前文提到的参数的适应度阈值范围是一个更大的参数变化区间，作为判定产品能否适合执行设计变更的条件。

　　以图 4-15 所示的参数关联关系为例，进行参数变更影响传播过程的详细分析。仍以螺旋输送机产品为例，当驱动轴直径 D_1 作为变更的参数节点，其变化量超出自身设计裕量，且超出了条件关联 $0 < f(Q, D_1, n_1) < n$ 的阈值范围时，为满足关联约束 $0 < f(Q, D_1, n_1) < n$，需要对其下游参数 Q、n_1 进行调整。由于 π 是常值参数，因而不会受到变更的影响。而驱动轴转速 n_1、盾体最大出渣能力 Q 作为可调整的参数变量则被列为变更影响参数。同样，当 n_1 是变更起始参数，且超出其设计裕量和条件关联的阈值时，D_1 和 Q 也会被划入变更影响节点。

　　当模型扩展到含多个关联约束的参数网络时，变更影响传播的基本规则不变，而在整个参数关联约束网络中，变更影响传播表现出方向性和层次性的特点。其中，方向性是指变更影响由初始参数开始向与其关联的其他参数传递；层次性是指在变更影响传播过程中，初始变更参数节点首先影响并激活与其直接相关的关联约束节点，被激活的关联约束会影响与其相关的其他设计参数，在被影响参数基础上，变更影响进一步扩展到与初始变更参数间接关联的其他关联约束与设计参数。

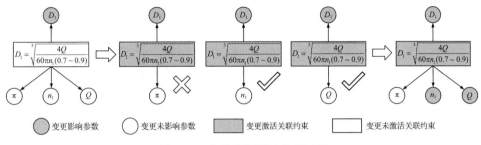

图 4-15　参数变更影响传播过程

以图 4-16 所示的参数关联约束网络为例，分析变更影响在网络内的传播过程。详细的传播过程如图 4-17 所示。变更影响的传播过程可分为四步，这四步分别影响了两个关联约束层和两个参数层，影响逐渐深入，且影响范围逐渐扩大。当驱动轴直径 D_1 发生变更时，变更影响首先传播至包含 D_1 的关联约束层，当 D_1 的变化范围超出其设计裕量且不满足约束条件时，相关的三个关联约束被激活；然后，变更传播至第一个参数层，此时搜索与被激活的关联约束相关的其他参数 π、P、D、Q、n_1，并判断是否可以作为参数变量进行修改。P、D、Q、n_1 为可修改参数，以关联约束为基础进行参数值的计算，经计算四个参数均超出其设计裕量范围，此时，变更影响会传播至第二个关联约束层。由于 P、Q、n_1 三个设计参数没有可被激活的关联约束，因此超出设计裕量与否不会影响更多的设计参数（该模型仅是螺旋输送机设计参数关联约束网络模型的一部分，更加全面的网络模型中，Q、n_1 包含可激活的关联约束，变更也会影响更多的参数），而与 D 相关的关联约束被激活。此时变更影响传播至第二个参数层，参数 F、p 也被列为被影响参数。

通过对上述案例的分析，可将变更影响的传播过程总结为参数变更—关联约束激活—参数变更（满足关联约束）的循环过程，直至没有关联约束被激活，变更影响传播结束。通常来说，参数变更影响的传播过程不会超过五步，以保证产品变更影响控制在合理的范围内。

2. 跨域变更影响传播过程分析

设计参数变更的影响不仅发生在参数范围内，还会跨域传递，参数的变更会进一步影响产品的功能和结构，表现为性能的衰减和零部件的变型等。多域设计信息关联约束的产品设计信息组织结构中描述的参数域与功能域、参数域与结构域之间的跨域关联关系，为变更影响的跨域传播提供了媒介；同时，跨域关联矩阵作为描述该跨域关系的数学表达形式，可以清晰、直观地锁定参数变更影响的功能元及产品零部件。

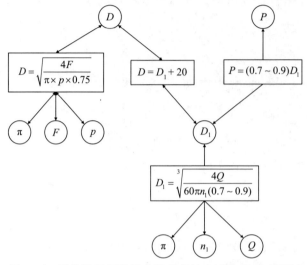

图 4-16　螺旋输送机设计参数关联约束网络模型（部分）

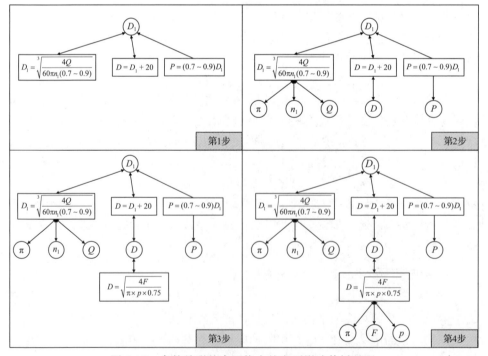

图 4-17　参数关联约束网络中的变更影响传播过程

　　下面以参数关联约束网络模型为基础，阐述变更影响的跨域传播过程。该模型也是产品设计信息组织结构的一种表现形式，与产品多层网络结构的产品设计信息组织结构相比，该模型结构可以更加直观地展现设计参数变更影响传播过程中参数影响的功能和结构，如图 4-18 所示。当驱动轴直径 D_1 变更时，变更影响通过跨域传播，传播至产品的主轴结构，叶片节距 P 发生变更时，产品叶片结构也会受到影响。液压缸的关闭压力与工作压力的变更影响则会传播至螺旋输送机的防喷涌功能，驱动轴转速 n_1、盾体最大出渣能力 Q 的变更则分别会影响转速调整及排土量调整的功能。

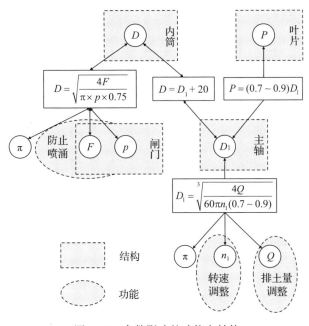

图 4-18　参数影响的功能和结构

　　变更影响的跨域传播除了可以确定影响的功能和结构，还可以进一步判断参数变更对功能和结构的影响程度。例如，功能模块内的某些关键性能参数的变更，会对产品功能影响较大；功能模块内的多个设计参数变更，有可能导致产品功能衰减或失效。与此同时，产品零部件结构中的主参数发生变更，会直接导致零部件重构，对产品结构影响巨大；零部件的多个结构参数变更，也会影响产品结构，可能导致结构加工工艺难以实现等。但产品功能模块和结构模块众多，模块内的设计参数同样数量庞大，产品设计完成后，某个或某几个参数变化对功能结构的影响程度难以用具体的数值量化。可以以被影响产品功能和产品零部件的变更表现为依据，将参数变更对功能、结构的影响程度分为严重影响、一般影响、轻微影响、无影响。变更影响程度的描述如表 4-2 所示。

表 4-2　参数变更对功能、结构影响程度的描述

影响程度	描　述
严重影响	产品设计参数修改后，产品基本功能保留，但导致产品性能无法满足设计要求，产品质量达不到设计标准；或产品零部件重构，企业需要重新定制或采购一批零部件
一般影响	产品设计参数修改后，对产品功能无影响，但出现性能下降，产品质量下降的问题；或产品零部件无须重构，但产品零部件结构大幅更改，更改产品结构的加工成本较高
轻微影响	产品设计参数修改后，对产品功能无影响，性能、质量略微下降；或部分结构需要修正、替换，结构修正或替换成本低
无影响	产品设计参数修改后，产品可以接受参数的调整，在产品参数的设计裕量范围内，不会影响产品的功能和结构

3. 基于变更传播过程分析的变更影响范围确定方法

基于产品的设计变更影响传播模式，综合变更在参数域内的影响传播和跨域影响传播过程的分析，这里提出变更传播影响范围的确定方法。该方法的主要步骤如图 4-19 所示。

1）根据变更需求，在产品设计信息组织结构的参数域中定位初始变更影响参数，确定参数值及参数变化量。

2）判断与参数直接相关的关联约束层中，是否存在与参数关联的未激活关联约束。若不存在可激活的关联约束，参数吸收变更影响；若存在可激活的关联约束，则判断变化量是否超出了其自身设计裕量，以及是否超出了条件关联的约束范围。若没有超出设计裕量，参数吸收变更影响，变更影响不再传播。若超出设计裕量，函数条件不再满足，激活函数关联关系。若参数的变化量超出设计裕量，同时参数值也超出了条件关联的约束范围，则激活函数关联关系及条件关联关系。

3）间接调整其他参数以满足被激活的关联约束，并将被激活关联约束中包含的其他可调整参数定义为被影响参数。

4）基于函数关联和条件关联逐个计算被影响参数值及参数变化量，并返回 2）。

5）当参数均未超出其设计裕量或没有关联约束被激活时，参数变更影响传播结束，确定变更影响的参数集。

6）通过参数域与功能域、参数域与结构域之间的跨域映射，确定被影响的功能集和结构集。

7）评估参数变更对产品功能和结构的影响程度，从而进一步评估变更可能对产品带来的整体影响。

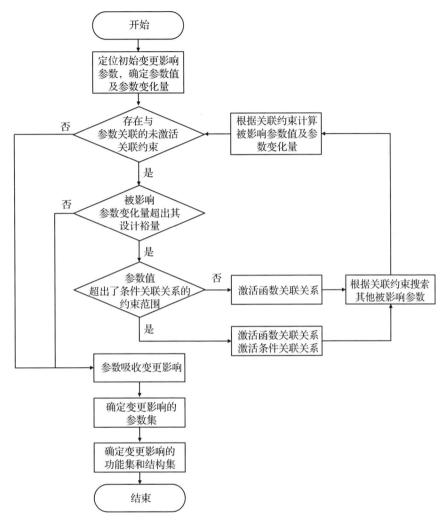

图 4-19　设计变更影响范围确定方法主要步骤

4.3.2　产品设计变更影响传播中的冲突识别和消解策略

1. 变更影响传播过程中的冲突识别

在变更影响传播模式下，冲突主要出现在参数域内。参数之间的关联约束复杂多样，变更影响传播过程中，冲突表现形式分为以下两种。

1）参数冲突。一个参数的优化会导致另一个参数的恶化，或两个或多个参数同时进行优化调整会导致关联约束无法满足。

2）关联约束冲突。当同一个参数需要满足多个激活的关联约束时，有的关联约束需要参数增大，有的需要参数减小，而有的需要参数保持不变；或有的关联约束需要参数增加Δt，而有的需要增加Δx，多关联约束下对参数的变化趋势和变化量要求发生矛盾。

参数关联约束网络内的冲突在宏观上表现为功能和结构的冲突，功能域内可能表现为功能耦合或有害功能的引入，结构域内可能表现为结构干涉。在发明问题解决理论（TRIZ）中，冲突被描述为技术冲突和物理冲突。在微观上，无论是参数冲突还是约束冲突，归根结底都表现为不同关联约束下参数变化趋势和变化量的冲突。

在参数关联约束网络模型中的参数变更影响传播导致的设计冲突，在模型中表现为变更影响范围的环状结构，即当变更影响的参数子网络内出现环状结构时，会引发设计冲突。同时，根据参数网络的环状结构不同，可将冲突分为可消解的参数冲突和不可消解的参数冲突。

不可消解的参数冲突在网络模型中表现为无分支的环状网络结构，如图 4-20 所示。结构中每个激活的关联约束，有且仅只有两个相关参数变量。当 P_8 变化时，由于超出了设计裕量和条件约束的范围，$f(P_1, P_8)>0$ 和 $f(P_5, P_8)=0$ 被激活，参数 P_1 和 P_5 需要调整以满足关联约束，而参数 P_1 和 P_5 本身也存在关联约束，各自的调整量不能满足关联约束 $f(P_1, P_5)=0$，因此参数间存在冲突，且该冲突不可消解。

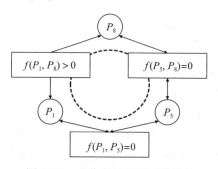

图 4-20　无分支的环状网络结构

可消解的参数冲突在网络模型中表现为含分支的环状网络结构，如图 4-21 所示。该结构特点是，被激活的关联约束中至少有一个含三个及以上的相关参数变量，如 $f(P_2, P_5, P_8)=0$，包含 P_2、P_5 和 P_8 三个参数变量。同样，P_8 变化，可以通过修改 P_2 满足 $f(P_2, P_5, P_8)=0$，从而避免引起参数 P_1 和 P_5 的矛盾冲突；此外，该结构中还含 P_3 和 P_4 两个分支参数，即便 P_1 和 P_5 冲突依然存在，仍可以通过调整 P_3 或 P_4，使 $f(P_1, P_3, P_4, P_5)=0$ 得到满足，从而消解参数之间的冲突。

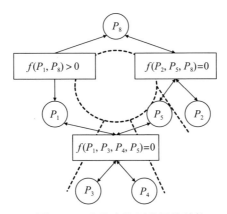

图 4-21　含分支的环状网络结构

2. 变更影响冲突消解策略

参数变更影响范围确定后，无法对已存在的环状结构进行修改。冲突的消解策略并不是删除关联约束或忽略关联约束，而是在设计变更影响分析时人为规避冲突，使设计需求得到满足。通过对变更影响冲突的识别与分析，本节提出两种参数间变更冲突的消解策略。

（1）断环处理

变更影响范围确定之后，当被影响的参数关联约束子网络中出现环状结构时，即一个参数变化量和变化趋势出现矛盾时，采取断环处理的方法，将环状结构改为分支结构。该方法认为仅有一个关联约束可影响该参数，即该参数仅能满足其中一个关联约束，而与该参数相关的其他被激活的关联约束不影响该参数，需要变化其余的参数使之满足。

断环前的网络模型如图 4-22 所示。参数 P_5 本是关联约束 $f(P_2, P_5, P_8) = 0$ 和 $f(P_1, P_3, P_4, P_5) = 0$ 的共同影响参数，假设通过设计经验判断，P_5 受 $f(P_1, P_3, P_4, P_5) = 0$ 的影响概率低，关联不够紧密，进而采取断环处理。断环后，参数 P_5 仅能作为 $f(P_2, P_5, P_8) = 0$ 的被影响参数，当参数 P_1 的变化激活关联约束 $f(P_1, P_3, P_4, P_5) = 0$ 时，仅能通过调整 P_3 和 P_4 使之满足，而不能修改 P_5，如图 4-23 所示。应注意的是，如果变更影响来自 P_5，P_5 仍会激活 $f(P_1, P_3, P_4, P_5) = 0$。上述断环处理是在满足关联约束的基础上处理设计冲突的一种方法，而不是忽略客观存在的约束。

在网络模型中出现无分支的环状网络结构时，说明该设计存在问题，通过断环处理无法解决，需要修改并优化设计方案并及时挖掘其他参数变量，以消解设计冲突。

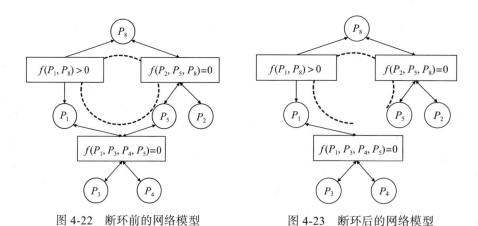

图 4-22 断环前的网络模型   图 4-23 断环后的网络模型

（2）多参数协调

当变更影响范围确定之后，且子网络中出现环状结构时，多参数协调的方法并不是处理掉影响传播的环状结构，而是通过分支中参数的调整使被激活的关联约束得到满足。当 P_8 变化时，由于关联约束被激活，参数 P_1 和 P_5 需要调整以满足关联约束条件，而参数 P_1 和 P_5 本身也存在关联约束，各自的调整量不能满足关联约束 $f(P_1, P_3, P_4, P_5) = 0$。此时，可以调整参数 P_3 和 P_4 使关联约束得到满足，从而消解参数 P_1 和 P_5 之间的冲突，如图 4-24 所示。但是多参数协调的方法需要额外的设计计算，设计难度大。如果不是固定的修改模式，应尽量避免使用这种解决冲突的方法。

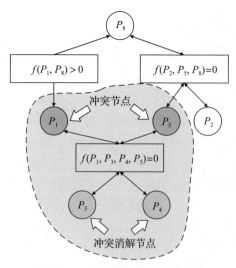

图 4-24 多参数协调的冲突消解

4.3.3　产品设计参数变更方案的代价计算

1. 参数变更方案决策思路

可以满足设计需求，又同时满足设计约束的参数变更方案众多。在众多方案中，修改的参数不同、数量不同，进而导致参数变更方案的执行难度不同、加工制造成本不同。参数变更方案决策过程就是在被影响参数范围内选择变更参数的过程，选出变更代价最低的变更参数集。

下面以图 4-25 中的参数关联约束为例，表述参数变更方案决策的基本思路。当参数 D_1 的变化量超出了其设计裕量，且超出 $f(Q, D_1, n_1)>0$ 的条件关联的约束范围时，D_1 的变更会激活 $f(Q, D_1, n_1)>0$，从而影响参数 n_1 和参数 Q。为了满足该关联约束，必须选择方案 A（修改参数 n_1）和方案 B（修改参数 Q）中的一个作为执行方案。选择哪个方案，需要进一步比较两个参数修改代价的大小。例如，参数 n_1 代表的驱动轴转速对螺旋输送机设计来说，设计裕量很大，且易调整；但参数 Q 代表的盾体最大出渣能力作为一个产品性能参数，其修改可能影响产品的排渣功能。因此不以参数 Q 作为变更参数，而选择变更参数 n_1 变更，可能是更好的参数变更方案。

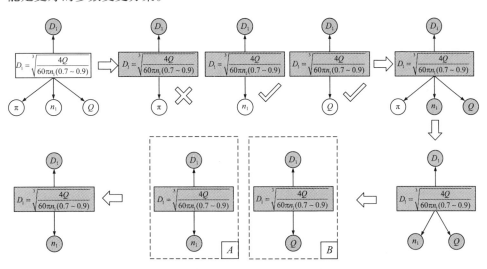

图 4-25　参数关联约束中变更决策过程

可以发现，当发生变更时，一个被激活的关联约束必须通过变更参数使之满足。可以满足关联约束的参数不止一个，且参数的变更代价各有不同，设计师需要综合各方面对参数变更代价进行评估，进而选出代价最低的参数变更方案。

2.参数变更方案决策指标

在进行参数变更方案决策时，首先考虑如何在满足设计需求及参数约束的前提下，把变更影响的参数控制在尽可能少的范围内。在选择变更参数时，要考虑参数节点的变更影响的传播特性。为了减少被影响参数的数量，需将某些对变更影响传播起促进作用的参数定义为高代价变更节点。同时，公理化设计中的独立性公理要求产品模块应具备功能需求的独立性，企业内复杂产品的设计变更也是分模块执行的，因此变更设计任务应尽量控制在尽可能少的产品模块内，减少模块间的非必要交互，避免大量设计模块参与到变更中，以节省变更成本。

通过对参数网络中变更代价影响因素的分析，建立参数变更方案决策指标体系，如图 4-26 所示。

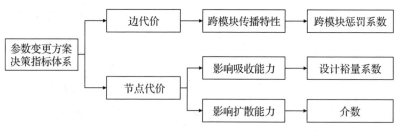

图 4-26　参数变更方案决策指标体系

在产品参数域关联约束网络模型中，参数变更代价是由变更节点特性及节点间关联约束的复杂性决定的。本节构建的参数变更方案决策指标体系，将变更代价与网络的结构特征相结合，以参数关联约束网络内的边代价和节点代价作为变更代价量化的一级指标。该体系的优势在于更加直观地表现产品参数变更代价，同时将变更代价存储于参数网络的节点和连边，并形成加权的网络模型结构，可实现基于图搜索的快速方案生成与决策。

由于单个参数的变更成本、变更效率等指标难以直接量化，需要提出可以体现参数变更代价的全局性指标，侧面反映参数节点的变更代价，从而驱动参数变更方案的决策。为此，本节基于复杂网络原理，提出通过参数节点的变更影响吸收能力和变更影响扩散能力描述参数节点的代价。吸收能力越强的节点，变更影响到达该参数后，变更影响被吸收的可能性越大，变更影响不会传递至其他参数，从而对产品造成的影响越小，变更代价就越小。反之，扩散能力越强的节点，该参数变更后会影响其他更多参数，使产品变更代价越大。边代价主要评估参数间变更影响传播出现跨模块时产生的代价。边代价描述的边主要指参数与参数之间的连边，而不是参数关联约束网络模型中参数节点与关联约束节点之间的连边。参数间变更影响传播出现跨模块时，违背了功能模块和结构模块的独立性原则，进而导致更多模块的修改。可以用参数间跨模块传播的特性描述参数间边代价。值得注意的是，边代价并非用来量化变更影响传递至其他模块时由于其他模块修改而造成的损失，而是一种惩罚系数，为了避免跨模块的传播。参数间出现跨模块连边时，则变更代价大；反之，参数间未出现跨模块连边时，则变更代价小。

节点代价与边代价的评估实际是对产品实际设计过程中变更方案成本、效率的侧面反映。当变更代价高的参数节点发生变更时，会影响大量其他设计参数，从而引起更多的功能衰退和零部件变型，使产品设计变更成本增加。同理，当参数节点的变更影响出现跨模块传播现象时，更多的结构模块与功能模块会受到变更的影响，因此会产生更多的设计任务，更多的设计制造模块需参与到变更中来，从而使设计变更的成本增加、变更效率降低。

3. 参数节点代价计算

（1）变更影响扩散特性量化指标：介数

在复杂网络研究领域中，介数是衡量节点在网络中重要度的全局几何量。在参数网络中，介数大的节点是链接网络参数节点的重要"桥梁"。该节点发生变更，容易导致变更影响的扩散，进而造成更多的参数修改，因此介数高的节点变更代价也高。在介数计算时，设计师定义的常值参数不予考虑。

假设 N_{lj} 表示参数节点 v_j 和 v_l 之间的最短路径条数，$N_{lj}(i)$ 表示参数节点 v_j 和 v_l 之间的最短路径经过节点 v_i 的条数，则参数节点 v_i 的介数 b_i 定义为：

$$b_i = \sum_{j\neq l\neq i}\left[\frac{N_{lj}(i)}{N_{lj}}\right] \tag{4-9}$$

（2）变更影响吸收特性量化指标：设计裕量系数

参数的设计裕量是变更影响吸收能力的重要特性，参数的设计裕量越大，参数可调节的范围越广。参数值在裕量范围内调整时，对产品整体设计无影响。但在量化节点的变更影响吸收能力时，不能仅依靠其某结构公差范围的绝对值大小，或者某性能指标的可波动范围大小进行评价。为此，本节提出设计裕量系数，用于评估参数变更影响传播过程中吸收影响的能力。设计裕量系数越高，表明吸收参数变更影响的能力越强，参数的变更代价也就越低。设计裕量系数为零的参数为常值参数。

假设 $P\_value_{Max} - P\_value_{Min}$ 表示参数设计裕量（如尺寸公差、性能裕量等），$P\_value_{Routine}$ 为常规参数值，则参数的设计裕量系数 t_i 定义为：

$$t_i = \frac{P\_value_{Max} - P\_value_{Min}}{P\_value_{Routine}} \tag{4-10}$$

（3）节点综合代价计算方法

参数节点的介数越大，说明参数在变更影响传播中越关键，节点变更影响传播扩散能力越强，节点变更的代价越高；反之，参数节点的设计裕量系数越大，说明轻微的变更影响不会影响整体设计，节点变更影响吸收能力越强，节点变更的代价越低。由于 t_i 的计算可能出现大于 1 的值，同时为了消除介数及设计裕量系数的量纲差异，均对其进行归一化处理。计算公式如下：

$$B_i = \frac{b_i - \text{Min}}{\text{Max} - \text{Min}} \qquad (4\text{-}11)$$

$$T_i = \frac{t_i - \text{Min}}{\text{Max} - \text{Min}} \qquad (4\text{-}12)$$

节点综合代价 I_i 计算公式如下：

$$I_i = \omega_1 B_i + \omega_2(1 - T_i) \qquad (4\text{-}13)$$

式中，$\omega_1 + \omega_2 = 1$。参数节点的变更影响扩散特性和吸收特性均是计算参数节点代价的重要特性，施加权重时无明显的倾向性，可取 $\omega_1 = 0.5$，$\omega_2 = 0.5$。

4. 参数边代价计算

参数网络中的边代价主要用于量化参数节点间的跨模块传播特性。变更影响的跨模块传播可分为跨结构模块传播与跨功能模块传播。变更影响传播至其他功能模块时，可能影响产品其他功能的正常使用，需要进行功能再设计；变更影响传播至其他结构模块时，可能产生额外的零部件加工制造成本；如果不是企业的自制零部件，则可能产生采购成本。

可用跨模块惩罚系数 M_{ij} 量化这种跨模块影响传播产生的代价，由跨结构模块惩罚系数 M_{ij}^S 和跨功能模块惩罚系数 M_{ij}^F 相加计算，计算公式如下：

$$M_{ij} = M_{ij}^S + M_{ij}^F \qquad (4\text{-}14)$$

当变更产品功能模块化程度高、零部件自制率低时，变更影响跨模块传播的代价高；而变更产品复杂性低、零部件自制率高时，变更影响跨模块传播的代价则相对低。因此，可由相关行业专家依据变更产品特性确定跨模块惩罚系数 M_{ij} 的值。

5. 参数变更方案代价计算

若参数变更方案中变更参数节点数量为 n，以指标介数 B_i、设计裕量系数 T_i 和跨模块惩罚系数 M_{ij} 为基础，引入参数变更方案代价 $C_{总}$，计算公式如下：

$$C_{总} = \sum_{i \in [1,n]} I_i + \sum_{i,j \in [1,n];\, 且\, i \neq j} M_{ij} = \sum_{i \in [1,n]} [\omega_1 B_i + \omega_2(1 - T_i)] + \sum_{i,j \in [1,n];\, 且\, i \neq j} (M_{ij}^S + M_{ij}^F) \qquad (4\text{-}15)$$

假设图 4-27 为最终的参数变更方案，根据变更影响传播特点，参数 D_1 的变更影响了 n_1、D、P、F 四个设计参数，方案的总体代价为参数 n_1、D、P、F 的总节点代价，以及 D_1-n_1、D_1-D、D_1-P、D-F 四条参数连边的边代价之和。因此，该参数变更方案代价的计算公式如下：

$$C_{总} = \sum_{i \in [1,4]} I_i + \sum_{i,j \in [1,4]; 且 i \neq j} M_{ij} \qquad (4\text{-}16)$$

$$= I_F + M_{D,F} + I_P + I_D + I_{n_1} + M_{D_1,D} + M_{D_1,P} + M_{D_1,n_1}$$

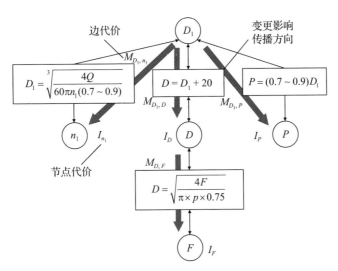

图 4-27　参数变更方案代价的计算

4.3.4　最低代价驱动的产品设计参数变更方案决策

1. 基于冲突消解策略的参数变更方案可行分支生成

最低代价驱动的参数变更方案决策方法的第一步是基于冲突消解策略生成所有可行分支。首先，处理参数变更影响范围中的环状结构，避免参数方案中的设计冲突；其次，基于变更影响的传播特点，生成与传播过程匹配的层次性参数网络可行分支结构，用以辅助参数变更方案的搜索及决策。

为了消除参数关联约束网络变更影响范围中的环状结构，可以以断环处理方法作为冲突消解策略，以避免参数的变更冲突。断环处理可以生成无环状结构的参数变更方案所有可行分支。将断环处理后的分支结构进行层次化处理，用以描述传播过程中参数影响的先后关系，并进一步辅助决策。

基于上述分析，生成参数关联约束网络层次性树状分支结构的基本流程如下。

1）根据变更影响范围确定方法，确定影响的参数集，以及被激活的关联约束集。

2）确定初始变更参数 P_0，并存入 $\{DP_0\}$。

3）搜索与初始变更参数 P_0 相关的被激活的关联约束节点 R_j，存入 $\{DR_1\}$。

4）搜索 $\{DR_1\}$ 中与关联约束节点 R_j 相关的设计参数节点 P_i，存入 $\{DP_1\}$。

5）根据 {DP₀}、{DR₁}、{DP₁} 中的参数节点及关联约束节点构建分支。

6）若某分支中出现相同的参数，则删除该分支。

7）搜索与 {DP₁} 中参数 P_i 相关的被激活的关联约束节点 R_j，存入 {DR₂}。

8）搜索 {DR₂} 中与关联约束节点 R_j 相关的设计参数节点 P_i，存入 {DP₂}。

9）根据 {DP₀}、{DR₁}、{DP₁}、{DR₂}、{DP₂} 中的参数节点及关联约束节点构建分支结构。

10）重复上述步骤，直至末层 {DP} 中的参数无相关的被激活关联约束。

以如图 4-28 所示的参数影响范围为例，以参数 P_8 作为初始变更参数，通过上述步骤，可生成如图 4-29 所示的参数变更所有可行分支结构。该结构是一个层次树状模型，可以直观地展现变更影响的传播过程，并体现变更影响传播的方向和层次，为进一步的参数变更方案决策提供模型基础。基于变更影响传播的五步原则，模型中 {DP₅} 中的参数一般不再进一步激活其他关联约束。若变更影响范围过深、影响参数过多，则侧面反映了产品设计变更适应性低、变更执行难度大等特点。

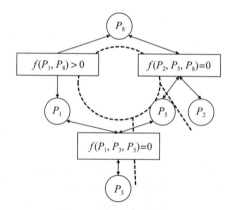

图 4-28　参数关联约束网络中的变更影响范围

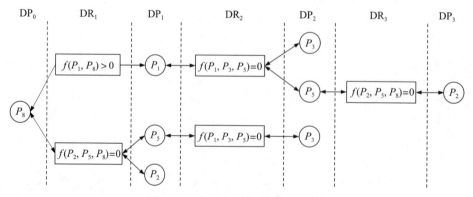

图 4-29　参数变更的所有可行分支

值得注意的是，在上述步骤中，删除含有重复参数节点的分支是为了完成断环处理，解决同一分支中出现修改同一设计参数的闭环冲突问题。而某参数节点重复出现在不同分支中的情况，在层次树状模型中是可以存在的。正如前文提到的，断环处理并不是忽略关联约束，而是解决设计冲突的一种方法，当某些关联约束可以由某个参数变更满足时，则需在变更的可行分支方案中展示出来。如在图 4-29 展示的层次树状模型中，通过删除分支完成断环处理，主要解决的是 $P_8 - P_5 - P_1 - P_8$，$P_8 - P_1 - P_5 - P_8$ 这两条闭环路径的冲突问题；而参数 P_5 作为满足 $f(P_2, P_5, P_8) = 0$ 和 $f(P_1, P_3, P_5) = 0$ 两个被激活关联约束的参数节点，在不同的路径中重复出现，但这两条含 P_5 的分支均为可行变更方案。同时，参数 P_2、P_3 无其他关联约束需要满足，也仅有两个参数可作为可行分支的终止节点。为了生成并展示所有可行分支，参数 P_2、P_3 这两个参数也无可避免地在不同分支中重复出现。

2. 基于层次树状模型的参数变更方案决策方法

参数变更方案决策的目标是筛选出满足变更要求的最小代价变更参数集。正如前文参数变更方案代价计算方法描述的，代价是由节点代价和边代价组成的，为此本节提出了基于节点代价与边代价的参数网络层次树状模型结构的路径优选参数变更方案决策方法。

以如图 4-30 所示的层次树状模型为例，阐述在该模型中的参数变更方案决策过程。当参数 P_1 变更时，为了满足关联约束 $P_1 = f(P_4, P_5)$，需要在 $\{DP_1\}$ 的 P_4 和 P_5 中选择一个变更参数。由于 P_4 与 P_5 变更产生的代价不同，所以要进行代价驱动的方案决策。若修改参数 P_5，由于 P_5 无其他关联约束，变更影响传播结束，此时参数 P_1 的代价 $C_{P1} = I_5 + M_{1,5}$；若修改参数 P_4，则参数 P_1 的代价 $C_{P1} = C_{P4} + M_{1,4}$，但 P_4 的变更会激活关联关系 $P_4 = f(P_7, P_8)$、$P_6 = f(P_4, P_9, P_{10})$，从而影响会进一步传播至 $\{DP_2\}$ 层中的参数；若进一步选择修改参数 P_7 和 P_9 以满足 $\{DR_2\}$ 中的关联约束，则参数 P_4 的变更代价 $C_{P4} = I_4 + M_{4,7} + I_7 + M_{4,9} + I_9$，此时参数 P_1 的变更代价 $C_{P1} = M_{14} + I_4 + M_{4,7} + I_7 + M_{4,9} + I_9$。通过比较参数 P_4、P_7 和 P_9 变更时 P_1 的代价，以及参数 P_5 变更时 P_1 的代价，可最终实现参数变更方案的决策。该决策机制可用基于与或门的逻辑图直观地展示，如图 4-31 所示。

从上述过程可以发现，变更影响的上层参数集的代价是由其下层激活的关联约束和影响的参数决定的，因此参数变更方案决策过程是由分支结构最外层向初始变更节点逆向决策的过程。同时，在决策过程中，被激活的关联约束集应全部被满足，并包含在修改方案中，而满足关联约束的参数可以根据变更代价进行选择。

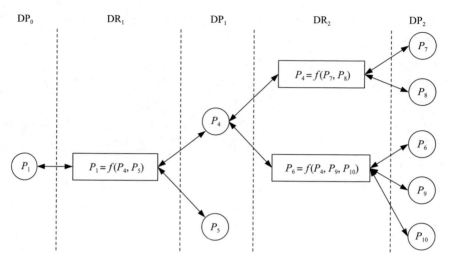

图 4-30　层次树状模型

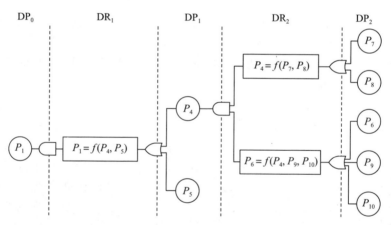

图 4-31　基于与或门的决策机制

基于上述分析，以如图 4-30 所示的层次树状模型为例，总结参数变更方案的决策基本流程。

1）对最外层参数集 {DP_2} 中的参数进行分组，属于同一关联的参数 P_7、P_8 分为一组，P_6、P_9、P_{10} 分为一组。

2）搜索 {DP_1} 中与 {DP_2} 中相关的参数 P_4，确定 P_4 与其他参数间的跨域惩罚系数值：$M_{4,7}$、$M_{4,8}$、$M_{4,6}$、$M_{4,9}$、$M_{4,10}$。

3）计算 $M_{4,7}+I_7$ 与 $M_{4,8}+I_8$ 值，并比较大小；计算 $M_{4,6}+I_6$、$M_{4,9}+I_9$ 与 $M_{4,10}+I_{10}$ 值，并比较大小，选择同一组内代价最小的参数 P_7 和 P_9 作为变更参数。

4）累加 $M_{4,7}+I_7$、$M_{4,9}+I_9$，以及 P_4 的自身参数节点代价 I_4 赋值 C_{P4}。

5）对 {DP$_1$} 中的参数进行分组，属于同一关联的参数 P_4、P_5 分为一组。

6）搜索 {DP$_0$} 中与 {DP$_1$} 相关的参数，确定 $M_{1,4}$、$M_{1,5}$ 的值。

7）计算 $M_{1,4} + C_{P_4}$ 与 $M_{1,5} + I_5$ 值，并比较大小；选择组内代价最小的参数 P_4。

8）进而确定变更参数集 {P_4, P_7, P_9}。

通过上述步骤可生成参数变更方案决策结果，如图 4-32 所示。图中灰色部分为参数变更方案中需修改的参数和需要满足的关联约束。

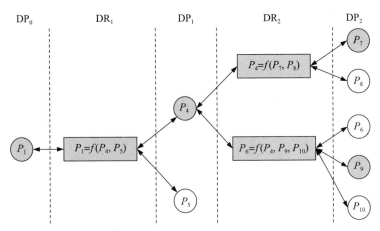

图 4-32　参数变更方案决策结果

4.3.5　产品设计方案决策实例

以螺旋输送机为例，讲述设计需求驱动的产品设计方案决策的实现过程。螺旋输送机产品全生命周期的需求具有动态性、随机性和多样性，当反馈到产品的设计阶段时，则表现为产品的设计需求。在进行螺旋输送机设计变更适应性评价时，首先对产品设计需求进行分类，确定产品设计需求属于功能需求、结构需求、参数需求的哪一类，并根据设计变更适应性评价方法决策能否执行产品变更。螺旋输送机部分设计需求及需求分类如表 4-3 所示。

表 4-3　螺旋输送机部分设计需求及需求分类

设计需求	需求分类
输送最大粒径为 12cm 的渣土	功能需求：排渣
	参数需求：最大粒径 $H=12$cm
最大输送能力 $Q_2 \geqslant 350$m³/h	功能需求：排渣
	参数需求：最大出渣能力 $Q_2 \geqslant 350$m³/h

（续）

设计需求	需求分类
最大转矩不超过 220kN・m	参数需求：最大转矩 $T_L \leq 220$kN・m
可实现螺旋机螺杆的伸缩运动	结构需求：增加螺杆的伸缩装置
螺旋轴转速在 0～22r/min 可以连续调速	功能需求：螺旋轴转速调节
	参数需求：螺旋轴转速 $n_i \in [0, 22]$r/min
螺旋输送机可变速逆转	功能需求：变速逆转
	结构需求：增加调速、变向装置
盾构机的推进速度提升 20%	参数需求：推进速度 v_2 提升 20%

地质环境的变换导致螺旋输送机运送的物料直径发生变化，从而带来设计需求"输送最大粒径为 12cm 的渣土"。以该需求为例，进行设计变更的适应性评价。该设计需求中包含功能需求"排渣"，该功能需求属于螺旋输送机产品的完备功能需求，可直接应用原型产品满足需求，但该需求中仍包含参数需求作为对功能需求的限定条件，参数需求为"最大粒径 $H = 12$cm"。经设计师分析，该参数的适应性阈值为 15cm，因此参数需求在适应性阈值内，可通过对螺旋输送机差的设计变更满足设计需求（见图 4-33）。由于篇幅限制，这里不对所有的设计需求进行适应性分析。

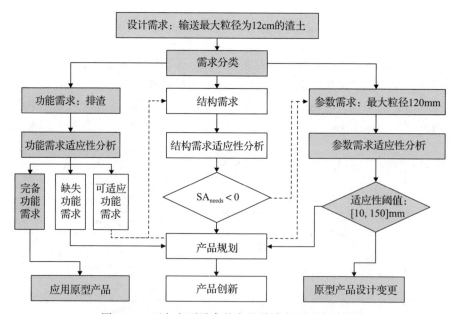

图 4-33　面向变更需求的产品设计变更适应性评价

1. 变更代价计算

以产品设计参数变更方案代价计算的相关研究为基础，计算螺旋输送机产品各设计参数的变更代价。根据构建的参数网络模型计算各参数节点的介数 B_i，根据产品设计参数特征计算各参数的设计裕量系数 T_i，并根据式（4-13）计算节点的综合变更代价 I_i。在评估螺旋输送机产品参数间的跨模块惩罚系数 M_{ij} 时，考虑到螺旋输送机产品作为成熟的产品模块，功能系统稳定，整体性强，易于实现功能间的协调；而产品零部件结构大多为标准件，企业的采购、定制成本高。通过螺旋输送机产品设计专家相关意见的收集和汇总，将跨功能模块惩罚系数设为0.120，跨结构模块惩罚系数设为 0.347。螺旋输送机设计参数代价指标计算结果如表 4-4 和表 4-5 所示。

表 4-4 参数节点代价

编号	节点	B_i	T_i	I_i	编号	节点	B_i	T_i	I_i
1	D_1	0.412	0.369	0.521	20	n_i	0	0.092	0.454
2	N_1	0.202	0.124	0.539	21	i_j	0.023	0.147	0.438
3	$L_主$	0	0.452	0.274	22	T_L	0	1	0
4	Δp	0.151	0.282	0.435	23	μ_j	0	0.020	0.490
5	Q_m	0.227	0.021	0.603	24	T_m	0.217	1	0.109
6	N	0.294	0.387	0.453	25	V_g	0.676	0.282	0.697
7	N_E	0	0.932	0.034	26	η_{mm}	0	0.020	0.490
8	n_1	1	0	1	27	n_m	0.152	0.092	0.530
9	Q_2	0.202	0.968	0.117	28	η_v	0.210	0.021	0.595
10	S	0.058	0.695	0.181	29	η_{pm}	0	0.020	0.490
11	V	0.251	0.092	0.579	30	n_v	0	0	0.5
12	H	0	0.695	0.152	31	q	0	0.977	0.011
13	N_2	0.294	0.425	0.434	32	i	0	0.147	0.427
14	Q_1	0.299	0.627	0.336	33	D_d	0	0.025	0.488
15	D	0.205	0.114	0.546	34	v_2	0	0.124	0.438
16	D_2	0.003	0.106	0.448	35	F	0	0.690	0.155
17	P	0.465	0.253	0.606	36	p	0	0.677	0.162
18	M_1	0.147	0.427		37	Q	0.133	0.626	0.253
19	M_r	0	0.106	0.447	38	η_{pv}	0	0.021	0.490

表 4-5　跨模块惩罚系数

编号	边	M_{ij}	编号	边	M_{ij}	编号	边	M_{ij}
1	（1，8）	0.467	26	（8，11）	0.120	51	（21，22）	0.467
2	（1，12）	0.467	27	（8，17）	0.467	52	（21，23）	0
3	（1，15）	0.347	28	（8，25）	0.467	53	（21，24）	0.120
4	（1，16）	0	29	（8，28）	0	54	（21，27）	0.120
5	（1，17）	0	30	（8，30）	0.467	55	（22，23）	0
6	（1，37）	0.467	31	（8，31）	0.467	56	（22，24）	0.120
7	（2，13）	0	32	（8，32）	0.467	57	（23，24）	0
8	（2，18）	0.467	33	（8，37）	0.120	58	（24，25）	0.120
9	（2，19）	0.467	34	（9，14）	0	59	（24，26）	0
10	（3，13）	0.347	35	（9，33）	0.467	60	（25，26）	0
11	（3，17）	0.347	36	（9，34）	0.120	61	（25，27）	0
12	（4，5）	0	37	（10，11）	0.120	62	（25，28）	0
13	（4，6）	0	38	（10，14）	0.120	63	（25，30）	0
14	（4，24）	0	39	（10，15）	0.467	64	（25，31）	0
15	（4，25）	0	40	（10，16）	0.467	65	（25，32）	0
16	（4，26）	0	41	（11，14）	0.120	66	（27，28）	0
17	（5，6）	0	42	（11，17）	0.467	67	（28，30）	0
18	（5，25）	0	43	（13，17）	0	68	（28，31）	0
19	（5，27）	0	44	（14，37）	0	69	（28，32）	0
20	（5，28）	0	45	（15，16）	0.347	70	（29，38）	0
21	（6，7）	0	46	（15，35）	0.467	71	（30，31）	0
22	（6，29）	0	47	（15，36）	0.467	72	（30，32）	0
23	（6，38）	0	48	（18，19）	0.120	73	（31，32）	0
24	（7，29）	0	49	（20，21）	0.120	74	（33，34）	0.467
25	（7，38）	0	50	（20，27）	0	75	（35，36）	0

　　基于参数网络的节点代价和边代价的计算结果，可构建如图 4-34 所示的参数变更代价网络示意图。其中，如螺旋轴转速、液压马达排量等设计参数具有较高的变更代价，在图中则表示为面积更大且颜色更深的节点。参数之间的连边特征则表现为不同的边代价，参数间变更影响传播的代价越大，则连边的颜色越深、线条越粗。

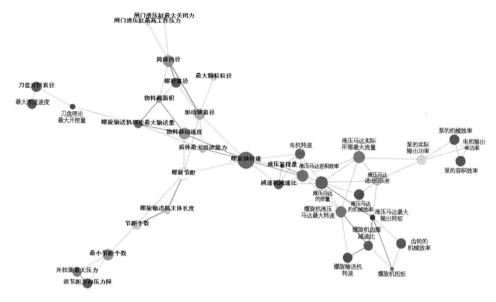

图 4-34　参数变更代价网络示意图

2.需求自适应决策

地质环境的变化常常导致螺旋输送机运输的物料最大颗粒粒径 H 增大，本节以该设计参数变更为例，进行参数变更方案的推荐。基于参数网络模型分析变更影响传播过程，由于驱动直径的阈值范围是 [168, 219, 273, 325]mm，当最大颗粒粒径的变更超出 113.75mm 时，条件关联 $H \leqslant 0.35D_1$ 不再满足，从而需要调整驱动轴直径 D_1 以满足该关联约束。通过参数计算，D_1 的调整量超出设计裕量，因此需激活与 D_1 对应的其他参数和关联约束，变更影响依次分层传递，直至所有参数满足设计裕量要求。

在变更方案决策之前，假设所有的参数无设计裕量，且条件约束均可被激活，即最大颗粒粒径变更可激活所有相关参数及关联约束。在该前提条件下，观察该决策方法是否有效控制了变更影响的范围，并避开关键节点参数。以变更影响参数集为基础，通过断环处理，生成参数网络模型所有可行分支，构建层次树状模型，如图 4-35 所示。

然后求得最优的参数变更方案，如图 4-36 所示。

通过方案决策结果不难看出，由于物料最大颗粒粒径 H 的改变，设计方案要求设计师对驱动轴直径 D_1、螺杆直径 D_2、筒体内径 D、螺旋节距 P、螺旋输送机主体长度 $L_{\pm}$、闸门液压缸关闭力 F 这六个产品结构参数进行适应性调整。同时，螺旋输送机理论最大输送量 Q_1、刀盘理论最大开挖量 Q_2、盾体最大出渣能力 Q、

最大推进速度 v_2、物料截面积 S、物料移动速度 V 这六个性能参数被影响。该参数变更方案需要调整的结构包括主轴、叶片、内筒、外筒、闸门；同时该方案还会影响排土量调整、排渣速度调整、防止螺旋输送机抱死、掘进速度调整功能。

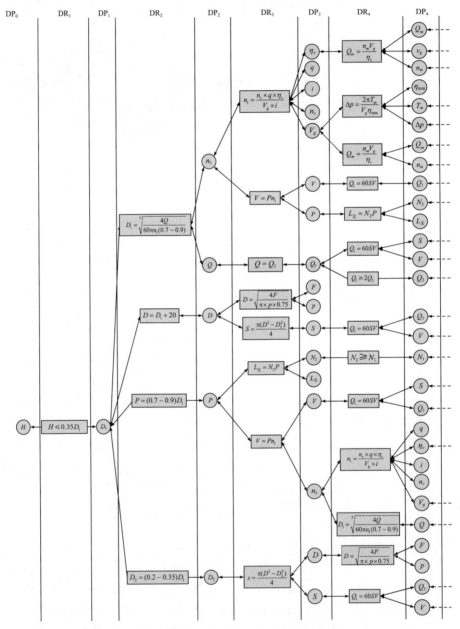

图 4-35　断环处理后的层次树状模型（部分）

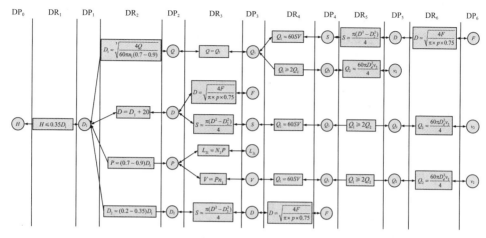

图 4-36 参数变更方案决策结果

通过实例验证可以发现，在参数无设计裕量和条件关联约束的情况下，变更一旦发生，变更方案中甚至包含 DP_6，即变更影响甚至会传播至第六层设计参数，违背了一般设计变更影响传播的五步原则，导致变更发生"雪崩"传播，这也证明了设计师对关键设计参数设置裕量对有效阻止设计变更影响传播的重要意义。在变更"雪崩"传播的情况下，该决策方法有效规避了液压马达容积效率 η_v、螺旋节距 P、驱动轴转速 n_1、液压马达排量 V_g 等高代价、高风险设计参数，同时，将影响的参数范围缩小至 12 个。经分析，若变更在参数网络内随机传播，最多会影响 29 个设计参数，该方法将影响的参数范围缩减了 58.6%。同时，被激活的关联约束有 12 个，相比随机变更，被激活的关联约束也缩减了 45.5%。另外，该决策方法有效避开了产品螺旋输送机驱动结构模块、排渣功能模块等关键功能模块，影响的功能模块和结构模块也仅有 9 个，这对企业设计变更成本的降低具有重要意义。

4.4 产品适应性动态评价方法

完成产品设计后，产品适应性动态评价可帮助设计师选择合理的适应性设计方案，也可对产品改进策略提供建议，以满足动态、多源的产品设计需求。针对产品全生命周期、动态与多人、多域的适应性要求，结合产品实际的设计需求，本节从产品参数、配置、方案三个层次提出了产品适应性动态评价方法。

4.4.1 产品参数适应性动态评价

1. 标准参数方案

标准设计方案是通过基于相关性与依赖性分析的产品适应性设计方法提出的

最优设计方案，产品设计方案是基于评价对象的产品设计参数作出的方案设计，对比包括产品设计参数项与相应的参数数值，如表 4-6 所示。

表 4-6　产品方案设计参数对比

产品设计参数	P_1	P_2	⋯	P_m
标准设计方案	A	B	⋯	Z
产品设计方案	a	b	⋯	z

2. 参数适应性评价指标

产品的参数适应性是产品通过参数调整来适应生命周期各个阶段需求变化的能力。当产品需求通过指标要求表示时，将产品的多项指标分为四个域：性能域、功能域、制造域和运维域，从而更加全面地识别需求的变化情况。对于产品设计参数方案的评价，主要从指标达成度、参数相似度、参数与指标依赖度、参数相关度四个方面描述。参数适应性评价指标体系如图 4-37 所示。

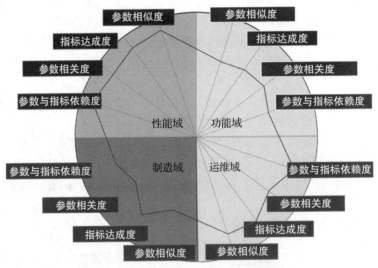

图 4-37　产品参数适应性评价指标体系

指标达成度：需求的满足程度可以通过需求指标与现有参数方案可能达到的产品指标的差值进行计算，产品需求指标预测模型能够对参数方案进行产品指标预测。以需求指标与预测指标的差值构成需求满足程度的适应性指标，称为指标达成度。指标达成度 ε 衡量了产品参数方案对于需求指标的满足程度，计算公式如下：

$$\varepsilon = 1 - \sum_{n=1}^{k} \left| \frac{S_n - S_n'}{S_n} \right| \Big/ k \tag{4-17}$$

式中，ε 为指标达成度，$\varepsilon = 0 \sim 1$；S_n 为产品需求指标数值；S_n' 为产品预测指标数值；k 为产品指标数量。

参数相似度衡量产品设计方案变动的设计参数与选定的关键设计参数的相似性，参数相似度越高，对于该产品指标变动，选取变动的设计参数中的关键参数越多。例如，关键设计参数的集合为 A，包含关键设计参数 $\{P_i, \cdots, P_j\}$；变动的设计参数的集合为 B，包含设计参数 $\{P_p, \cdots, P_q\}$；则参数相似度 S_p 计算公式如下：

$$S_p = \frac{\mathrm{num}(A \cap B)}{\mathrm{num}(A \cup B)} \tag{4-18}$$

式中，S_p 为参数相似度，$S_p = 0 \sim 1$；$\mathrm{num}()$ 为运算方法，取集合中元素的数量；A 为关键设计参数集合；B 为变动的设计参数集合。

参数与指标依赖度描述了设计适应性变更过程中，变更的设计参数是否为变动产品指标的影响因子。参数与指标依赖度 D 计算公式如下：

$$D = \frac{\mathrm{num}(P_G \cap P_D)}{\mathrm{num}(P_G \cap P_D)} \tag{4-19}$$

式中，D 为参数与指标依赖度，$D = 0 \sim 1$；P_G 为设计变更过程中修改的设计参数的集合；P_D 为设计指标物理上依赖的设计参数的集合。

参数相关度描述了适应性变更设计过程中，变更的设计参数之间的相关程度。参数相关度越低，选取的变动参数间的影响关系越弱，而与非变动参数的影响关系越强，越会导致参数变更影响非变动设计参数的变动。参数相关度 C 计算公式如下：

$$C = \left(\frac{\mathrm{sum}}{\partial} \right) \Big/ \left(\frac{\mathrm{sum}}{\partial} + 1 \right) \tag{4-20}$$

式中，C 为参数相关度，$C = 0 \sim 1$；sum 为集合 P_G 中的设计参数间相关性系数绝对值的平均值；∂ 为所有设计参数之间的相关性系数绝对值的平均值。

3. 参数适应性评价方法

产品的适应性是产品满足需求变动的能力。进行设计调整，达成新的产品需求的过程就是产品适应性过程。参数适应性评价方法通过对产品历史开发数据的挖掘，对产品中设计与产品指标的相关性与依赖性进行分析，并建立预测模型，快速达成产品指标需求。该方法的流程模拟了适应新的产品需求的过程，并以相

关度、依赖度、相似度与达成度作为产品适应性指标，衡量产品满足设计需求的
能力，流程如图 4-38 所示。

（1）产品数据搜集与处理

产品需求可以通过产品指标度量，在产品
适应性动态评价中考虑产品全生命周期的多项
产品指标，如性能指标、功能指标、制造指
标、运维指标等，对产品全方面的需求进行研
究；设计师通过更改产品设计参数完成设计调
整，以此满足产品新的需求。

产品数据搜集与处理是指对产品历史开发
数据或多指标数据进行搜集，包括产品指标、
设计参数与相应的值。产品指标和设计参数需
要进行量化处理，量化以后的数值类型可以是
布尔型、离散型或连续型三种类型。产品指标
和设计参数可以分别用 S 和 P 表示，计算公式如下：

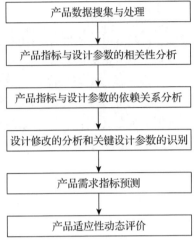

图 4-38　产品参数适应性评价流程

$$S = \{S_1, S_2, \cdots, S_n\} \tag{4-21}$$

式中，S 为收集到的所有产品指标数据；S_n 为收集到的第 n 项产品指标的数值。

$$P = \{P_1, P_2, \cdots, P_m\} \tag{4-22}$$

式中，P 为收集到的所有设计参数数据；P_m 为收集到的第 m 项设计参数的数值。

因此，收集到的 L 款产品的产品指标与设计参数数据集的表示如下：

$$\textbf{Dataset} = \begin{bmatrix} S_{1,1} & S_{1,2} & \cdots & S_{1,n} & P_{1,1} & P_{1,2} & \cdots & P_{1,m} \\ S_{2,1} & S_{2,2} & \cdots & S_{2,n} & P_{2,1} & P_{2,2} & \cdots & P_{2,m} \\ \vdots & \vdots & & \vdots & \vdots & \vdots & & \vdots \\ S_{L,1} & S_{L,2} & \cdots & S_{L,n} & P_{L,1} & P_{L,2} & \cdots & P_{L,m} \end{bmatrix} \tag{4-23}$$

式中，**Dataset** 为收集到的所有产品指标和设计参数数据集；L 为收集到的产品
的数量；$S_{L,n}$ 为收集到的第 L 款产品的第 n 个产品指标的数值；$P_{L,m}$ 为收集到的
第 L 款产品的第 m 个设计参数的数值。

（2）产品指标与设计参数的相关性分析

相关关系是一种相随而动的影响关系。在产品设计中，设计参数和产品指标
存在复杂的相关关系，这种关系可以通过数据分析的方式进行挖掘。相关系数是
进行相关性分析的一种成熟指标。针对不同的数据类型和分布方式，有三种不同
的相关系数可以选择：Spearman、Person 和 Kendall。不同相关系数的指标范围有所
不同，如 Person 相关系数的范围为 [-1, 1]，而另两种相关系数的范围为 [0, 1]。其

中，正负值相关系数表示的是两个变量之间的正相关或负相关关系，而相关性的强弱是该方法进行相关性分析的主要研究目标。因此，对相关系数进行取绝对值的操作，关注变量之间相关性的强度。在这个过程中，每个被考虑进来的设计参数与产品指标之间都会进行相关系数计算。总的结果可以采取如下矩阵的形式：

$$\boldsymbol{R} = \begin{bmatrix} R_{1,1} & R_{1,2} & \cdots & R_{1,m+n} \\ R_{2,1} & R_{2,2} & \cdots & R_{2,m+n} \\ \vdots & \vdots & & \vdots \\ R_{m+n,1} & R_{m+n,2} & \cdots & R_{m+n,m+n} \end{bmatrix} \quad (4\text{-}24)$$

式中，$R_{n,m}$ 为第 n 个变量与第 m 个变量的相关系数的绝对值，$R_{n,m} = 0\sim1$。

层次聚类就是将距离相近（相似）的集群连接到彼此，以创建更大的集群，直到这个集群大到可以将所有对象都包含进去的无监督式学习的方法。相关系数矩阵 $\boldsymbol{R}$ 表示变量间的相关强度，通过层次聚类将 $1-\boldsymbol{R}$ 作为距离矩阵输入，对产品指标与设计参数进行聚类。通过该方法将相关性强的产品指标与设计参数逐步放入一个集合，最终将整个产品的设计参数与产品指标包含进去。通过该方法绘制的树状图可以直观反映产品相关性的树状结构，同时根据相关性强弱将强相关的设计参数与产品指标划分在同一集合。

（3）产品指标与设计参数的依赖关系分析

产品指标依赖产品的设计参数、零部件的具体设计。依赖性描述产品指标对产品设计参数的依赖关系，这是一种因果关系。通过因果发现算法对各个产品指标依赖的设计参数进行依赖关系分析，判定影响不同产品指标的设计参数，为产品模型构建和适应性方向提供依据。依赖关系也可以判定某参数对于某一产品指标是否具有适应性。

具体的因果发现算法使用传统的逐步回归算法完成。逐步回归是一种线性回归模型自变量选择方法，其基本思想是将变量一个一个引入，引入的条件是其偏回归平方和经验是显著的。同时，每引入一个新变量，都对已入选回归模型的旧变量逐个进行检验，将经检验认为不显著的变量删除，以保证所得自变量子集中每个变量都是显著的。该过程经过若干步，直到不能再引入新变量为止。这时回归模型中所有变量对因变量都是显著的。

依赖关系可以通过如下矩阵形式表示：

$$\boldsymbol{D} = \begin{bmatrix} D_{1,1} & D_{1,2} & \cdots & D_{1,m} \\ D_{2,1} & D_{2,2} & \cdots & D_{2,m} \\ \vdots & \vdots & & \vdots \\ D_{n,1} & D_{n,2} & \cdots & D_{n,m} \end{bmatrix} \quad (4\text{-}25)$$

式中，$D_{n,m}$ 为产品指标 S_n 与设计参数 P_m 依赖关系。$D_{n,m} = 0$ 则两者不构成依赖关系，如果 $D_{n,m}=1$，则构成依赖关系。

（4）设计修改的分析和关键设计参数的识别

产品指标子集的变更必然影响许多其他指标和参数。在这种情况下，需要对设计变更及相关设计参数进行定位，以确定影响边界。使用层次聚类方法将数据分组到多级集合树或树状图中，从而在适当的级别或规模上灵活地决策。因此，集合作为规范和参数直接受到影响的边界，设计更改的影响仅限于集合元素。集合中关键设计参数的定义允许产品指标的更改，而不影响其他集合中的其他产品指标和设计参数。该方法包含两个步骤，过程如下。

1）基于相关性的聚类划分。对相关性分析中的聚类树状图，按照一定聚类阈值进行划分，通过聚类树状图将产品指标与设计参数聚合成 g 个集合，集合 C_g 包含相应的产品指标 $S_j, \cdots, S_l$ 和设计参数 $P_i, \cdots, P_k$，聚类划分结果如表 4-7 所示。

表 4-7　聚类划分结果

集合序号	集合组成元素	集合序号	集合组成元素
C_1	$P_a, S_b, \cdots, P_c, S_d$	$\vdots$	$\vdots$
C_2	$P_e, S_f, \cdots, P_g, S_h$	C_g	$P_i, S_j, \cdots, P_k, S_l$

阈值的划分影响着产品可适应设计的调整范围，越高的阈值选择会得到越少的集合数量和越多的集合内组成元素，导致更多的关键设计参数和更大的设计影响范围。

2）关键设计参数选取。如果 P_i、S_j 在相关分析中同属于一个集合，且 P_i 与 S_j 构成依赖关系，则 P_i 是 S_j 的关键设计参数，需满足的条件如下：

$$P_i, S_j \in C_k \cap D_{i,j}=1 \tag{4-26}$$

式中，P_i 为第 i 个设计参数；S_j 为第 j 个产品指标；C_k 为根据相关性的聚类结果中的一个集合；$D_{i,j}$ 为 P_i 与 S_j 的依赖关系。

（5）产品需求指标预测

产品需求指标预测需要建立预测关键设计参数的关系模型。根据产品指标与设计参数的依赖关系分析，利用产品历史开发数据构建关系模型。对于在集合中的产品指标，通过关系模型对关键设计参数进行预测和调整，以此满足设计要求，具体方式如下。

1）设计影响范围划分。依据基于相关性的聚类划分结果，进行目标产品指标 S_t 设计，考虑的影响范围为包含 S_t 的集合，命名为 C_k 计算公式如下：

$$C_k=\{S_1, S_t, \cdots, S_m\} \tag{4-27}$$

式中，C_k 为目标产品指标 S_t 所在集合。

2）依据依赖关系矩阵的预测模型构建。依据矩阵 D 中的依赖关系，对在集合 C_k 中的任意 S_j 构建如下映射关系：

$$F(P_a, \cdots, P_b) \rightarrow S_j \qquad (4\text{-}28)$$

对该映射关系通过搜集的产品历史开发数据集进行机器学习训练，构成具有一定精度的预测模型。

3）关键设计参数预测。依据选取的关键设计参数对产品指标预测模型进行全局遍历预测，选取与目标产品指标最近且具有可行性的产品设计，该设计参数组合即符合目标产品指标的较优适应性设计方案。若没有较理想的设计方案，可以调整关键设计参数识别中所述的聚类阈值，选取更多的关键设计参数。最终获取适应性需求指标预测值计算公式为：

$$S' = \{S_1', S_t', \cdots, S_m'\} \qquad (4\text{-}29)$$

式中，S' 为指标预测值的集合；S_t' 为需求指标 S_t 的预测值。

（6）产品参数适应性动态评价

至此，获得产品参数适应性评价指标计算的所有条件。

4. 螺旋输送机案例参数适应性评价

螺旋输送机在设计开发过程中，常常由于地质情况、客户需求、制造条件等因素需要调整设计。针对螺旋输送机的适应性设计，通常是对已有的功能相似的设计进行指标、参数上的调整，以满足不同排渣、保压和调速等方面的需求。重新利用已有设计能够在设计、制造等环节减少大量的重复性工作，因此可以进一步提高产品在市场中的竞争力。

（1）数据准备

表 4-8 列举了部分产品指标及其数值范围，表征螺旋输送机产品的部分性能。例如，与输送能力相关的盾构开挖直径、渣土切削量；与动力相关的功率、转速、转矩；与输送渣土类型相关的最大颗粒长、宽等。通常，螺旋输送机的设计变更主要体现在最大出渣能力上，还可能有盾构内部空间、渣土颗粒尺寸、工作压力等的限制。

表 4-8　盾构螺旋输送机产品指标

ID	产品指标	数值范围	ID	产品指标	数值范围
S_1	盾构开挖直径 /mm	3780, 6280, 9150	S_8	整机长度 /mm	8000～18 000
S_2	最大掘进速度 / (mm/min)	70, 80, 90	S_9	土压 /kPa	150～400
S_3	渣土松散系数	1.01～1.30	S_{10}	输送功率 /kW	160～220
S_4	渣土切削量 / (m³/h)	45～354	S_{11}	脱困转矩 /kN·m	200～250
S_5	最大转速 / (r/min)	18～22	S_{12}	伸缩行程 /mm	1000～1500
S_6	最大颗粒长 /mm	410～830	S_{13}	使用寿命 /h	11 000～15 000
S_7	最大颗粒宽 /mm	190～350			

表4-9列举了部分设计参数及数值范围，如与结构配置相关的设计参数筒体内径、螺旋直径、叶片厚度、螺旋轴直径；与动力配置相关的设计参数电机转速、电机转矩、电机功率等。

表 4-9　盾构螺旋输送机设计参数

ID	设计参数	数值范围	ID	设计参数	数值范围
P_1	筒体内径 /mm	706～1020	P_8	螺旋轴壁厚 /mm	14, 18, 22, 25, 28, 32
P_2	螺旋直径 /mm	700, 800, 1000	P_9	电机转速 / (r/min)	1430, 1440, 1460, 1470, 1480
P_3	螺距 /mm	490～890	P_{10}	减速比	60～81
P_4	叶片厚度 /mm	30～50	P_{11}	电机功率 /kW	4～30
P_5	排渣能力 / (m³/h)	186～890	P_{12}	电机转矩 / (N·m)	20～200
P_6	螺旋轴长度 /mm	7000～15 000	P_{13}	液压缸行程 /mm	1000～1500
P_7	螺旋轴直径 /mm	168, 219, 273, 325			

（2）参数适应性动态评价指标计算

依据产品参数适应性评价方法进行螺旋输送机产品指标－设计参数的依赖性分析和相关性分析，并绘制热力图，如图4-39、图4-40所示。

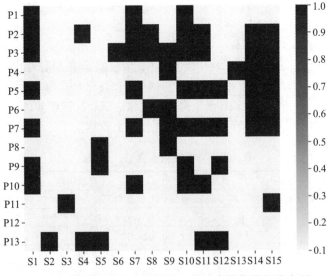

图 4-39　螺旋输送机产品指标－设计参数依赖性热力图

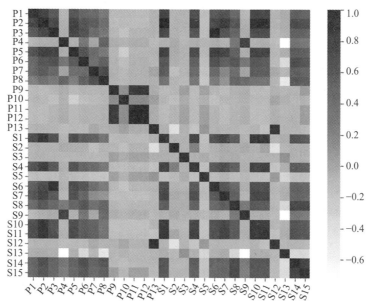

图 4-40　螺旋输送机产品指标 – 设计参数相关性热力图

　　聚类分析结果如图 4-41 所示，产品指标和设计参数相关关系由强到弱聚合到一起。之后可以根据螺旋输送机指标变更的情况，选择一定规模的集合来划定该指标变动的影响边界。

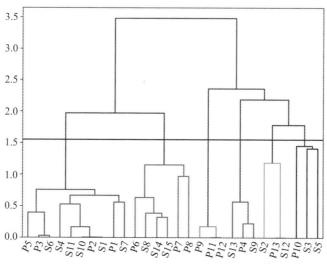

图 4-41　螺旋输送机产品指标 – 设计参数层次聚类图

针对设计变更方案进行参数适应性评价。设计方案变化情况如下，未说明的参数保持不变：

$$
\begin{aligned}
&S_1 = 6280\,\mathrm{mm} \rightarrow S_1 = 6280\,\mathrm{mm} \\
&S_4 = 148\,\mathrm{m^3/h} \rightarrow S_4 = 165\,\mathrm{m^3/h} \\
&S_6 = 560\,\mathrm{mm} \rightarrow S_6 = 600\,\mathrm{mm} \\
&S_7 = 260\,\mathrm{mm} \rightarrow S_7 = 280\,\mathrm{mm} \\
&S_{10} = 200\,\mathrm{kW} \rightarrow S_{10} = 200\,\mathrm{kW} \\
&S_{11} = 220\,\mathrm{kN\cdot m} \rightarrow S_{11} = 220\,\mathrm{kN\cdot m}
\end{aligned}
\tag{4-30}
$$

预测变更方案如表 4-10 所示。从表中可以看出，在不影响其他集群规格的情况下，建议增加螺旋叶片的螺距（P_3）和略微上调排渣能力（P_5）。最大颗粒宽（S_7）的增加较小，仍在当前规格的螺旋输送机的筒体直径允许的范围内，筒体内径（P_1）和螺旋直径（P_2）不需调整；最大颗粒长（S_6）的增加超出螺旋节距的允许范围，故推荐增加螺距（P_3）；螺距的增加间接增加了排渣能力（P_5），从而满足了渣土切削量（S_4）增加的需求。试验结果证明了预测变更方案的有效性。

表 4-10　盾构螺旋输送机预测变更方案

产品指标和设计参数		当前值	期望值	预测值
产品指标	S_1/mm	6280	6280	6542.8
	S_4/(m³/h)	148	165	161.8
	S_6/mm	560	600	628.1
	S_7/mm	260	280	259.6
	S_{10}/kW	200	200	191.5
	S_{11}/(kN·m)	220	220	222.3
关键设计参数	P_1/mm	820		820
	P_2/mm	800		800
	P_3/mm	630		660
	P_5/(m³/h)	407		410

根据产品参数适应性评价方法，对待评价的变更方案进行评价，结果如图 4-42 所示。可以看出，设计调整主要对制造域的表现产生较大影响，制造域参数相似性较低，说明所进行的设计参数类型的变更与制造域中产品指标的关键设计参数一致程度较低，因此设计调整有可能对无关的设计参数进行了变更。总体上看，变更方案的参数适应性较高，达到 0.914，说明了该方案具备较高的可行性与针对性。

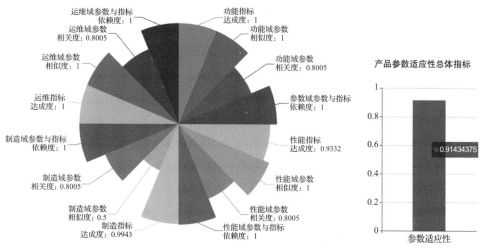

图 4-42　螺旋输送机参数适应性评价结果

4.4.2　产品配置适应性动态评价

1. 结构模型

根据产品指标与零部件的相关性对产品的模块化设计建议作为标准结构模型，评价对象的产品结构作为产品结构模型。无论是标准结构模型，还是产品结构模型，都将产品的零部件归属到不同的产品模块。考虑到的零部件都进行模块化划分，构成零部件到产品模块的集合，模块代表集合，而模块内部元素表示为集合元素。两种模型的对比如表 4-11 所示。

表 4-11　两种模型的对比

标准结构模型		产品结构模型	
集合序号	集合组成零部件	集合序号	集合组成零部件
模块 1	$C_a, \cdots, C_b$	模块 1	$C_c, \cdots, C_d$
⋮	⋮	⋮	⋮
模块 n	$C_i, \cdots, C_j$	模块 n	$C_k, \cdots, C_l$

2. 配置适应性评价指标

对于模块化结构，产品配置适应性主要从四个方面进行衡量：对需求的满足程度，即满足产品指标频率变化要求的程度；模块内部零部件相互联系，即具有较高相关性；模块的调整能够快速影响产品指标，即具有较高依赖性；以基于产品指标相关性的零部件划分结果作为标准依据，即与标准模型具有较高相似性。

根据以上四个方面，提出指标达成度、零部件相关度、零部件与指标依赖度和配置相似度四个评价指标对产品配置适应性进行评价，如图 4-43 所示。

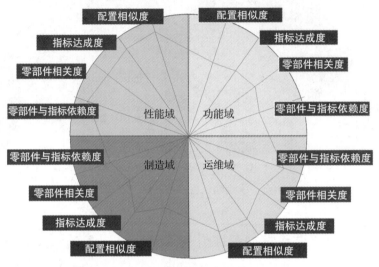

图 4-43   产品配置适应性评价指标

指标达成度。标准的产品配置结构将各个模块分为通用模块、用户模块和个性化模块，模块中的各个产品零部件满足用户需求的能力应该具有以下关系：个性化模块零部件需求满足能力大于用户模块零部件，而用户模块零部件需求满足能力又大于通用模块零部件。根据这种关系，产品标准模块化结构与现有模块化设计可以根据零部件的需求满足能力进行比较，表示产品结构的达成度，计算公式如下：

$$T = \frac{N}{M} \tag{4-31}$$

式中，T 为指标达成度，$T = 0 \sim 1$；N 为能够满足零部件需求的零部件个数；M 为总零部件数量。

零部件相关度。描述了模块内部零部件之间的相关程度。零部件相关度越高，模块内部零部件之间的相关程度越高，模块间零部件之间的相关程度越低，在发生需求变化时可以减少模块更换的数量。计算公式如下：

$$C = \left(\frac{\text{sum}}{\partial}\right) \bigg/ \left(\frac{\text{sum}}{\partial} + 1\right) \tag{4-32}$$

式中，C 为零部件相关度，$C = 0 \sim 1$；sum 为模块内零部件间相关性系数绝对值之和的平均值；∂ 为所有零部件间相关性系数绝对值之和的平均值。

零部件与指标依赖度。以模块中与产品指标具有依赖性的零部件占比来评价该模块与产品指标的依赖度，其中产品划分为 K 个模块，计算公式如下：

$$D = \sum_{i=1}^{i=k} \frac{A_i}{B_i} \Big/ K \qquad (4\text{-}33)$$

式中，D 为零部件与指标依赖度，$D=0\sim1$；A_i 为模块 i 内与产品指标具有依赖关系的零部件数量；B_i 为模块 i 内的零部件数量；K 为产品划分的模块数量。

配置相似度。衡量标准模块划分和产品模块化结构的相同程度，对模块组合进行评价。如表 4-12 所示，其中零部件 C_a，…，C_b 构成模块 1，依次类推，产品现有模块化拓扑结构可以表示为一种聚类结果 R_j。根据产品指标与零部件相关性分析得到产品模块划分建议，即聚类结果 R_i。通过两种聚类结果的相似度计算，评价产品现有模块化结构与适应性模块化建议的差异性，作为产品配置适应性的评价指标。考虑到聚类结果 R_i 与 R_j 的类别数不同，选用 Rand index 对两种聚类结果的相似度进行计算。

在 Rand index 中，聚类结果可以通过两两元素是否在同一集合的关系列表 R 来表示，不同的聚类结果一定表现为不同的关系列表 R，其中如果两个零部件在同一集合的状态相同，关系为 1，否则为 0，如表 4-12 所示。

表 4-12　聚类关系列表 R

R	$E1$	$E2$	$E3$
$E1$	1	0/1	0/1
$E2$	0/1	1	0/1
$E3$	0/1	0/1	1

两种聚类结果的配置相似度计算公式如下：

$$\text{Rand} = \frac{A}{N \times (N-1)/2} \qquad (4\text{-}34)$$

式中，Rand 为配置相似度，Rand $=0\sim1$；N 为聚类结果中元素个数；A 为元素两两关系相同的个数。

3. 配置适应性评价方法

如图 4-44 所示为产品配置适应性评价流程，包含五个内容：

（1）数据收集与预处理

对收集到的数据进行处理。数据包括多个样本，每个样本包含产品指标、每个指标的数值和样

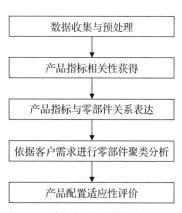

图 4-44　产品配置适应性评价流程

本频次。频次的计算可以依据销量、使用时间或使用次数，具体根据产品的使用情况确定。收集到的 L 款产品销量和产品指标可以分别用 N 和 S 表示，计算公式如下：

$$N = \{N_1, N_2, \cdots, N_L\} \tag{4-35}$$

式中，N 为收集到的所有产品的销量；N_L 为收集到的第 L 款产品的销量数值。

$$S = \{S_1, S_2, \cdots, S_n\} \tag{4-36}$$

式中，S 为收集到的所有产品指标数据；S_n 为收集到的第 n 项产品指标的数值。

因此，产品指标与销量的数据集可用如下矩阵形式表示：

$$\textbf{Dataset} = \begin{bmatrix} S_{1,1} & S_{1,2} & \cdots & S_{1,n} & N_1 \\ S_{2,1} & S_{2,2} & \cdots & S_{2,n} & N_2 \\ \vdots & \vdots & & \vdots & \vdots \\ S_{L,1} & S_{L,2} & \cdots & S_{L,n} & N_L \end{bmatrix} \tag{4-37}$$

式中，**Dataset** 为产品指标与销量数据集；$S_{L,n}$ 为第 L 款产品的第 n 个产品指标。

（2）产品指标相关性获得

对产品指标之间的相关性进行计算，通过相关性系数计算方法表示两个指标之间的相关性。根据数据类型与分布情况，可以选用不同的相关系数计算方法，常用方法有 Spearman、person、Kendall 等相关性系数计算方法。产品指标间相关性矩阵 $\boldsymbol{R}_{S\text{-}S}$ 如下：

$$\boldsymbol{R}_{S\text{-}S} = \begin{bmatrix} R_{1,1} & R_{1,2} & \cdots & R_{1,n} \\ R_{2,1} & R_{2,2} & \cdots & R_{2,n} \\ \vdots & \vdots & & \vdots \\ R_{n,1} & R_{n,2} & \cdots & R_{n,n} \end{bmatrix} \tag{4-38}$$

式中，$R_{l,n}$ 为第 l 个产品指标与第 n 个产品指标的相关性系数。

（3）产品指标与零部件关系表达

在公理化设计中，功能实现依赖产品指标，物理域是通过零部件设计实现的，因此，实质上是产品指标与零部件关系的建立。产品指标与零部件的关系可以概括为四种影响关系，如表 4-13 所示。

表 4-13　产品指标与零部件影响关系类别

影响关系类别	描　述
充要条件 $T = 1$	该产品零部件的改变只影响该产品指标，同时该产品指标也只由该产品零部件决定
充分条件 $T = 2$	该产品零部件的改变影响该产品指标，同时该产品零部件的改变还影响其他产品指标

（续）

影响关系类别	描　　述
必要条件 $T = 3$	该产品零部件的改变只影响该产品指标，此外该产品指标还受其他产品指标的影响
无关系 $T = 4$	该产品零部件的改变与产品指标间没有影响关系

在实际的适应性设计过程中，可以将四种影响关系简化为具有依赖关系和不具有依赖关系。无关系表示产品指标与零部件间不具有依赖关系，其他影响关系划分为产品指标与零部件具有依赖关系。根据以上定义，得到产品指标与零部件最终的依赖性矩阵 $\boldsymbol{M}_R$：

$$\boldsymbol{M}_R = \begin{bmatrix} D_{1,1} & D_{1,2} & \cdots & D_{1,n} \\ D_{2,1} & D_{2,2} & \cdots & D_{2,n} \\ \vdots & \vdots & & \vdots \\ D_{m,1} & D_{m,2} & \cdots & D_{m,n} \end{bmatrix} \tag{4-39}$$

式中，$\boldsymbol{M}_R$ 为产品指标与零部件的依赖性矩阵；$D_{m,n}$ 为产品指标 S_m 与零部件 C_n 的依赖性，$D_{m,n} = 0$ 或 1。

（4）依据客户需求进行零部件聚类分析

产品指标间相关性矩阵 $\boldsymbol{R}_{s-s}$ 描述了用户对产品指标的偏好，产品指标与零部件的依赖性矩阵 $\boldsymbol{M}_R$ 描述了产品零部件对产品指标的影响关系，产品零部件间的影响关系可以通过这两个矩阵获取。对于 T 个产品组件，考虑 m 个产品指标，其中零部件 C_x 影响指标集合为 $\{S_a, \cdots, S_b\}$，零部件 C_y 影响指标集合为 $\{S_c, \cdots, S_d\}$，则零部件 C_x 与 C_y 间的影响关系可由产品指标间的相关性得到，计算公式如下：

$$R_{C_x C_y} = \frac{\sum_{j=a}^{b} \sum_{i=c}^{d} |R_{S_i, S_j}|}{(d-c) \times (b-a)} \tag{4-40}$$

式中，R_{C_x, C_y} 为零部件 C_x 与 C_y 间的相关关系；R_{S_i, S_j} 为产品指标 S_i 与 S_j 之间的相关性系数。

由式（4-40）提供的计算方法可以得到产品零部件相关性，用矩阵形式表示如下：

$$\boldsymbol{R}_{C-C} = \begin{bmatrix} R_{1,1} & R_{1,2} & \cdots & R_{1,n} \\ R_{2,1} & R_{2,2} & \cdots & R_{2,n} \\ \vdots & \vdots & & \vdots \\ R_{n,1} & R_{n,2} & \cdots & R_{n,n} \end{bmatrix} \tag{4-41}$$

式中，$\boldsymbol{R}_{C-C}$ 为产品零部件相关性矩阵；$R_{l,n}$ 为第 l 个零部件与第 n 个零部件的相关性系数。

产品的模块是实现产品特定功能的组成单元。简言之，产品的模块是为了实现特定功能而组合在一起的零部件的集合。产品零部件相关性矩阵 $\boldsymbol{R}_{C-C}$ 表示变量间的相关强度，通过层次聚类将 $1-\boldsymbol{R}_{C-C}$ 作为距离矩阵输入，对产品零部件进行聚类。通过聚类，将实现特定功能的零部件集合在一起。选定特定的聚类阈值，产品零部件的聚类结果 $\boldsymbol{R}_i$ 如表 4-14 所示。这就是根据产品指标与零部件的相关性对产品模块划分的建议，其中同一集合中的零部件建议设计在同一模块中。

表 4-14   零部件聚类结果

集 合	集合组成元素	集 合	集合组成元素
模块 1	C_a, C_b, $\cdots$, C_c, C_d	$\vdots$	$\vdots$
模块 2	C_e, C_f, $\cdots$, C_g, C_h	模块 n	C_i, C_j, $\cdots$, C_k, C_l

（5）产品配置适应性评价

至此，获得产品配置适应性评价指标计算的所有条件。

4. 螺旋输送机案例配置适应性评价

（1）数据准备

螺旋输送机进行配置适应性评价需要的产品指标数据与参数适应性评价中的一致，详见表 4-8。

螺旋输送机的部分重要零部件信息如表 4-15 所示。

表 4-15   螺旋输送机重要零部件

编号	零部件名称	编号	零部件名称
C_1	驱动电机	C_{12}	前伸缩节内筒
C_2	液压泵	C_{13}	防涌门
C_3	液压马达	C_{14}	伸缩液压缸
C_4	减速机	C_{15}	转矩传感器
C_5	回转支承	C_{16}	土压传感器
C_6	螺旋轴杆	C_{17}	固定装置
C_7	螺旋叶片	C_{18}	出渣闸门
C_8	固定节	C_{19}	集渣斗
C_9	中间节	C_{20}	泡沫注入管
C_{10}	伸缩节内筒	C_{21}	电控柜
C_{11}	前伸缩节外筒	C_{22}	观察门

（2）配置适应性动态评价指标计算

依据产品配置适应性评价方法进行螺旋输送机产品指标相关性分析与零部件相关性分析，其热力图如图 4-45、图 4-46 所示。

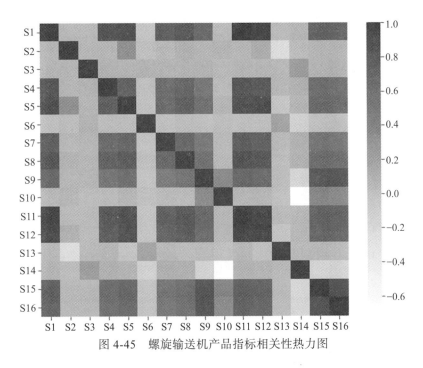

图 4-45　螺旋输送机产品指标相关性热力图

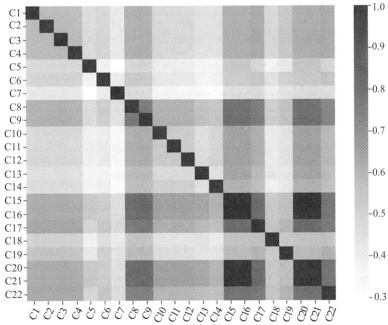

图 4-46　螺旋输送机产品零部件相关性热力图

产品零部件间的相关关系一部分源于零部件间的物理连接，另一部分源于产品需求偏好的影响。通过螺旋输送机频次数据的指标相关性，挖掘螺旋输送机需求特性，根据零部件间的相关性进行模块化设计，有利于螺旋输送机满足不同工况的产品需求，增强适应性。对产品零部件依据相关性进行聚类，按照阈值为 1.0 对层次聚类树状图进行划分，如图 4-47 所示。其聚类结果各集合信息如表 4-16 所示。

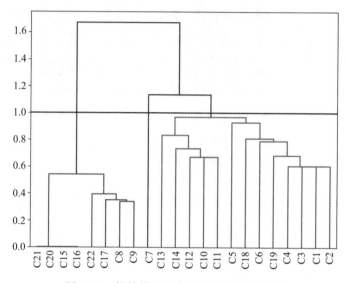

图 4-47　螺旋输送机产品零部件层次聚类

表 4-16　螺旋输送机产品零部件层次聚类集合

模　块	集合元素	零部件名称
模块 1	C_8、C_9、C_{15}、C_{16}、C_{17}、C_{20}、C_{21}、C_{22}	固定节、中间节、转矩传感器、土压传感器、固定装置、泡沫注入管、电控柜、观察门
模块 2	C_7	螺旋叶片
模块 3	C_1、C_2、C_3、C_4、C_5、C_6、C_{10}、C_{11}、C_{12}、C_{13}、C_{14}、C_{18}、C_{19}	驱动电机、液压泵、液压马达、减速机、回转支承、螺旋轴杆、伸缩节内筒、前伸缩节外筒、前伸缩节内筒、防涌门、伸缩液压缸、出渣闸门、集渣斗

整个螺旋输送机的零部件被分为三个模块。模块 1 包含 8 个零部件。模块 2 包含 1 个零部件，这是螺旋输送机的主要损耗零件。模块 3 包含 13 个零部件。现有的螺旋输送机以功能作为划分依据，进行零部件模块化划分，具体如表 4-17 所示。

表 4-17　螺旋输送机基于功能的零部件模块化划分

模块元素	零部件名称
C_1、C_2、C_3、C_4、C_5	驱动电机、液压泵、液压马达、减速机、回转支承
C_6、C_7	螺旋轴杆、螺旋叶片
C_8、C_9、C_{10}、C_{11}、C_{12}	固定节、中间节、伸缩节内筒、前伸缩节外筒、前伸缩节内筒
C_{13}、C_{14}、C_{18}、C_{19}	防涌门、伸缩液压缸、出渣闸门、集渣斗
C_{15}、C_{16}、C_{17}、C_{20}、C_{21}、C_{22}	转矩传感器、土压传感器、固定装置、泡沫注入管、电控柜、观察门

根据产品配置适应性评价方法，对功能模块的螺旋输送机配置适应性评价如图 4-48 所示。

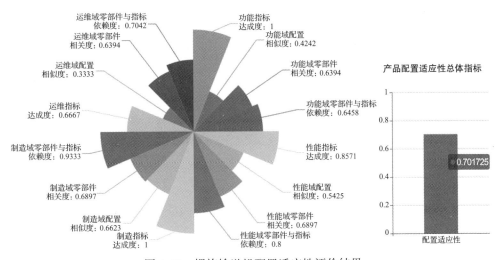

图 4-48　螺旋输送机配置适应性评价结果

4.4.3　产品方案适应性动态评价

产品方案的适应性评价指标包括设计方案相似度、依赖度、相关度与指标达成度。产品方案适应性评价体系如图 4-49 所示。各指标综合产品参数与配置适应性的各个指标，取最小值作为该方案的指标值。

以设计方案相似度为例，计算公式如下：

$$S' = \min(S_p, \text{Rand}) \tag{4-42}$$

式中，S' 为设计方案相似度，$S' = 0 \sim 1$；S_p 为参数相似度；$\min()$ 为运算方法，取两者中的最小值；Rand 为配置相似度，$\text{Rand} = 0 \sim 1$。

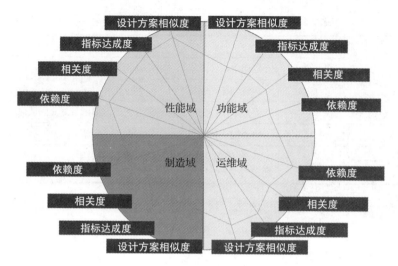

图 4-49   产品方案适应性评价体系

至此，获得产品方案适应性评价指标计算的所有条件。

第 5 章

智能设计与优化

在产品自适应设计技术体系中，本章将提出基于集成化设计理论的概念方案创新设计和基于统一建模的功能样机构建与优化方法，解决产品自适应设计方案探索、多领域耦合模型构建与探索方案的仿真评价等问题；提出并实现产品功能结构方案自适应设计方法，有效支持产品通用性与多样性的改进和客户需求的自适应迭代升级设计；提出并实现产品性能多目标参数优化设计方法，有效解决产品设计变量与性能间关联分析数据来源多、关联关系难以精确表达导致设计模型适应性差的问题；提出产品结构详细设计的制造性、装配性和维护性分析方法，有效解决自适应设计对产品全生命周期需求变化进行快速响应的问题。

5.1 产品原理创新设计探索

5.1.1 基于集成化设计理论的概念方案创新设计

1. 基于公理化设计和发明问题解决理论的产品原理方案设计方法

产品创新设计通常具有明确的目的性，通过设计来实现创新，并且需要新的设计、新的技能和新的基础设施共同演进才能实现。根据不同需求及设计结果的差异化，将创新设计分为三类：变参数设计、突破性设计和适应性设计。

1）变参数设计。在已有的设计产品上通过调整参数、修改原本的性能进行创新设计以满足需求的设计模式，该方法的设计结果通常和已有产品的差异程度很低。

2）突破性设计。以全新的产品、新型的产品生产制造方式为目标进行设计，从初步设想到功能设计再到设计完成，突破性设计的结果和已有设计存在显著性差异，是推动技术进步和产业升级的中坚力量。

3）适应性设计。通过连续且渐进地改进已有技术系统或产品来实现创新设计。大多数创新设计都属于适应性设计，该设计方法以现有产品为基础，采用其他各类较为成熟的技术使产品得到更新，一直向前沿技术靠拢。适应性设计的核心是不断发现冲突并解决冲突，解决现有产品的冲突，根据新的需求产生新的设计结果。

针对产品原理的创新设计探索方法，分为两个方面：问题分析工具和思想生成工具。理想的设计探索方法是选择适当的解决问题的工具和技术，具备良好的问题分析和思想生成能力，并选择公理化设计和以发明问题解决理论（以下称为TRIZ）为基础进行创新设计的展开。

和TRIZ相比，公理化设计强调整体，快速找到问题所在，但没有给出具体的解决方法。而TRIZ则强调解决问题，并没有对设计过程进行分析。将两者的优势集成，可以更好地适应整个设计流程。一方面，公理化设计有助于分析技术问题，并推动性能良好的设计；另一方面，TRIZ支持提出创新方法的过程，并提出好的解决方案。

本章利用公理化设计对需求进行分析，在将功能需求展开为层次模型的过程中，针对其中的问题，利用TRIZ的方法帮助映射展开，而在完成层次结构模型之后，解耦合设计时再次引入TRIZ的方法完成设计。这样既可以利用公理化设计的问题分析能力，又可以利用TRIZ的问题解决能力，如图5-1所示。

详细说明如下。

1）问题分析，对设计目标进行分类，规划设计方向。

2）对于适应性设计，构建原型系统的功能结构层次模型。

3）对于适应性设计，添加新的多个功能需求（FR）到原型系统层次树中。

4）使用TRIZ协助FR-DP(功能需求–设计参数)映射，形成层次结构模型。

5）设计方案耦合判断。

6）耦合问题分析，转换为TRIZ问题，利用TRIZ的多重方法进行解耦，形成新设计方案。

7）再次进行耦合，判断是否符合独立性公理，若耦合，转至6）。

8）多次迭代设计方案无耦合时形成最终设计方案。

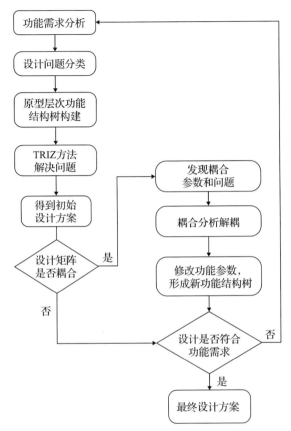

图 5-1　公理化设计和 TRIZ 集成设计过程模型

2. 基于信息公理的产品原理方案评价方法

通过集成化的产品设计理论得到不同的产品原理方案概念设计，对于具有较大差别的功能结构设计决策，这也是产品设计的重要一环。针对不同设计方案，继续采用公理化设计理论的信息公理，通过计算信息量进行方案的决策。信息量由符合给定功能要求的概率来确定，计算公式如下：

$$I_i = \log_2\left(\frac{1}{P_i}\right) = -\log_2 P_i \tag{5-1}$$

理想情况下，成功的概率取决于为满足功能需求而确定的设计范围和产品的系统范围，指定的"设计范围"和"系统范围"之间的公共区域就是可接受的解决方案存在的区域。实际情况下，概率是难以计算的，同时各个评价指标不一定可以通过具体数值进行量化。经典 AD（公理化设计）的工具和技术无法处理这些信息不准确、没有可用概率分布函数的情况。采用模糊信息公理的方法对各项指标进行处理，定性指标通常使用"很好""较好""一般""较差""很差"等模糊语言进行描述，将这些语言项转换成模糊数值，对设计进行评价。

对于模糊的评价指标，可以采用三角隶属度函数对各项指标信息量进行计算，将最大值、最小值和可能性最大的值赋予 0～1 的实数进行度量，形成的隶属度函数如图 5-2 所示。

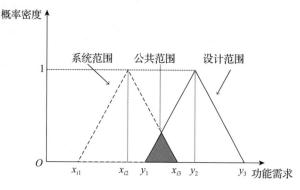

图 5-2　模糊隶属度函数范围

将设计范围的隶属度函数围成的面积定义为模糊设计范围，将系统范围的隶属度函数围成的面积定义为模糊系统范围，交集称为模糊公共范围，该部分满足功能要求，参照信息量的计算方法，计算公式如下：

$$I = \log_2 \left(\frac{模糊系统范围}{模糊公共范围} \right) \tag{5-2}$$

通过分析上述模糊信息公理的方法可知，由于系统范围和设计范围由不同人员决定，缺乏统一的评价标准，可能存在系统范围和设计范围偏差较大的情况。本章利用理想解的思想，通过评价人员对多个方案的评价结果来寻找设计范围，以模糊信息公理为基础，实现产品原理方案评价。评价模型如图 5-3 所示。

详细说明如下。

1）对用户和产品功能需求进行分析，构建产品方案评价指标体系。

2）构建模糊评价矩阵 X。设有一组专家评价某个产品的一组候选方案 $A = \{a_1, a_2, \cdots, a_m\}$，产品的一组评价指标 $C = \{c_1, c_2, \cdots, c_n\}$，专家 P 对候选方案 a_i 的指标 c_j 的评价值为 x_{ij}，$(x_{ij}^-, x_{ij}^0, x_{ij}^+)$ 形成模糊评价矩阵。

3）形成清晰值评价矩阵 U。评价数值采用三角模糊数表示，将各个模糊数去模糊化得到清晰值，形成清晰值矩阵。对于定量指标，则跳过 2）直接得到清晰值矩阵。

4）确定正（负）理想解 R^+、R^-。正理想方案和负理想方案是两个虚拟的、实际不存在的方案，正（负）理想方案是指将集合所有方案的指标中，每个指标的最好（差）值作为一种标杆方案。正（负）理想方案分别用 R^+ 和 R^- 表示，U^+ 和 U^- 分别代表评价矩阵的最好值和最坏值，计算公式如下：

$$R^+ = \{r_1^+, r_2^+, \cdots, r_n^+\} = \{(\max r_{ij} \mid j \in U^+), (\min r_{ij} \mid j \in U^-)\} \qquad （5\text{-}3）$$

$$R^- = \{r_1^-, r_2^-, \cdots, r_n^-\} = \{(\min r_{ij} \mid j \in U^+), (\max r_{ij} \mid j \in U^-)\} \qquad （5\text{-}4）$$

5）根据三角隶属度函数计算系统范围。

6）根据已得的各个指标的系统范围和设计范围得到公共范围，计算求得该指标的信息量。

7）根据计算得到的各个指标信息量，结合赋予权重，求和得到最终方案的总信息量，对比各个方案的总信息量，得到相对最优方案。

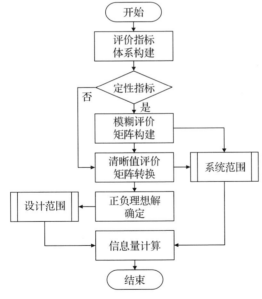

图 5-3　方案评价模型

5.1.2　基于统一建模的功能样机构建与优化方法

1. 基于统一语言的产品原理功能样机构建方法

产品设计是一个工程分析和优化决策的过程。在概念设计阶段，产品设计的主要任务是建模、仿真和优化。优化是目的，仿真是优化的手段，建模是仿真和优化的基础。现代机电产品通常是一种集机械、电子、液压、控制等领域或学科于一体的多物理系统。多个领域子系统的耦合及多学科交叉融合已成为现代复杂机电产品设计的显著特征和必然趋势。随着产品复杂度的不断提高，以及人们对产品各项性能的日益重视，产品设计过程需要越来越多地考虑产品的整体性能。要优化复杂产品的设计，必然涉及多领域系统的建模、仿真、优化及决策。

目前，机械、电子、控制等领域已经成功开发出许多成熟的商用建模仿真分析工具并成功应用。但这类仅仅针对独立子系统进行仿真的方法已经不能满足日益复杂的现代产品设计的多领域仿真需求，主要表现在以下方面。

第一，专业仿真软件不支持多领域建模。专业仿真软件虽然在各自特定的专业领域内功能强大，但对于来自其他领域的组件描述能力相当有限，不能支持多领域物理的统一建模与仿真分析。

第二，通用仿真平台不支持物理建模。以 MATLAB/Simulink、ACSL 与 System Build 等为代表的通用仿真平台，采用基于块图的建模思想，需要用户对复杂模型的数学方程进行手工推导和分解，导致所建模型的拓扑结构与实际物理模型的拓扑结构相差甚远，模型组件可重用性差。

由此可见，现有通用仿真工具不适合复杂产品系统的物理建模，于是基于统一语言的复杂产品多领域系统建模方法日益得到关注。Modelica 不仅支持多领域统一建模、连续离散混合建模、面向对象建模、非因果建模，而且直接支持基于框图的建模、基于函数的建模、面向对象和面向组件的建模。目前，Modelica 已广泛应用于汽车、航空航天、电力机车、热流体等领域及嵌入式系统的建模仿真。

基于 Modelica 语言可实现复杂系统的面向对象建模。复杂系统通常可被拆分成若干子系统或零部件，拆分后的每块都被看作相对简单、用于研究的对象。每个对象都封装了数据、特性和结构，当所有对象的属性被确定时，对象之间的联系及整个系统最终的特性也都被确定了。对于被拆分的对象，可以通过相对容易的方法建立其模型。模型是具体物理性质的数学表示，在面向对象的建模过程中，模型是被当作对象看待的，而那些拆分开的对象可以被描述成类，作为模型的基础。如果将模型看作节点，模型之间的关系是节点之间的连线，那么复杂系统多领域耦合模型将构成一个复杂网络，如图 5-4 所示。如果将模型按产品结构关系划分为基础元件、单机部件、分系统、系统四个层次，那么复杂系统多领域耦合模型就具有网状的层次结构。由此，针对模型体系的结构分析，就可转化为分析复杂网络结构的问题。例如，研究某个节点和哪些节点有连接、哪些节点构成一个相对独立的子系统、模型节点处于网络的哪个层次上等。

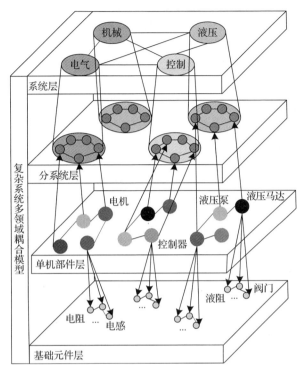

图 5-4 复杂系统多领域耦合模型网状层次关系

复杂系统多领域耦合模型可以有多个子模型，而子模型也可以有它自己的子模型，所以模型在层次上支持模块性。如果把连接模型内部变量与外部变量的模块称作接口，而把模型中与外部变量没有直接关联的部分称为内部，那么在研究抽象事物时，用户可以不需要了解模型内部是如何工作的，只需建立模型之间的连接关系。在 Modelica 语言中，模型与模型之间通过连接机制进行交互连接。组件的接口称作连接器，建立在组件连接器上的耦合关系称作连接。如果连接表达的是因果耦合关系，则称为因果连接；如果连接表达的是非因果耦合关系，则称为非因果连接。连接器中定义的变量可划分为两种类型：流变量和势变量。流变量是一种"通过"型变量，如电流、力、力矩等，由关键字 flow 限定；势变量是一种"跨越"型变量，如电压、位移、角度等。非因果连接满足广义基尔霍夫定理，势变量相等，流变量之和为 0。组件模型连接机制如图 5-5 所示。

复杂产品系统的建模方法流程如图 5-6 所示。首先进行系统分解，根据系统分解的结果，按照自底向上的模型开发流程，分别进行组件、子系统、系统的模型构建，得到系统各层级模型；基于功能分解得到的系统组成与模型库架构，构建系统模型库，并基于该模型库进行自底向上的系统建模。

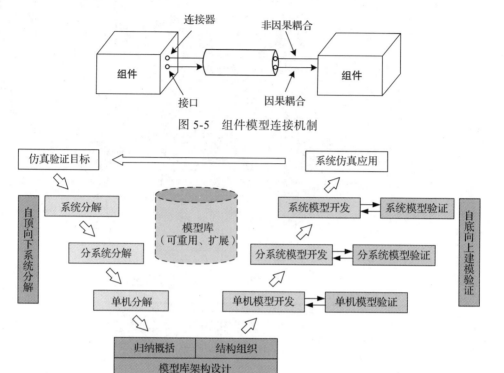

图 5-5   组件模型连接机制

图 5-6   复杂产品系统建模方法流程

复杂产品系统建模首先需要将系统分解为若干分系统，并且明确分系统间的信息通信与数据交互关系。系统模型包括元素模型、组件模型和子系统模型。元素模型通常指面向具体仿真应用领域的各类算法、功能函数、计算单元等，必须符合协同仿真平台对元素模型的封装要求，具有高重用性；组件模型由各类元素模型和接口组成，对外负责与上层模型交互，对内负责对其元素模型的调度与交互；子系统模型由不同组件模型连接组成，一个系统模型包含若干个子系统模型。

复杂产品系统包含的功能模块很多，如果能够把复杂产品系统分为多层次、多粒度的结构，就能使复杂产品系统的结构更清晰，不同分工的工程人员也能有恰当的切入点；反之，复杂产品系统将变得十分烦琐。系统划分的依据是功能和信息流，划分的原则包括：功能上比较独立；功能上的重用比较重要；粒度的大小应恰当；模块间的耦合应尽量小；与外部模块的交互信息明确。在模块划分的同时，应配合模块之间层次的划分。

1）组件模型建模方法。基于功能分解得到的系统组件来构建系统模型库，并基于该模型库进行自底向上的系统建模。自底向上的系统建模流程为：①开发组件模型；②由组件模型开发部件模型；③根据系统物理拓扑结构，使用部件和组件模型构建系统模型。

组件模型的建模方法流程如图 5-7 所示。

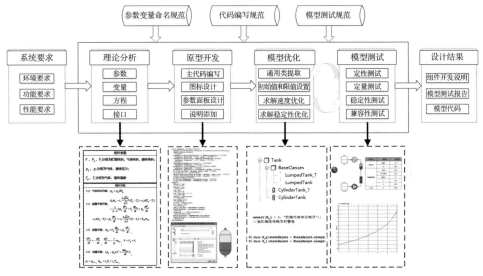

图 5-7　组件模型的建模方法流程

2）系统模型构建方法。完成组件和部件模型库的开发后，根据系统的物理拓扑结构，通过拖放式建模建立系统模型，具体流程是自底向上进行系统构建，如图 5-8 所示。

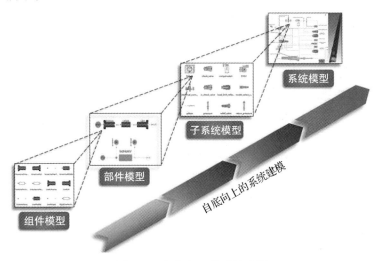

图 5-8　自底向上的系统建模

下面以作动器 PCU 系统为例介绍系统建模流程。根据作动器 PCU 系统功能原理图和实际物理拓扑结构，在专业模型库的基础上，按照自底向上的建模方式，遵循 Modelica 建模规范，通过拖放和连线生成对应的作动器 PCU 系统模型，如图 5-9 所示。

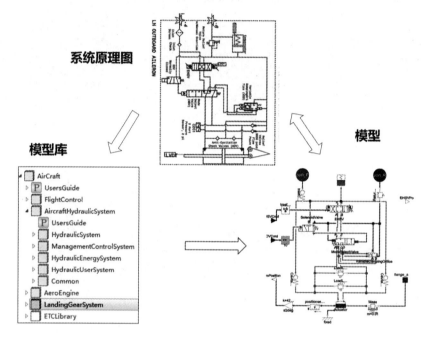

图 5-9   作动器 PCU 系统模型

2. 基于演化与扩展的产品原理功能样机优化设计方法

基于 Modelica 构建产品原理功能样机模型，不仅可以实现产品多领域统一集成建模，而且可以充分利用 Modelica 语言的类继承和变型机制，对产品功能样机模型进行快速扩展与演化。变型机制可细分为重参机制和重声明机制两种。

重参是指在定义新类型或实例时修改后继类成员的默认值或属性值。重参机制可以改变类成员的默认值或属性值，而重声明机制则可以改变类成员的类型。重声明机制通过声明类参数实现，类参数必须由关键字 replaceable 限定，可以是一个实例，也可以是一种类型。重声明机制在语义上要求重声明时使用的类型必须为原始可替换类型的子类型。子类型的定义可以简单地描述为：如果 B 类包含了 A 类描述的所有公有变量，而且 B 类中这些变量的类型都是 A 类中对应变量的类型的子类型，那么，B 类就是 A 类的子类型。详细的子类型定义可参阅 Modelica 语言规范。

利用 Modelica 的重参机制和重声明机制，在保持模型基本结构不变的情况下，可快速修改模型参数，替换模型中子系统或不同型号的部件模型，从而实现产品功能样机模型的快速扩展与演化。通过对不同设计方案的产品功能样机模型进行批量仿真对比，并使用相关优化算法，可实现产品原理设计方案的优化设计。基于演化与扩展的产品原理功能样机模型优化设计方法如图 5-10 所示。在已开发的产品原理设计建模仿真工具的基础上，针对具体对象建立完整的多领域功能样机模型，利用 Modelica 的重参机制和重声明机制，可对该功能样机模型进行快速演化与扩展。针对演化后的不同原理设计方案设计模型，通过批量化迭代仿真，并利用参数优化算法工具，可实现最佳设计方案。

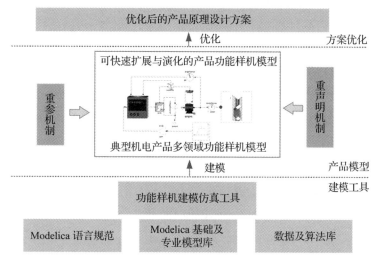

图 5-10　基于演化与扩展的产品原理功能样机优化设计方法

5.2　产品功能结构方案自适应设计

5.2.1　产品功能结构单元自适应划分方法

1. 产品功能结构单元划分准则

在产品的功能结构单元化设计过程中，影响功能结构单元划分的主要因素是由外部驱动的客户需求和产品本身具有的相关特性。在产品具体设计过程中，客户需求必须映射为产品的性能特性，继而作为设计意图指导产品设计。就此而言，客户需求实质上是客户对产品质量特性的需求。另外，产品相关特性主要指产品功能结构之间的相关关系。因此，应综合考虑将质量需求和功能结构关系作为功能结构单元划分准则。

产品功能结构之间的相关关系，即组成产品的零部件之间的交互关联关系。从面向生命周期的角度出发，可将零部件之间的交互关联概括为功能关联、物理关联、结构关联和辅助关联。为避免各关联关系的交叉，依据产品特性，可将各关联关系细分为不同的关联因素。

1）功能关联。是指不同零部件在共同实现某一子功能时的相互作用关系。对于各不同子功能，可将其视为不同的功能关联因素，以便在实际操作中根据产品特性有选择地对子功能进行分析。

2）物理关联。是指零部件之间的物质流、能量流和信号流的交换或传递等物理关系。物理关联因素包括物质流、能量流和信号流等。

3）结构关联。包括零部件之间在连接、紧固、垂直度、平行度、同轴度等方面的几何相关性及装配关系等。

4）辅助关联。描述了产品在概念设计、详细设计、生产制造及销售维修等生命周期各阶段涉及的其他属性，其关联因素包括重用性、更新性、维护性、回收性等。由此，上述关联因素可构成反映产品功能结构关系的关联因素集 $\{RF_1, RF_2, \cdots, RF_L\}$。

在实际应用中，关联因素之间的关联程度有强弱等级的区分，如产品零部件之间的力矩作用程度有大小强弱之分。因此，根据零部件之间的关联特征，将零部件之间的关联因素强度采用相对衡量数值 1.0、0.8、0.6、0.4、0.2、0 刻画，分别表示极强、较强、适中、一般、较弱和无。零部件关联因素强度值定义如表 5-1 所示。

表 5-1 零部件关联因素强度值定义

关系类型	关系描述	数 值	关系类型	关系描述	数 值
极强	不可分	1.0	一般	关系疏松	0.4
较强	联系紧密、关联性强	0.8	较弱	关系基本独立	0.2
适中	有一定的关联度	0.6	无	无关系	0

在具体分析时，设计人员依据表 5-1 所示的关联因素强度值确定零部件 i 对零部件 j 关于第 l 项关联因素的强度 φ_{ij}^l，则产品零部件 i 与 j 之间的关联因素强度关系可表示为：

$$T_{ij}^{\varphi} = \begin{cases} \sum_{l=1}^{L} w_l \varphi_{ij}^l & i \neq j \\ 0 & i = j \end{cases} \quad (5\text{-}5)$$

式中，w_l 为第 l 项关联因素的权重，$0 \leqslant w_l \leqslant 1$，且 $\sum_{l=1}^{L} w_l = 1$。

　　例如，对于功能关联因素，可针对某一项子功能，以 0～1 的数值表示零部件之间对完成该子功能的相关程度，该值作为功能关联因素强度。对于物理关联因素、结构关联因素和辅助关联因素，以 0～1 的数值分别表示零部件之间对于选定的各关联因素的关联程度，并以该值作为相应关联因素强度。

　　产品自适应设计以满足客户需求为最大目标，是功能结构单元划分的基本依据。同时，产品具体形态也是质量特性经过一系列映射、分解、传递、转换等演化后的物理载体。所以，质量需求的变化会引起产品功能结构上的变动，从而改变产品零部件之间的关联关系。为了衡量质量需求变动对产品零部件之间关联关系的影响程度，可针对每项质量需求构造一个质量屋来描述零部件关联因素受该质量需求变化的影响情况，作为后续分析的基础。假设产品质量需求为 $\{QC_1,$ $QC_2, \cdots, QC_G\}$，产品零部件集为 $\{PP_1, PP_2, \cdots, PP_q\}$，则在构建的第 g 个质量屋中，质量需求 QC_g 与所有产品零部件的关系矩阵可表示为：

$$\boldsymbol{QF} = [\psi_{gq}]_{G \times Q} \tag{5-6}$$

式中，ψ_{gq} 的取值表示质量需求 QC_g 对零部件 PP_q 的影响程度，同样采用表 5-1 中相对衡量数值表示。

　　为了定量描述由于质量需求变化而引起的产品零部件之间的变动程度，将所有质量需求对某一零部件的影响总和作为零部件相对质量需求的关联变动度，则产品零部件 i 与 j 之间的关联变动度可表示为：

$$T_{ij}^{\psi} = \begin{cases} \dfrac{1}{\chi} \sum_{g=1}^{G} \varpi_g \psi_{gi} \psi_{gj} & i \neq j \\ 0 & i = j \end{cases} \tag{5-7}$$

式中，ϖ_g 为第 g 项质量需求的权重，$\chi = \max\limits_{ij} \left[\sum\limits_{g=1}^{G} (\psi_{gi} \psi_{gj}) \right]$。

2. 产品量化解析结构模型关联矩阵的构建

　　解析结构模型将系统的逻辑关系以矩阵形式描述，通过对关联矩阵的演算和变换，将错综复杂的系统分解为简单直观的子系统，以便进一步挖掘系统内在信息。现有的解析结构模型都是将元素间的关系映射为二元布尔矩阵后进行分析，仅能表达两个关联因素存在交互关联，而无法表示关联的程度。为了更准确地实现产品关联关系的信息化表达，可以将传统的二元解析结构模型扩展为量化解析结构模型。

　　将任意两个零部件 i 和 j 之间关联因素强度和关联变动度的平均值定义为两个零部件的综合关联度 r_{ij}，则由式（5-7）可得：

$$r_{ij} = \frac{1}{2}(T_{ij}^{\varphi} + T_{ij}^{\psi}) \tag{5-8}$$

由此建立量化解析结构模型关联矩阵 $\boldsymbol{R} = [r_{ij}]_{Q \times Q}$。零部件的综合关联度构成了量化解析结构模型关联矩阵，它量化了功能结构单元聚合的相关信息，为功能结构单元的形成提供了选择依据。

根据量化解析结构模型，可将产品看成由点代表的零部件和边代表的零部件间相互关联组成的有向图。设产品由 Q 个零部件组成，其编号为 $Y = \{Y_1, Y_2, \cdots, Y_Q\}$，则初始功能结构单元形成的步骤如下。

1）产品关联矩阵的布尔化。选取一界值 λ，根据以下计算公式：

$$a_{ij} = \begin{cases} 0 & r_{ij} < \lambda \\ 1 & r_{ij} \geqslant \lambda \end{cases} \tag{5-9}$$

对量化解析结构模型关联矩阵进行布尔转化，得到布尔矩阵 $\boldsymbol{A} = [a_{ij}]$。若 $a_{ij} = 1$，则认为零部件 i 对零部件 j 有直接影响；若 $a_{ij} = 0$，则认为零部件 i 对零部件 j 无直接影响。

2）根据布尔化后的关联矩阵求得可达矩阵。设 $\boldsymbol{A}_k = (\boldsymbol{I} \cup \boldsymbol{A})^k$（式中，$\boldsymbol{I}$ 为单元矩阵），当 $k > q_0$ 时，若有 $\boldsymbol{A}_k = \boldsymbol{A}_{k+1} = \cdots = \boldsymbol{A}_q$，则可达矩阵 $\boldsymbol{R}_r = \boldsymbol{A}_{k+1}$。式中，算子 $\cup$ 为逻辑和，即 $a \cup b = \max\{a, b\}$；算子 $\cap$ 为逻辑乘，即 $a \cap b = \min\{a, b\}$。在图论中，可达矩阵 $\boldsymbol{R}_r$ 指有向图中从某一单元节点出发到可能到达单元节点的关系矩阵，在产品结构中表示某个零部件与其他零部件之间直接或间接的影响关系。

3）分解可达矩阵，识别强连通集合。设可达矩阵 $\boldsymbol{R}_r = (r_{ij})_{q \times q}$ 的等价矩阵为 $\boldsymbol{R}_e$，则 $\boldsymbol{R}_e = \boldsymbol{R}_r \cap \boldsymbol{R}_r^{\mathrm{T}} = (\overline{r_{ij}})_{q \times q} = (r_1, r_2, \cdots, r_q)^{\mathrm{T}}$。式中，$r_i$ 为 q 维行向量（$i = 1, 2, \cdots, q$）。这些行向量中所有互不相等的行向量组成的集合为 $\{r_1', r_2', \cdots, r_m'\}$（$1 \leqslant m \leqslant q$），若 r_i' 是至少存在两个分量值为 1 的行向量，设 r_i'（$1 \leqslant i \leqslant m'$）中所有值为 1 的分量是 $r_{ik_1}, r_{ik_2}, \cdots, r_{ik_t}$，$2 \leqslant t \leqslant q$，则子系统 $S' = \{y_{k_1}, y_{k_2}, \cdots, y_{k_t}\}$ 为一强连通子集。对 $\boldsymbol{R}_e$ 作行列交换可使结果更直观。强连通关系表明零部件之间的相互影响，对强连通集合进行识别，可以分解相互影响零部件的功能结构单元关系。

4）初始功能结构单元的形成。根据每个强连通子集中的零部件编号，获得一功能结构单元组合，其他剩余零部件归并为另一功能结构单元组合，由此形成初始功能结构单元划分。

上述步骤从信息交互的角度对各元素进行聚类分析，通过分解关联矩阵对强连通集合进行识别，找出零部件间相互影响形成回路的子系统，构成以界值 λ 为区分点的零部件初始功能结构单元组合。由于以上分析过程只体现了零部件间关联关系的直接影响，对功能结构单元化设计特性及设计过程中的一些变动因素（如设计需求的多样性）缺少考虑，因此有必要对初始功能结构单元进行优化。在建立优化数学模型时，以获得的初始功能结构单元组合为基础，以产品关联矩阵为依据，通过构建相应的目标函数来进行优化。

3. 功能结构单元自适应重构

针对不同设计目的，功能结构单元划分的评价准则有所差异，但共同点是：以满足用户需求为最终目标，以功能为基础，以结构为载体，使功能结构单元内部具有强聚合性，而功能结构单元之间具有弱耦合性。因此，在产品功能结构单元的重构过程中，遵循功能结构单元内零件关系聚合最大化、功能结构单元间耦合交互影响最小化及质量需求趋同度最大化的原则。

假定产品 P 由 Q 个零部件组成，零部件集合为 $\{PP_1, PP_2, \cdots, PP_Q\}$，产品 P 可分解成 K 个功能结构单元 $\{M_1, M_2, \cdots, M_K\}$，即 $P = M_1 \cup M_2 \cdots \cup M_i \cup \cdots \cup M_k$。式中，第 k 个功能结构单元的零件数目为 D_k，设 $X = [x_{ik}]_{Q \times K}$，则：

$$x_{ik} = \begin{cases} 1 & \text{第}i\text{个零部件属于第}k\text{个模块} \\ 0 & \text{其他} \end{cases} \tag{5-10}$$

衡量功能结构单元内部聚合性的主要依据是组内零部件关系的紧密程度，存在大量交互关联的零部件应归属于同一功能结构单元。因此，以零部件间的关联度为基础，定义第 k 个功能结构单元的聚合指数 MI_k 为：

$$\mathrm{MI}_k = \frac{\sum_{i=1}^{Q-1} \sum_{j=i+1}^{Q} \frac{(r_{ij} + r_{ji})x_{ik}x_{jk}}{2 \times r_{\max}}}{\sum_{i=1}^{Q-1} \sum_{j=i+1}^{Q} r_{\max} x_{ik} x_{jk}} \tag{5-11}$$

式中，$r_{\max}$ 为关联矩阵 R 中的最大值。

由此，整个产品所有功能结构单元的聚合度 M_C 可表达为：

$$M_C = \frac{\sum_{k=1}^{K} \left\{ \sum_{i=1}^{Q-1} \sum_{j=i+1}^{Q} \left[\frac{1}{2}(r_{ij} + r_{ji})x_{ik}x_{jk}\mathrm{MI}_k \right] \right\}}{\sum_{k=1}^{K} \left(\sum_{i=1}^{Q-1} \sum_{j=i+1}^{Q} r_{\max} x_{ik} x_{jk} \right)} \tag{5-12}$$

式中，若功能结构单元内含一个零件，则该功能结构单元的聚合度为 0。

两功能结构单元间的耦合性由一功能结构单元内零部件与另一功能结构单元内零部件的关联度决定。定义两功能结构单元 α 和 β 间的相对耦合指数 $\mathrm{MO}_{\alpha\beta}$ 为：

$$\mathrm{MO}_{\alpha\beta} = \frac{\displaystyle\sum_{i=1}^{Q}\sum_{j=1}^{Q}\frac{(r_{ij}+r_{ji})x_{i\alpha}x_{j\beta}}{2r_{\max}}}{\displaystyle\sum_{i=1}^{Q}\sum_{j=1}^{Q}r_{\max}x_{i\alpha}x_{j\beta}}$$ （5-13）

式中，$r_{\max}$ 为关联矩阵 $\boldsymbol{R}$ 中的最大值。由此，产品功能结构单元间的耦合度 M_S 可表达为：

$$M_S = \frac{\displaystyle\sum_{\alpha=1}^{K-1}\sum_{\beta=\alpha+1}^{K}\left\{\sum_{i=1}^{Q}\sum_{j=1}^{Q}\left[\frac{(r_{ij}+r_{ji})x_{i\alpha}x_{j\beta}}{2}\mathrm{MO}_{\alpha\beta}\right]\right\}}{\displaystyle\sum_{\alpha=1}^{K-1}\sum_{\beta=\alpha+1}^{K}\left(\sum_{i=1}^{Q}\sum_{j=1}^{Q}r_{\max}x_{i\alpha}x_{j\beta}\right)}$$ （5-14）

满足客户质量需求是产品功能结构单元划分技术的关键因素。为了从工程角度量化表达质量需求对功能结构单元划分的影响程度，借鉴 QFD（Quality Function Deployment，质量功能部署）的思想，将需求变化引起相应质量特性的变动及质量的改动对产品具体构成零部件的变更影响，映射为质量需求对产品零部件的影响力。定义 E_{gi} 为第 g 项质量需求对于第 i 个零部件的影响力，并以模糊数值 0～1 刻画其强度：1 为最强，0 为无影响。

质量需求的趋同度由质量需求的一致性和稳定性体现，影响力 E_{gi} 的差异越小，功能结构单元变更程度就越一致，反之越不一致。因此，根据统计分析理论，以设计需求对功能结构单元内零部件的影响力的差异度来衡量功能结构单元内设计需求的一致性，故定义产品第 k 个功能结构单元内第 g 项质量需求的差异度 S_{kg} 为：

$$S_{kg} = \sqrt{\frac{1}{D_k}\sum_{i=1}^{Q}[(E_{gi}-\overline{E_{gi}})^2 x_{ik}]}$$ （5-15）

其中

$$\overline{E_{gi}} = \frac{1}{D_k}\sum_{i=1}^{Q}E_{gi}x_{ik}$$ （5-16）

另外，质量需求对功能结构单元内零部件的影响力 E_{gi} 分布越一致，质量需求对于功能结构单元的影响就越稳定。根据模糊信息熵理论，当数据分布变异越小时，数据信息量的离散概率分配变异就越小，信息熵就越大。特别地，当功能结构单元内 E_{gi} 相同时，信息熵为最大值 1。故定义产品第 k 个功能结构单元内第 g 项质量需求的稳定度 H_{kg} 为：

$$H_{kg} = -\frac{1}{\ln D_k}\sum_{i=1}^{Q}\left[\frac{E_{gi}x_{ik}}{\displaystyle\sum_{i=1}^{Q}E_{gi}x_{ik}}\left(\ln\frac{E_{gi}x_{ik}}{\displaystyle\sum_{i=1}^{Q}E_{gi}x_{ik}}\right)\right]$$ （5-17）

综合考虑差异度和稳定度，质量需求的趋同度 M_R 可表达为：

$$M_R = \frac{\sum_{k=1}^{K} \sum_{g=1}^{G} \left[\varpi_g H_{kg} \left(1 - \frac{S_{kg}}{S_{max}} \right) \right]}{K} \quad （5\text{-}18）$$

式中，ϖ_g 为第 g 项质量需求的权重，$0 \leqslant \varpi_g \leqslant 1$，且 $\sum_{g=1}^{G} \varpi_g = 1$；$S_{max}$ 为产品功能结构单元中的最大差异度。

综合考虑产品功能结构单元的聚合度、耦合度及质量需求趋同度，以 M_C、M_S 和 M_R 线性加权为目标函数，得到功能结构单元重构的优化数学模型及其约束如下：

$$\max F = w_C M_C + w_S (1 - M_S) + w_R M_R \quad （5\text{-}19）$$

$$\sum_{k=1}^{K} x_{ik} = 1, \quad i = 1, 2, \cdots, Q \quad （5\text{-}20）$$

$$\sum_{i=1}^{Q} x_{ik} = D_k, \quad k = 1, 2, \cdots, K \quad （5\text{-}21）$$

$$x_{ik} = 1 \text{或} 0, \quad i = 1, 2, \cdots, \quad Q, k = 1, 2, \cdots, K \quad （5\text{-}22）$$

$$M_L \leqslant K \leqslant M_U \quad （5\text{-}23）$$

$$w_C + w_S + w_R = 1 \quad （5\text{-}24）$$

式中，w_C、w_S 和 w_R 分别为 M_C、M_S 和 M_R 的权重；M_L 为最小功能结构单元数，取值为 2；M_U 为最大功能结构单元数，取值为关联矩阵的缩减可达矩阵维数。

5.2.2 产品功能结构约束模糊自适应匹配

1. 产品性能的约束空间分析

设计约束空间是对用户需求的工程特性表征，是保证产品功能设计阶段行为性能的关键因素，同时在设计过程中控制着产品设计求解与决策的方向。在性能推理适配过程中，由于需求信息表达具有不完备性与模糊性，导致设计约束通常以多模态、不确定与冗余的方式存在。为了保证设计过程的收敛，通常需要对约束空间进行约简，提取关键约束作为适配推理的变量集；同时，为了保证推理计算过程的精确度，需要对多模态表征的设计约束进行一致性转换，避免约束在不同量纲与值域下融合的问题。

（1）多源约束信息的分类与表征

从不同的使用角度出发对产品设计进行约束分类的方式有很多。从产品全生命周期角度，可以划分为几何约束、制造约束与装配约束等。从产品功能需求角度，可以划分为功能约束与非功能约束。从约束信息的属性值域表达类型角度，可以划分为区间型约束、布尔型约束、结构型约束与数值型约束，具体分析如下。

1）区间型约束。主要以区间的数学形式为值域对约束信息进行定义表征，如定义液压机滑块的移动行程范围为 [0, 750]，液压泵的可靠度范围为 [0.5, 1] 等。这类约束信息通常用于处理连续分布表达域的行为属性的上下限与安全系数问题。

2）布尔型约束。主要以"是非型"二值逻辑的数学形式为值域对约束信息进行定义表征，常用于处理某些重要行为属性的逻辑判断，拥有对整个物理结构实例的一票否决权，如定义液压机机身为框架式结构等。

3）结构型约束。主要以离散的结构数值的数学形式为值域对不确定的约束信息进行定义表征。这类形式的约束信息常用于由于知识经验的模糊性与认识水平不足的非完备性而导致的模糊语义，如定义液压机的非功能性需求中的环保性、可操作性等约束信息，通常用语言变量（好、一般、差）这类离散的结构数值进行表征。为了能够对这类模糊信息进行精确化计算，可以采用 L-R 型模糊数中最为经典的三角模糊数对其转化表达。

4）数值型约束。主要以确定的数值对约束信息进行定义表征，这类约束通常是确定性的，如定义液压机拉杆的长度为 100cm，液压泵的额定功率为 5000W 等。

（2）基于粗糙集的功能结构约束空间约简

在产品功能结构约束模糊匹配过程中，基于用户需求分析的设计约束是保证产品性能的重要变量，但是由于复杂产品功能众多且耦合关联性强，对其定义的设计约束之间存在明显的关联，这些关联关系或者互补，或者互斥。例如，用户对液压机的整体框架结构要求为整体承载能力好且便于设备安装，对液压机中的液压缸要求为具有一定的控制精度，二者具有一定的互补性，而对安全可靠、绿色环保、性价比高等性能约束则具有一定的互斥性。复杂产品设计过程中约束信息众多且具有非完备、耦合关联等特点，如果不对其进行约简处理，将使约束无法在功能适配过程中进行传递与映射，影响方案生成的精度与准确度。可以采用粗糙集理论对不完备的设计约束空间进行分析与约简，提取关键约束关联传递给后续推理适配环节。

粗糙集是一种研究分析不完整性和不精确性问题的数学工具，通过对特定空间的基于等价关系的划分，将不精确或不确定的知识用已知的知识库中的知识来近似描述。由于其无须提供问题所需数据集之外的任何先验信息，因此能够客观地认识与评价事物的表达。通过粗糙集对约束空间属性信息进行信息系统转化并实现属性约简与权值计算，并将信息系统中相关度与重要性较高的约束作为关键约束进行提取，可以实现约束空间的简化。

粗糙集将研究对象抽象为一个用数据表表示的信息系统 $S = (U, A, V, f)$。其中 U 为非空对象集；$A = C \cup D$ 表示属性的非空有限集合，C 为对象属性集合，D 为决策属性集合，且 $C \cap D \neq \varnothing$；$V$ 为属性值域；f 为信息函数集。

对于信息系统 $S = (U, A, V, f)$，$B \subseteq A$，若 $U/B_R \neq U/R_{B \setminus \{b\}}$，称 $b \in B$ 在 B 中是必要的，否则称 $b \in B$ 在 B 中是不必要的。

对于信息系统 $S = (U, A, V, f)$，称 A 中所有必要属性构成的集合为 A 的核，记为 $\text{Core}(A)$。

经典的粗糙集研究建立在一个基础假设上，即信息系统中的各个对象的属性值均确切已知，然而在实际产品设计中，由于获取代价、设计认知等因素，建立设计约束空间的信息系统中的数据通常是不完备的，存在空值的情况。因此，针对不完备的设计约束属性约简的情况，首先需要采用完备化的方法将缺失的数据补齐，引入以容差关系粗糙集中的区分矩阵为基础的数据补齐 ROUSTIDA 算法，利用对象间的不可区分关系选取相似对象对空值进行填充，从而使完整化后的信息系统产生的分类规则具有尽可能高的支持度。由于粗糙集只能对离散数据进行处理，因此采用连续值离散化方法，在保持原分类质量不变和属性集不含冗余信息的条件下，加入阈值作为停止条件，在属性值域 V 上建立断点集合，实现用新的决策表代替原来的决策表。

为了提高整体决策效率，采用基于属性重要度的约简方法删除冗余属性，得到保持原属性集合分类能力不变的最小属性子集。以核为求约简的起点，将属性重要度作为启发原则，按照属性重要度从大到小加入属性集中，通过反向消除法检查集合中每个属性的必要性，删除不必要的属性，得到一个约简的设计约束集合。属性重要度以近似精度的变化衡量，其物理意义为一个属性在集合中的重要度等于去掉这个属性后相对正域的变化程度。

对于信息系统 $S = (U, A, V, f)$，$A = C \cup D$，$B \subseteq C$，$b \in B$ 与 $b \in C \setminus B$ 在 B 中的重要度分别定义为：

$$\begin{cases} \text{Sig}_B(b) = |\text{POS}_{B \setminus \{b\}}(D)| / |\text{POS}_B(D)|, b \in B \\ \text{Sig}_{B \cup \{b\}}(b) = |\text{POS}_B(D)| / |\text{POS}_{B \cup \{b\}}(D)|, b \in C \setminus B \end{cases} \tag{5-25}$$

通过计算约束决策表的近似精度，使重要度大于 0 的属性构成决策表的核，计算核的相对正域并得到其近似精度，与决策表的近似精度比较并对属性子集反向消除，得到一个设计约束的约简集合，作为约束空间约简后的约束集合。

2. 约束传递下关联相似度确定

产品功能结构约束模糊匹配首先需要对产品功能需求进行结构实现的求解，根据约束信息将产品功能性描述映射为相关的具有属性特征的物理结构实例。随着产品的不断更新迭代，产品相关的物理结构实例呈现爆炸式聚集，同一种功能通常有多种结构可以实现，这无形中给推理适配过程增加了计算复杂度。通过对功能－结构关联相似度的确定与设计空间的缩减实现复杂产品的功能求解，保证了所选结构产品的行为性能。

相似性度量是功能－结构映射的关键环节。通过对映射过程的相似性测度分析，并以此为计算依据，可以准确地找到满足行为性能的物理结构实体，其过程一般为通过多源约束属性信息的顺序迭代或加权综合，得到 [0, 1] 区间的单一数值，然后以相似性结果为度量功能与结构之间匹配程度的判据。但是在产品设计阶段早期，由于多源约束表征信息具有模糊性，如果采用传统的确定型数值的相似性测度方法进行计算，将丢失一些有用的模糊信息，从而导致匹配结果不准确。根据约束分类，首先定义四种规则，对四种模态的约束属性进行模糊分布拟合，将其统一归一化表示为三角模糊数，然后采用基于距离的三角模糊数相似性测度实现在不确定环境下功能－结构映射的设计约束相似性度量，从而保证了模糊信息的传递与准确性。

若 $\tilde{a} = \{a^L, a^M, a^U\}$，$0 < a^L < a^M < a^U$，称 $\tilde{a}$ 为一个三角模糊数，其中 a^L 与 a^U 分别表示 $\tilde{a}$ 支撑的下界与上界。

1）区间型约束模糊分布拟合。设 $[m, n]$ 为一组评价值区间，区间 $[x, y]$ 为该评价区间内的一个评价值，则该评价区间模糊分布拟合为三维模糊数为：

$$\tilde{a} = \left\{ \frac{x-m}{n-m}, \frac{x+y-2m}{2(n-m)}, \frac{y-m}{n-m} \right\} \tag{5-26}$$

2）布尔型约束模糊分布拟合。设 p 为 "是与否" 型的布尔约束属性值，当 p 取值为 "是" 时，该属性值的三角模糊数为 [1, 1, 1]；当 p 为 "否" 时，该属性值的三角模糊数为 {0, 0, 0}。

3）结构型约束模糊分布拟合。这类约束通常由语言变量描述，设语言集为 $L = \{l_0, l_1, \cdots, l_k\}$，表示一组有序的语言属性集合，$l_i$ 为该语言集合中的一个约束属性值，该约束的三角模糊数可以表示为：

$$\tilde{a} = \left\{ \frac{i-1}{k}, \frac{i}{k}, \frac{i+1}{k} \right\} \tag{5-27}$$

4）数值型约束模糊分布拟合。为了实现三角模糊的统一表示，对于数值型的约束可以先求取功能－结构约束的相似度，假设位于 [0, 1] 区间的传统相似度为 q，那么归一化为对应的三角模糊相似度为 $\{q, q, q\}$。

设任意两个规范的三角模糊数 $\tilde{a} = \{a^L, a^M, a^U\}$ 和 $\tilde{b} = \{b^L, b^M, b^U\}$，则 a 与 b 的相似度为：

$$\text{Similarity}(\tilde{a}, \tilde{b}) = \frac{a^L b^L + a^M b^M + a^U b^U}{\max[(a^L)^2 + (a^M)^2 + (a^U)^2 + (b^L)^2 + (b^M)^2 + (b^U)^2]} \qquad (5\text{-}28)$$

假设经过属性约简得到设计约束向量表示为 $\boldsymbol{F}_{\text{cons}} = (F_1, F_2, \cdots, F_j)$，则可以得到约束特征的权重向量表示为 $\boldsymbol{w}_{\text{cons}} = (w_1, w_2, \cdots, w_j)$。功能 - 结构的关联相似度解析过程可以看作相关约束下多参数匹配问题，如果两者之间的匹配程度高，说明物理结构实例满足功能约束的实现水平好，即行为性能较优。故关联相似度可以作为度量功能 - 结构的行为性能匹配的判据，从而实现已有物理结构实例的重用。假设设计过程中有 M 个功能向量，第 i 个功能具有 k $(k \in j)$ 个约束属性需要满足，通过属性值模糊分布拟合，得到该功能 - 结构的关联相似度为：

$$\text{Similarity}(\boldsymbol{F}_i, \boldsymbol{S}_i) = \frac{\sum_{h=1}^{k} w_h \cdot \text{Similarity}(\boldsymbol{F}_i, \boldsymbol{S}_i)}{\sum_{h=1}^{k} w_h} \qquad (5\text{-}29)$$

关联相似度从数据角度出发推导得出，较客观地表征了功能 - 结构的行为性能匹配程度，但是当物理结构实例较多、属性高维时，容易受到噪声数据的影响。为了提高稳健性，我们对关联相似度进行修正，引入一定主观的置信水平，得到功能 - 结构映射的综合相似度为：

$$\text{Similarity}_{\text{Group}}(\boldsymbol{F}_i, \boldsymbol{S}_i) = \gamma \cdot \text{Similarity}(\boldsymbol{F}_i, \boldsymbol{S}_i) + (1-\gamma) \cdot \eta(\boldsymbol{S}_i) \qquad (5\text{-}30)$$

式中，γ 为分配权重，表示相似度与置信水平对综合评价的影响程度，通常取值为 $\gamma = 0.8$；$\eta(\boldsymbol{S}_i)$ 表示第 i 个物理结构实例的置信水平，置信水平通过对样本数据进行区间估计获得。

3. 约束传递下设计空间双层过滤缩减

在设计约束传递制约下，功能 - 结构的映射过程表现为：物理结构实例必须具有匹配的功能使用属性；物理结构实例的可行性依赖其关键约束的满足程度。可以建立一种基于双层过滤推理的设计空间缩减方法，通过多元冲突消解过滤掉不满足功能约束要求的物理结构实例，实现设计空间的初次约简；然后以此为基础，采用综合相似度对剩余结构实例进行估算，并利用实例推理算法对候选的物理结构实例进行选择，获得符合约束要求的实例集。

由于设计过程是一个不断发现冲突并消解冲突的过程，因此借鉴人工智能领域中的约束满足问题对冲突过程进行消解过滤。利用约束满足问题理论可以构建一个三元组：CPS = (X，D，C)。其中，X 表示功能对象变量集，D 表示变量的值域，C 表示需要满足的约束，这里为约简后的设计约束。采用区间传播算法对功能 - 结构的约束冲突进行检测，过滤掉不满足约束条件的物理结构实例，具体过程为：区间传播算法通过回溯反求计算功能对象变量 x_i 在全局约束集 C 的作用下的区间 $d_i' = f^{-1}(R(c_i), x_i)$，其中 $R(c_i)$ 为约束依赖关系集合，对变量 x_i 求解得到新的区间为 $\tilde{d} = d_i \cap d_i'$，判断新的区间是否为空集，如果不是，则用新的区间代替原区间。对所有的功能对象变量进行区间传播反求，得到所有变量的可行区间集 $\tilde{D}$。对可行区间集中的元素进行判断，如果为空集，则说明无解且存在冲突，对冲突进行识别，过滤掉不满足约束条件的物理结构实例，从而实现设计空间的初步简化。

实例推理是对历史的经验知识进行推理重用，并对其进行适当的改进与修正，从而获得希望的设计方案。引入实例推理方法，不仅符合设计的认知过程，而且能够快速实现功能 – 结构的映射。实例推理通过对设计实例表达组织，并采用索引机制对实例进行检索，利用最近邻法进行功能与结构之间的相似性匹配。对于粗糙集，利用已有信息判断所有属性的重要性，删除冗余属性信息，并根据重要性对属性权重特征进行权重分配，对剩余的物理结构实例采用式（5-31）进行相似度动态计算，对相似度进行排序，从而获得与功能需求相匹配的物理结构实例，实现了设计空间的第二次缩减：

$$\text{Similarity}_{\text{Dynamic}}(\boldsymbol{F}, \boldsymbol{S}) = \sqrt{\sum_{i=1}^{n} \omega_i \cdot \text{Dis}_{\text{differ}}(\boldsymbol{F}_i, \boldsymbol{S}_i)} \qquad （5\text{-}31）$$

式中，ω_i 表示第 i 个约束权重，$\text{Dis}_{\text{differ}}(\boldsymbol{F}_i, \boldsymbol{S}_i)$ 表示功能需求与物理结构之间的差分距离，其计算可以根据功能 – 结构的综合相似度获得：

$$\text{Dis}_{\text{differ}}(\boldsymbol{F}_i, \boldsymbol{S}_i) = 1 - \text{Similarity}_{\text{Group}}(\boldsymbol{F}_i, \boldsymbol{S}_i) \qquad （5\text{-}32）$$

5.2.3 产品递归化动态功能结构配置求解

1. 产品动态功能结构配置单元

产品动态功能结构配置单元是在功能、结构、原理上具有相同抽象特征的零部件族，是进行产品配置设计的基本单位，各级动态功能结构配置单元实例是组成配置产品的基本要素。动态功能结构配置单元封装了配置设计知识，包括动态功能结构配置单元间的递归逻辑属性，反映客户需求的功能、结构、原理特征属性，以及进行配置设计所需的约束规则及配置操作方法等。

动态功能结构配置单元可表示为 PCU = (P, F, V, R, O)。式中，P 表示动态功能结构配置单元标识；F 表示父节点动态功能结构配置单元标识；$V = \{v_1, v_2, \cdots, v_n\}$，是描述动态功能结构配置单元的特征向量集合；$R = \{r_1, r_2, \cdots, r_m\}$，是动态功能结构配置单元的一组配置约束规则集合，包括各动态功能结构配置单元本身的约束规则及动态功能结构配置单元间的约束规则；$O = \{o_1, o_2, \cdots, o_s\}$，是对动态功能结构配置单元的一组配置操作。其中 $n \geqslant 0$，$m \geqslant 0$，$s \geqslant 0$。

根据动态功能结构配置单元在配置模板中所处的层次，可以将其分为产品级动态功能结构配置单元、部件级动态功能结构配置单元和零件级动态功能结构配置单元。

1）产品级动态功能结构配置单元处于配置模板结构树的根节点，代表产品本身。

2）部件级动态功能结构配置单元处于配置模板结构树中间各层的节点，在定义配置模板时，可以按功能需求分解到下一层动态功能结构配置单元。

3）零件级动态功能结构配置单元是无法再分解为下一层动态功能结构配置单元组合的最底层叶节点。

在产品递归化动态功能结构配置求解过程中，配置求解自顶向下进行，匹配动态功能结构配置单元的特征属性是否满足客户需求，若满足，则把该动态功能结构配置单元实例化后插入产品递归化动态功能结构配置结果树，否则进行功能需求分解，转入下一层配置。

2. 产品递归化动态功能结构配置模板

产品递归化动态功能结构配置模板是由产品递归化动态功能结构配置单元组成的层次性产品结构模型，其数据结构是复杂的多叉树。产品递归化动态功能结构配置模板组成了产品结构树中的各节点，并且包括各递归化动态功能结构配置模板中封装的递归逻辑特性、配置规则、约束关系、配置操作方法等知识。产品递归化动态功能结构配置模板可以看作与具体型号产品无关的产品族结构的抽象描述，可以根据不同的配置输入参数实例化成整个系列不同型号的产品。产品递归化动态功能结构配置模板可以用树结构形象地表示，如图 5-11 所示。

产品递归化动态功能结构配置模板由三种类型的节点组成。最顶层的是产品级节点，代表一个系列的产品，不同系列的产品需要构建不同的配置模板；中间层的是部件级节点，代表组成本配置模板的各级部件；最底层的是零件级节点，包括本系列产品所有可能的零件。各层产品递归化动态功能结构配置模板之间的关系可以分为两种：递归化动态功能结构配置模板之间的上下级父子关系；递归化动态功能结构配置模板之间的约束关系。

产品递归化动态功能结构配置模板之间的约束关系可以看作无向图，节点表示递归化动态功能结构配置模板，连接弧表示约束关系，通过建立连接弧的属性对象表达不同类型的约束关系。产品递归化动态功能结构配置模板之间的约束关系类型主要有以下几种。

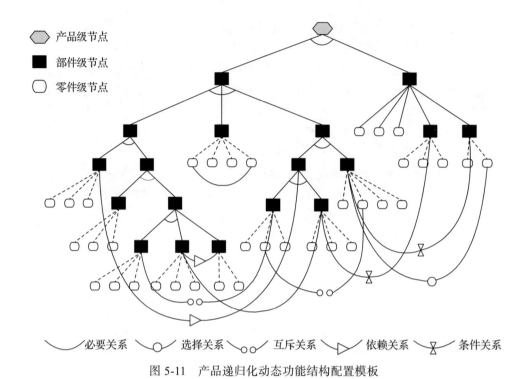

图 5-11 产品递归化动态功能结构配置模板

1）必要关系。若选择一个产品递归化动态功能结构配置模板，则必须选择另一个或多个产品递归化动态功能结构配置模板。必要关系为单向约束。假设存在三个产品递归化动态功能结构配置模板，分别为 A、B 和 C，若选择 A，则一定需要选择 B 和 C，反之不成立，除非 B 和 C 也存在同样的约束关系，可表示为：

```
IF SELECT (A)
THEN
SELECT (B) AND SELECT (C)
```

2）选择关系。若选择某一产品递归化动态功能结构配置模板，则需要从一定范围内的产品递归化动态功能结构配置模板中选择一个或多个。选择关系为单向约束。假设存在五个产品递归化动态功能结构配置模板，分别为 A、B、C、D 和 E，若选择 A，则需要从 B、C、D 和 E 中选择若干个产品递归化动态功能结构配置模板（如选择 B 和 D），反之不成立，可表示为：

```
IF SELECT (A)
THEN
SELECT (B) AND SELECT (D)
```

3）互斥关系。若选定某产品递归化动态功能结构配置模板，就不能再选择另一个或多个特定的产品递归化动态功能结构配置模板。互斥关系为双向约束。假设存在三个产品递归化动态功能结构配置模板，分别为 A、B 和 C，若选择 A，则不能选择 B 和 C，可表示为：

```
IF SELECT (A)
THEN
NOT SELECT (B) AND NOT SELECT (C)
```

4）依赖关系。两个产品递归化动态功能结构配置模板之间存在相互依赖性，即选择其中一个产品递归化动态功能结构配置模板，必然要选择另一个产品递归化动态功能结构配置模板。依赖关系为双向约束。假设存在两个产品递归化动态功能结构配置模板，分别为 A 和 B，若选择 A，则必然选择 B，反之亦然，可表示为：

```
IF SELECT (A)
THEN SELECT (B)
```

5）条件关系。选择了某产品递归化动态功能结构配置模板后，当满足一定条件时，需要选择另一个或多个产品递归化动态功能结构配置模板。条件关系为单向约束。假设存在三个产品递归化动态功能结构配置模板，分别为 A、B 和 C，若选择 A，并且满足特定的条件，则需要选择 B 和 C，可表示为：

```
IF SELECT (A) AND CONDITON=TRUE
THEN SELECT(B) AND SELECT (C)
```

3. 产品递归化动态功能结构配置模板递归生成

产品递归化动态功能结构配置模板可以通过各层递归化动态功能结构配置单元的递归逻辑关系组合生成，配置模板可以形式化表示为：PCT = [PID, (PF, PC, RT, C, API)]。其中，PID 为配置模板标识；(PF, PC, RT, C, API) 反映了配置模板的递归父子关系，PF 为父节点递归化动态功能结构配置单元，PC 为子节点递归化动态功能结构配置单元，RT 为递归化动态功能结构配置单元间约束规则，C 为对应递归化动态功能结构配置单元的实例，API 为配置操作接口，主要用来接收配置参数，驱动配置操作，完成对递归化动态功能结构配置单元的实例化。

产品递归化动态功能结构配置模板数据结构是复杂的多叉树，在构建配置模板结构时，并不是任意递归化动态功能结构配置单元组合都被允许，而应根据递归化动态功能结构配置单元间的父子逻辑关系及约束规则逐层生成配置模板结构。递归生成动态功能结构配置模板过程如图 5-12 所示。

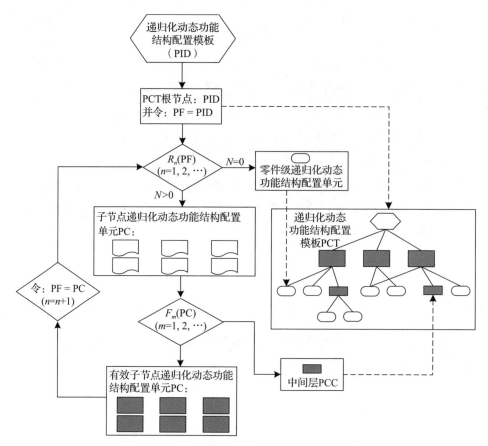

图 5-12　递归生成动态功能结构配置模板过程

4. 产品递归化动态功能结构配置算法实现

（1）功能结构配置的任务建模

功能结构配置的实质是执行相应产品的配置任务，获取产品配置方案。配置任务通过一系列配置活动来执行，一组配置活动的结束，表示对应的配置任务完成，并产生相应的配置结果。以配置任务为核心对配置设计进行形式化表达如下：

$$CD = (OJ, PCT, T, A, IN, OUT, PRO) \qquad (5\text{-}33)$$

式中，OJ 表示递归化动态功能结构配置单元对象，即需要进行配置的功能结构。

PCT 表示 OJ 相应的递归化动态功能结构配置模板，是整个配置设计的依据。

T 表示递归化动态功能结构配置任务，根据 PCT 递归分解得到，与递归化动态功能结构配置单元一一对应，可统一表示为：$T = (D_T, O_T, S_T, T_F, T_C, R_T)$。其中，$D_T$ 为描述本配置任务的数据信息，如任务标识、当前状态、开始 / 结束时间等；O_T 为任务对象，表示需要实例化对应递归化动态功能结构配置单元获得配置结果的产品或零部件；S_T 表示任务的分解结构，即 PCT 的递归结构；T_F 表示当前任务的前置任务，只有在已经完成前置任务的情况下本任务才能开始进行；T_C 表示本任务的所有子任务；R_T 表示各任务之间的约束关系，规定了任务之间、任务及其子任务之间的完成顺序。

A 表示递归化动态功能结构配置活动，每个活动实际上都在执行一个配置任务，或者说每个配置任务可由一个或几个配置活动来完成，因此配置任务和配置活动存在 $1 : N$ 的对应关系，可以借用任务的分解方式对配置活动进行分解。

IN 表示递归化动态功能结构配置输入信息，主要包括产品需求信息、产品配置模板信息、约束规则信息等。

OUT 表示递归化动态功能结构配置任务执行结果，通常以 PCU 实例组成的配置结果树形式输出。

PRO 表示产品递归化动态功能结构配置过程信息，作为配置任务执行的历史过程信息保存，供后续调用。

（2）功能结构配置的递归分解

配置模板的递归属性决定了配置任务及配置活动的递归性。根据递归化动态功能结构配置的组成结构，以递归化动态功能结构配置单元为基本单位，按照递归化动态功能结构配置单元间的递归逻辑关系，T 可递归分解为一系列配置子任务 T_i。与任务分解相对应，完成任务的配置活动 A 及其子活动 A_i 也层层嵌套，任务 T、T_i 和活动 A、A_i 实质上都是配置设计的组成部分，仅仅粒度大小不同。可定义配置任务的递归分解函数 $f(t)$，函数的输入参数为进行递归分解的当前配置任务，输出为分解得到的子配置任务，函数的实现算法如下。

Step 1：定义字符型变量 Config_T 用以存放待分解配置任务，字符型数组 Config_CT[j]，存放分解得到的子配置任务。

Step 2：读取待分解配置任务 (T)，确定与之相应的配置设计对象，令 Config_T = T。

Step 3：检查变量 Config_T 是否为空，若为空则转入 Step 7，否则继续执行。

Step 4：检验 OJ 是否为产品级配置对象，若是，根据配置产品的型号匹配对应的配置模板。

Step 5：搜索配置模板中与 OJ 对应的递归化动态功能结构配置单元，计算递归化动态功能结构配置单元的数量 n，若 $n \leqslant 0$，表示本配置任务已经为最小单位，令 Config_CT[j] = T，$j = j + 1$，返回 Step 2 开始下一配置任务的递归分解循环，否则，提取所有递归化动态功能结构配置单元，并以此构建子配置任务序列

T_i (i=1, 2, 3, …, n)，令 $T = T_i$。

Step 6：判断 i 与 n 的大小，若 $i<n$，返回 Step 5，对配置任务 T_i 进一步分解，并令 $i=i+1$；否则，返回 Step 2，开始下一配置任务的递归分解循环。

Step 7：配置任务递归分解完毕；跳出分解函数，并以 Config_CT[j] 为返回值，该数组中的所有元素即为配置任务分解的最终结果。

采用上述分解函数 $f(t)$ 可实现对配置任务的递归分解，其分解过程如图 5-13 所示。产品递归化动态功能结构配置单元只需完成递归分解得到的所有配置任务，即可获得产品递归化动态功能结构配置分解方案。

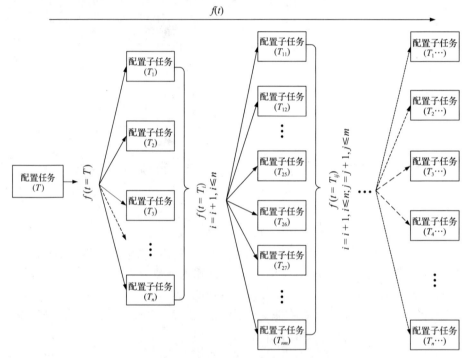

图 5-13　功能结构配置的递归分解流程

产品递归化动态功能结构配置通常需要经过若干个配置递归循环才能完成。在每个配置循环中，经过递归分解的配置任务分阶段逐层执行，这种配置任务的分层执行特性决定了递归配置的层次性，按照配置任务的执行进程可把递归配置划分为五个层次，如图 5-14 所示。详细说明如下。

第一层次（L1）是配置任务及活动的递归分解，根据配置模板分解配置任务，并确定完成各任务的配置活动。在这一层次上，产品配置任务 T 被分解为子任务 T_i，T_i 可以进一步分解为更低层次的任务，每个 T_i 可由一组配置活动 A_i 来完成，配置活动 A_i 的完成意味着与 T_i 对应的递归化动态功能结构配置单元被实例化。

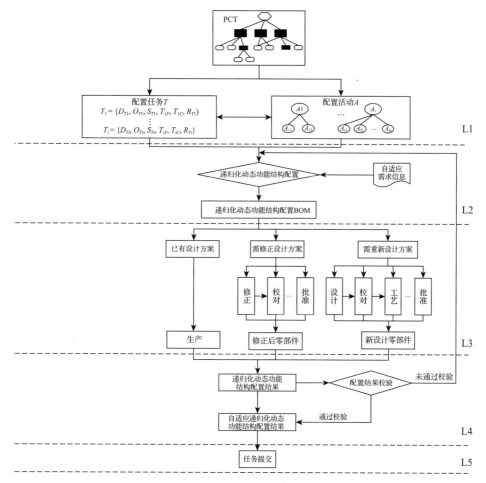

图 5-14 产品递归化动态功能结构配置过程

第二层次（L2）是执行自动配置设计，在这一层次上，产品递归化动态功能结构配置根据配置任务及完成这些配置任务所需的配置活动，调用客户需求信息和配置知识完成配置工作。

第三层次（L3）是配置结果处理，配置完成后可得到产品的产品递归化动态功能结构配置 BOM 结构树，树节点对应的是由递归化动态功能结构配置单元实例化得到的零部件。配置产品的模块化程度比较高，配置模板中的大部分递归化动态功能结构配置单元均可通过实例化生成零部件，但也存在一些特殊零部件，再加上客户的个性化要求需要对生成的零部件进行修正，甚至不能实例化生成零部件而需要重新设计，这些修正或重新设计工作应在本层次中完成。

第四层次（L4）是判断配置结果是否满足产品自适应需求，若满足，则根据产品配置结果提取配置知识；否则，对配置产品的相关属性信息进行调整后，进入下一轮配置递归循环，直到满足产品自适应需求。

第五层次（L5）是进行任务提交。任务提交是对配置任务及相应配置活动结束的确认，提交路径按配置任务分配的逆向进行，从最底层任务向它们的父任务提交，层层推进，所有配置任务都提交成功后，则表示配置设计过程结束。

5.3 产品性能多目标参数优化设计

5.3.1 产品设计变量与性能关联强度计算

1. 产品设计变量多源数据融合分析

复杂产品设计模型的关联分析数据来源于仿真分析、实验测试和理论公式计算等。仿真分析数据和实验数据离散，理论计算数据与实际测试数据间存在误差，都不能完成精确性能设计模型构建。可以通过多源数据的融合和修正，获得接近实际的连续数据的设计变量与性能目标间的关联表达公式。

（1）仿真数据和实验数据的拟合分析

仿真分析和实验测试是进行设计模型构建的重要手段，仿真分析数据和实验测试数据都是离散数据。通过实验设计进行多个设计点处的仿真分析，获取大量的仿真数据，但仿真分析数据与实际数据间存在误差，结果不确定性强；实验测试数据基于真实复杂产品的性能测试得出，数据精确，但由于实验成本和实验时间的限制，实验数据量少。对于既有仿真数据又有实验数据的设计变量与性能目标间的关联路径，首先使用仿真数据构建响应面近似模型，然后使用实验数据修正该响应面的参数值，实现仿真数据和实验数据的拟合分析。

对于包含 m 个设计变量 $\boldsymbol{x} = (x_1, x_2, \cdots, x_m)$ 和 n 个性能目标 $\boldsymbol{y} = (y_1, y_2, \cdots, y_n)$ 的复杂产品设计模型，下面以性能目标 y_1 的拟合为例说明仿真数据和实验数据的拟合方法。

首先在设计变量 $\boldsymbol{x}$ 的 m 维设计空间中，使用优化拉丁方采样法选取 r 组设计变量采样点 $\boldsymbol{x}^0$，通过仿真分析计算这些采样点处的性能目标 y_l 的对应值 $\boldsymbol{y}_l^0$，构建性能目标 y_l 的 4 阶响应面近似模型 $\hat{y}_l(\boldsymbol{x})$，计算公式如下：

$$\hat{y}_l(\boldsymbol{x}) = \beta_0 + \sum_{i=1}^{m}\beta_i x_i + \sum_{ij(i<j)}\beta_{ij} x_i x_j + \sum_{i=1}^{m}\beta_{ii} x_i^2 + \sum_{i=1}^{m}\beta_{iii} x_i^3 + \sum_{i=1}^{m}\beta_{iiii} x_i^4 \qquad (5\text{-}34)$$

　　以响应面模型拟合误差最小为原则确定多项式系数,则响应面的多项式系数向量 $\boldsymbol{\beta}$ 为:

$$\boldsymbol{\beta} = ((\boldsymbol{x}^0)^{\mathrm{T}} \boldsymbol{x}^0)^{-1} (\boldsymbol{x}^0)^{\mathrm{T}} \boldsymbol{y}_l^0 \tag{5-35}$$

　　以 s 组实验数据的性能值及其对应设计点处的响应面 $\hat{y}_l(\boldsymbol{x})$ 预测值的相对误差平方和最小为目标,修正仿真数据拟合的响应面模型 $\hat{y}_l(\boldsymbol{x})$ 的多项式系数向量 $\boldsymbol{\beta}$。修正目标函数 $F(\boldsymbol{\beta})$ 计算公式如下:

$$F(\boldsymbol{\beta}) = \sum_{j=1}^{s} ((\hat{y}_j^{\mathrm{exp}} - \hat{y}_j) / \hat{y}_j^{\mathrm{exp}})^2 \tag{5-36}$$

式中,$\hat{y}_j^{\mathrm{exp}}$ 为实验数据值,$\hat{y}_j$ 为与 $\hat{y}_j^{\mathrm{exp}}$ 相同设计变量值处的响应面 $\hat{y}_l(\boldsymbol{x})$ 的性能预测值。

　　以 $F(\boldsymbol{\beta})$ 最小为目标,计算获得最优的响应面系数值 β_0'、β_i'、β_{ii}'、β_{ij}'、β_{iii}'、β_{iiii}' $(1 \leqslant i \leqslant m, j > i)$。通过仿真数据和实验数据相互修正,拟合后的响应面模型 $\overline{\overline{y}}_l(\boldsymbol{x})$ 计算公式如下:

$$\overline{\overline{y}}_l(\boldsymbol{x}) = \beta_0' + \sum_{i=1}^{m} \beta_i' x_i + \sum_{ij(i<j)}^{m} \beta_{ij}' x_i x_j + \sum_{i=1}^{m} \beta_{ii}' x_i^2 + \sum_{i=1}^{m} \beta_{iii}' x_i^3 + \sum_{i=1}^{m} \beta_{iiii}' x_i^4 \tag{5-37}$$

　　最后使用新的 t 组实验数据值进行拟合响应面模型的有效性评价。使用模型均方根误差 R_{MSE} 相对值和决定系数 R^2 进行拟合模型的精度检测,计算公式如下:

$$R_{\mathrm{MSE}} = \frac{1}{t\overline{y}} \sqrt{\sum_{i=1}^{t} \left(\overline{\overline{y}}_i - \hat{y}_i^{\mathrm{exp}} \right)^2} \tag{5-38}$$

$$R^2 = 1 - \sum_{i=1}^{t} \left(\overline{\overline{y}}_i - \hat{y}_i^{\mathrm{exp}} \right)^2 \bigg/ \sum_{i=1}^{t} \left(\overline{\overline{y}}_i - \overline{y} \right)^2 \tag{5-39}$$

式中,$\overline{\overline{y}}_i$ 为根据式(5-37)计算的拟合值,$\hat{y}_i^{\mathrm{exp}}$ 为与 $\overline{\overline{y}}_i$ 相同设计点处的实验测试数据值,$\overline{y}$ 为 t 组实验数据值的平均值。根据 R_{MSE} 和 R^2 是否小于给定阈值,判断式(5-37)中计算结果的正确性。

　　(2)理论计算数据和仿真数据、实验数据的融合

　　理论计算数据是连续数据,但与实际数据之间存在误差;仿真数据和实验数据离散,只能拟合近似设计模型。可以使用灰色神经元融合算法进行连续的理论计算数据和离散的仿真数据、实验数据的融合分析。

　　以性能目标 y_l 的融合为例,首先根据 r 组设计变量 $(x_1, x_2, \cdots, x_m)$ 采样点及对应的仿真分析或实验测试结果 y_l,使用响应面法构建拟合的近似模型 $y_l'(\boldsymbol{x})$,如果同时有仿真分析数据和实验测试数据,拟合近似模型 $y_l'(\boldsymbol{x})$。由于理论计算数

据的连续性，直接构建理论公式模型 $y_l''(\boldsymbol{x})$。使用灰色神经元融合算法进行仿真实验拟合模型 $y_l'(\boldsymbol{x})$ 和理论公式模型 $y_l''(\boldsymbol{x})$ 的融合。

首先建立矢量神经元预测模型，将拟合的仿真实验近似模型 $y_l'(\boldsymbol{x})$ 和理论公式模型 $y_l''(\boldsymbol{x})$ 作为神经元的输入。两个输入分别乘以权重 α_1 和 α_2，融合后性能目标 y_l 的预测设计模型 $y_l(\boldsymbol{x})$ 计算公式如下：

$$y_l(\boldsymbol{x})=\sqrt{(\alpha_1 y_l'(\boldsymbol{x}))^2+(\alpha_2 y_l''(\boldsymbol{x}))^2} \tag{5-40}$$

然后运用灰色系统理论进行神经网络权值 α_1 和 α_2 的更新。构建灰色系统理论模型 GM(1, 1)，进行权重值 α_1 和 α_2 更新的计算过程如下。

Step 1：构建初始权重变化序列 $\boldsymbol{A}^0$，其数据组成为：

$$\boldsymbol{A}^0=(\alpha_1^0,\alpha_2^0) \tag{5-41}$$

Step 2：构建 $\boldsymbol{A}^0$ 的一次累加序列 $\boldsymbol{A}^1$，其数据值根据权重值累加计算而成，即其数据组成形式为：

$$\boldsymbol{A}^1=(\alpha_1^1,\alpha_2^1) \tag{5-42}$$

式中，

$$\alpha_1^1=\alpha_1^0 \tag{5-43}$$

$$\alpha_2^1=\alpha_1^0+\alpha_2^0 \tag{5-44}$$

Step 3：构建 $\boldsymbol{A}^1$ 的紧邻均值生成序列 $\boldsymbol{Z}^1$，其数据组成为：

$$\boldsymbol{Z}^1=(z^1(2)) \tag{5-45}$$

式中，

$$z^1(2)=0.5(\alpha_1^1+\alpha_2^1) \tag{5-46}$$

则权重系数 α_2 的预测值计算公式为：

$$\alpha_2^0+az^1(2)=b \tag{5-47}$$

式中，a 为发展系数，b 为灰色作用量。

Step 4：构建参考列 $\hat{\boldsymbol{a}}=(a,b)^{\mathrm{T}}$。根据 GM(1, 1) 模型最小二乘估计最小进行参考列值的求解。

$$\hat{\boldsymbol{a}}=(\boldsymbol{B}^{\mathrm{T}}\boldsymbol{B})^{-1}\boldsymbol{B}^{\mathrm{T}}\boldsymbol{D} \tag{5-48}$$

式中，

$$\boldsymbol{D}=(\alpha_2^0) \tag{5-49}$$

$$\boldsymbol{B}=(-z^1(2)\ 1) \tag{5-50}$$

首先根据式（5-40）构建矢量神经元预测模型，然后使用 Step 2～Step 4 的方法，基于灰色系统理论进行神经元每次训练的权重调整，并使用式（5-47）进行权重最终值预测，将最终权重值返回神经元，完成神经元训练，实现理论计算数据和仿真实验数据的融合分析。

2. 基于敏感度分析的关联类型识别

在定性的设计变量与性能的关联路径图谱上，根据多源数据融合结果构建定量化的性能精确设计模型。然后根据设计空间中设计变量与性能目标间单因素敏感度的信息熵的均值及标准差，将设计变量划分为强关联变量、弱关联变量和变关联变量。

（1）基于关联路径图谱的性能设计模型构建

复杂产品设计模型中设计变量与性能目标间关联关系复杂。首先通过定性分析，构建设计变量 x，并通过中间变量 $y = (v_1, v_2, \cdots, v_u)$ 传递到性能目标 y，关联传递图谱如图 5-15 所示。

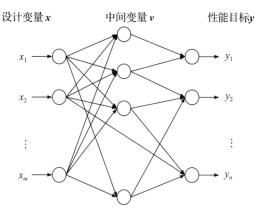

图 5-15　复杂产品设计模型中关联传递图谱

关联传递图谱中，设计变量既与性能目标直接关联，又通过中间变量与性能目标间接关联。每个传递路径上的关联数据来源于理论公式计算、仿真分析或实验获取。根据数据来源不同，采取不同的方法拟合每个关联路径上的设计变量与性能目标（或中间变量）间的关联模型，进而构建复杂产品精确的整体性能设计模型。

1）对于只有单一关联数据来源的关联路径，直接使用该关联数据进行关联路径上设计变量与性能目标（或中间变量）的关联表征。

2）对于既有仿真数据又有实验数据的关联路径，通过数据拟合，构建设计变量与性能目标（或中间变量）的近似响应面函数进行关联表征。

3）对于既有理论计算数据，又有仿真数据或实验数据的关联路径，基于灰色系统理论和神经网络法进行数据融合。

采用上述方法进行图 5-15 中每个关联路径上的关联数据融合，构建设计变量与性能目标间的整体精确设计模型。

（2）基于敏感度和信息熵的设计变量分类

复杂产品的设计变量数量多，设计变量与性能间关联关系复杂，进行设计空间中所有设计点处的设计变量与性能目标间关联强度分析的计算量大，所以根据多个设计点处设计变量与性能目标间单因素敏感度值信息熵的平均值和标准差，将设计变量划分为强关联变量、弱关联变量和变关联变量。

首先，在整体设计模型基础上，构建每个设计点处设计变量与性能目标间的单因素敏感度，计算公式如下：

$$\frac{\partial y_i}{\partial x_j} = \frac{\partial \tilde{y}_i}{\partial x_j} + \sum_{h=1}^{h=u} \frac{\partial y_i}{\partial v_h} \frac{\partial v_h}{\partial x_j} \qquad (5\text{-}51)$$

式中，$\tilde{y}_i$ 为如图 5-15 所示的关联传递图谱中，性能目标 y_i 与设计变量 x_j 直接关联路径部分，v_h 为关联路径图谱的中间变量。

其次，在设计空间中进行设计变量的均匀采样，选取 p 个设计点（为了避免选取的设计点集中在局部区域，需 $p > 2m$），计算这 p 个设计点处设计变量 x_j 与性能目标 y_i 的单因素敏感度值 $\frac{\partial y_i}{\partial x_j}$，并计算敏感度绝对值信息熵 $\left|\frac{\partial y_i}{\partial x_j}\right| \ln\left(\left|\frac{\partial y_i}{\partial x_j}\right|\right)$ 的平均值 w_{ij} 和标准差 Δw_{ij}。平均值 w_{ij} 和标准差 Δw_{ij} 的计算公式如下：

$$w_{ij} = \frac{1}{p} \sum_{h=1}^{p} \left|\left(\frac{\partial y_i}{\partial x_j}\right)_h\right| \ln\left(\left|\left(\frac{\partial y_i}{\partial x_j}\right)_h\right|\right) \qquad (5\text{-}52)$$

$$\Delta w_{ij} = \sqrt{\frac{1}{p} \sum_{h=1}^{p} \left(w_{ij} - \left|\frac{\partial y_i}{\partial x_j}\right|_h \ln\left(\left(\frac{\partial y_i}{\partial x_j}\right)_h\right)\right)^2} \qquad (5\text{-}53)$$

在性能目标 y_l 的设计中，根据所有设计变量 x 与其单因素敏感度绝对值信息熵的平均值 w_{ij} 和标准差 Δw，将设计变量 x 划分为强关联变量、弱关联变量和变关联变量。

如果 $\Delta w_{lj} \gg \sum_{h=1}^{p} \Delta w_{lh} / p$，则在设计空间中，设计变量 x_j 与性能目标 y_l 的关联强度波动幅度远远大于所有设计变量与性能目标 y_l 间关联强度的波动幅度的平均值，即设计变量 x_j 的关联强度波动范围很大，设计变量 x_j 为变关联变量。否则，如果 $w_{ij} \geqslant c_1$，则设计变量 x_j 与性能目标 y_l 的关联强度高，设计变量 x_j 为强关联变量；如果 $w_{ij} < c_1$，则设计变量 x_j 与性能目标 y_l 的关联强度低，设计变量 x_j 为弱关联变量。其中 c_1 为关联强度阈值。根据所有设计变量与性能目标 y_l 的单因素敏感度绝对值信息熵的平均值 w 确定，c_1 的建议值为 $c_1 = \dfrac{1}{2m} \sum\limits_{p=1}^{p=m} w_{lp}$。在具体设计模型中，确定所有设计变量与性能目标 y_l 的 w 后，c_1 的具体值可以在参考值附近波动，以能明显区分强关联变量和弱关联变量为准。

3. 基于变关联矩阵的关联强度计算

针对变关联变量与性能间关联强度波动幅度大的特性，构建变关联矩阵，在设计模型的每一计算步的求解过程中，使用变关联矩阵进行变关联变量与性能间的关联强度计算，实现每一计算步中强关联变量、弱关联变量和变关联变量的自适应处理。

（1）构建变关联矩阵

由于变关联变量与性能目标的关联强度变化幅度大，在每一计算步中，计算变关联变量与性能间的精确关联程度。全局灵敏度方程表示了设计变量与中间变量及性能目标之间的直接耦合与间接耦合关系。在全局灵敏度方程基础上，构建变关联矩阵，计算设计模型中变关联变量与性能目标间的关联强度对其他变量与性能间关联强度的影响程度，用于每一计算步中变关联变量与性能间的关联强度计算。如果在第 k 计算步中，变关联变量 $x_{d,k}$（下标 k 表示第 k 步的初始计算值）与性能间关联强度很低，则 $x_{d,k}$ 在该计算步中被简化，$x_{d,k+1} = x_{d,k}$；否则设计变量参与第 k 步的设计模型优化计算。计算公式如下：

$$\begin{cases} \hat{v}_{j,k} = v_{j,k}(\hat{x}_{j,k}, \cdots, \hat{x}_{m,k}) \\ \hat{x}_{j,k} = x_{j,k}(\hat{x}_{1,k}, \cdots, \hat{x}_{i-1,i+1}, \hat{x}_m, \hat{v}_k) \\ j = 1, \cdots, u; i = 1, \cdots, m; i \neq d \end{cases} \tag{5-54}$$

式中，上标带有 ∧ 的变量为第 k 步优化计算后的结果。将变关联变量 $x_{d,k}$ 被简化后对性能目标 y_l 的影响程度作为判断变关联变量 $x_{d,k}$ 在该计算步中是否需要被简化的依据。

根据设计变量和中间变量间的函数关系，使用隐函数理论得到被简化的变关联变量 x_d 与性能目标 y_l 间的关联强度值 Γ_d，计算公式如下：

$$\Gamma_d = \sum_{j=1}^{u} \left(\frac{\partial y_l}{\partial v_j} \frac{\mathrm{d}\hat{v}_j}{\mathrm{d}x_d} \right) + \sum_{j=1}^{m} \frac{\partial y_l}{\partial x_j} \frac{\mathrm{d}\hat{x}_j}{\mathrm{d}x_d} \tag{5-55}$$

根据隐函数理论和关联传递规则，全导数 $\dfrac{\mathrm{d}\hat{v}_j}{\mathrm{d}x_d}$ 和 $\dfrac{\mathrm{d}\hat{x}_j}{\mathrm{d}x_d}$ 在偏导数计算基础上得

到，计算公式如下：

$$\frac{\mathrm{d}\hat{v}_j}{\mathrm{d}x_d} = \sum_{p=1}^m \frac{\partial \hat{v}_j}{\partial \hat{x}_p} \frac{\mathrm{d}\hat{x}_p}{\mathrm{d}x_d} + \sum_{p=1}^u \frac{\partial \hat{v}_j}{\partial \hat{v}_p} \frac{\mathrm{d}\hat{v}_p}{\mathrm{d}x_d} \qquad (5\text{-}56)$$

$$\frac{\mathrm{d}\hat{x}_j}{\mathrm{d}x_d} = \sum_{p=1}^m \frac{\partial \hat{x}_j}{\partial \hat{x}_p} \frac{\mathrm{d}\hat{x}_p}{\mathrm{d}x_d} + \sum_{p=1}^u \frac{\partial \hat{x}_j}{\partial \hat{v}_p} \frac{\mathrm{d}\hat{v}_p}{\mathrm{d}x_d} \qquad (5\text{-}57)$$

联立方程式（5-56）和式（5-57），建立 $(m+u) \times (m+u)$ 维矩阵，求解全导数 $\dfrac{\mathrm{d}\hat{v}_j}{\mathrm{d}x_d}$ 和 $\dfrac{\mathrm{d}\hat{x}_j}{\mathrm{d}x_d}$。构建的变关联矩阵如下：

$$\begin{bmatrix} I & \cdots & -\frac{\partial \hat{v}_1}{\partial \hat{v}_u} & -\frac{\partial \hat{v}_1}{\partial x_1} & \cdots & -\frac{\partial \hat{v}_1}{\partial x_n} \\ \vdots & & \vdots & \vdots & & \vdots \\ -\frac{\partial \hat{v}_u}{\partial \hat{v}_1} & \cdots & I & -\frac{\partial \hat{v}_u}{\partial x_1} & \cdots & -\frac{\partial \hat{v}_u}{\partial x_m} \\ -\frac{\partial \hat{x}_1}{\partial \hat{v}_1} & \cdots & -\frac{\partial \hat{x}_1}{\partial \hat{v}_u} & I & \cdots & -\frac{\partial \hat{x}_1}{\partial x_m} \\ \vdots & & \vdots & \vdots & & \vdots \\ -\frac{\partial \hat{x}_m}{\partial \hat{v}_1} & \cdots & -\frac{\partial \hat{x}_m}{\partial \hat{v}_u} & -\frac{\partial \hat{x}_m}{\partial x_1} & \cdots & I \end{bmatrix} \begin{bmatrix} \frac{\mathrm{d}\hat{v}_1}{\mathrm{d}x_d} \\ \vdots \\ \frac{\mathrm{d}\hat{v}_u}{\mathrm{d}x_d} \\ \frac{\mathrm{d}\hat{x}_1}{\mathrm{d}x_d} \\ \vdots \\ \frac{\mathrm{d}\hat{x}_m}{\mathrm{d}x_d} \end{bmatrix} = \begin{bmatrix} \frac{\partial \hat{v}_1}{\partial x_d} \\ \vdots \\ \frac{\partial \hat{v}_u}{\partial x_d} \\ \frac{\partial \hat{x}_1}{\partial x_d} \\ \vdots \\ \frac{\partial \hat{x}_m}{\partial x_d} \end{bmatrix} \qquad (5\text{-}58)$$

根据具体的设计模型，采用有限差分法计算偏导数 $\dfrac{\partial \hat{v}_j}{\partial x_d}$，$\dfrac{\partial \hat{v}_j}{\partial \hat{x}_i}$，$\dfrac{\partial \hat{x}_j}{\partial x_d}$，$\dfrac{\partial \hat{x}_i}{\partial \hat{v}_j}$，然后采用式（5-58）所算全导数的值，最后采用式（5-55）计算变关联变量 x_d 与性能目标间的关联强度 Γ_d。任意选取一个强关联变量，计算其关联强度 Γ。若 $\Gamma_d \leqslant \Gamma$，则在第 k 计算步中，变关联变量 x_d 被简化；反之，变关联变量 x_d 不被简化。

（2）设计变量与性能的关联强度计算

在设计模型每一计算步的求解中，根据变关联矩阵进行变关联变量与性能间的关联强度计算，并进行该计算步中强关联变量、弱关联变量和变关联变量的自适应处理。具体步骤如下，流程图如图 5-16 所示。

Step 1：整体设计模型构建。构建设计变量与性能目标间的关联路径图谱，并使用多源数据融合方法构建关联路径上设计变量与性能目标或中间变量的函数关系，进而构建精确的整体性能设计模型。

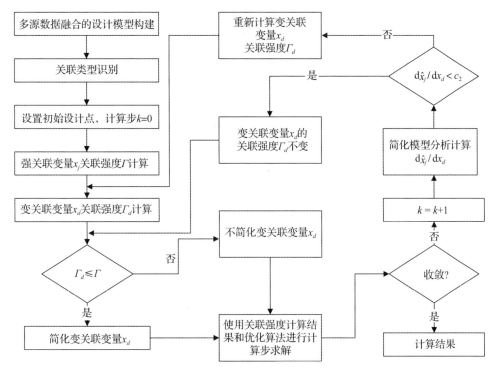

图 5-16　产品设计变量与性能关联强度计算流程

Step 2：变关联分析。根据设计变量与性能目标间单因素敏感度绝对值信息熵的均值和标准差，使用式（5-52）和式（5-53）将设计变量划分为强关联变量、弱关联变量和变关联变量。

Step 3：设置初始设计点，开始迭代计算。在设计空间中任意选取一个设计点，开始性能设计模型求解，并设置计算步 $k = 0$。

Step 4：变关联强度计算。在第 k 计算步中，使用式（5-55）和式（5-57）计算所有变关联变量与性能目标的关联强度。以变关联变量 x_d 的计算为例，首先使用有限差分法计算偏导数 $\dfrac{\partial \hat{v}_j}{\partial x_d}$、$\dfrac{\partial \hat{v}_j}{\partial \hat{x}_i}$、$\dfrac{\partial \hat{x}_i}{\partial x_d}$、$\dfrac{\partial \hat{x}_i}{\partial \hat{v}_j}$ 的值 [以 $\dfrac{\partial \hat{v}_j}{\partial x_d}$ 计算为例，根据有限差分法的思想，$\dfrac{\partial \hat{v}_j}{\partial x_d} = \dfrac{\hat{v}_j(x_d + \Delta x_d) - \hat{v}_j(x_d)}{(x_d + \Delta x_d) - x_d}$。其中，$\Delta x_d$ 为一个很小的步长，$\hat{v}_j(x_d + \Delta x_d)$、$\hat{v}_j(x_d)$ 分别表示变关联变量 x_d 取值为第 k 步计算初始值加上变化量、第 k 步初始值时，计算得到的中间变量 $\hat{v}_j$ 最优值]。然后求解变关联矩阵，计算变关联变量 x_d 与性能目标在第 k 计算步的关联强度 Γ_d。最后任意选取一个

强关联变量，计算其与性能目标 y_l 的关联强度 Γ。由于强关联变量与性能之间的关联强度变化幅度小，在每个计算步中不需要重新计算 Γ，但需要重新计算变关联变量 x_d 与性能目标 y_l 之间的关联强度 Γ_d。比较 Γ_d 与 Γ 的大小，判断变关联变量 x_d 是否需要简化。

Step 5：如果 $\Gamma_d \leqslant \Gamma$，则在第 k 计算步中，变关联变量 x_d 为弱关联变量，执行 Step 5；否则变关联变量 x_d 为强关联变量，执行 Step 7。

Step 6：简化变关联变量 x_d。第 k 计算步的性能设计模型求解中，变关联变量 x_d 为固定参数，即 $x_{d,k+1} = x_{d,k}$（下标 k 表示第 k 步的初始计算值）执行 Step 8。

Step 7：不简化关联变量 x_d。第 k 计算步中，变关联变量 x_d 依然为需要计算的设计变量，然后执行 Step 8。

Step 8：设计模型第 k 步优化计算。在 Step 4～Step 7 确定所有的变关联变量是否需要被简化后，得到新的第 k 步优化模型，并进行该优化模型的求解。在设计模型优化求解中，未被简化的变关联变量与中间变量的偏导数值、全导数值都可以重用，避免了重复计算，提高了设计效率。

Step 9：收敛条件判断。如果第 k 步计算得到的性能目标最优值 F_k 与第 $k-1$ 步计算得到的最优值 F_{k-1} 差距很小，即 $\|F_k - F_{k-1}\| \leqslant \varepsilon$，$\varepsilon$ 是收敛半径，为一个很小的正数，则优化结束，执行 Step 13；否则继续进行优化设计，执行 Step 10。

Step 10：简化模型分析。第 k 步优化计算结束后，未被简化的设计变量的值发生变化，则所有变关联变量与性能目标的关联强度发生变化。若在每个计算步中都重新计算所有变关联变量的关联强度，则计算效率低。为了提高效率，第 k 计算步中，计算变关联变量 x_d 与强关联变量 x_j 最优值间的全导数值 $\dfrac{d\hat{x}_j}{dx_d}$。如果 $\dfrac{d\hat{x}_j}{dx_d} \geqslant c_2$（$c_2$ 为根据设计模型确定的阈值，为一个很小的正数），则变关联变量 x_d 的变化对强关联变量 x_j 的影响很大，即变关联变量 x_d 对性能目标的影响大，因此需要重新计算其关联强度，执行 Step 12；如果 $\dfrac{d\hat{x}_j}{dx_d} < c_2$，则在新的设计点，变关联变量 x_d 对性能目标的影响小，根据函数的连续性原理，在该设计点，变关联变量 x_d 的关联强度 Γ_d 变化不大，不需要重新计算，执行 Step 11。

Step 11：设置计算步 $k = k+1$，所有强关联变量的初始值设置为第 k 步优化计算后得到的最优值。将 Step 10 确定的不需要重新计算关联强度的变关联变量从 Step 5 开始处理。

Step 12：设置计算步 $k = k+1$，所有强关联变量的初始值设置为第 k 步优化计算后得到的最优值。将 Step 10 确定的需要重新计算关联强度的变关联变量从 Step 4 开始处理。

Step 13：优化结束。计算得到的最优值作为性能目标最优值，对应计算得到的设计变量值为最佳设计点。

5.3.2 产品性能多目标参数优化求解算法

1. 产品性能多目标参数优化问题

产品性能多目标参数优化问题往往由多个相互冲突的指标组成，所以问题解通常不是单个最优解，而是一组 Pareto 最优解。多目标优化算法是使用群体智能策略求解产品性能多目标参数优化问题的一类算法，由单目标进化算法拓展而来，模拟由个体组成的群体的集体学习过程，其中每个个体表示给定问题搜索空间中的一个点。进化运算从随机生成的初始种群出发，通过选择、交叉和变异（或其他进化算子）过程，使群体进化到搜索空间中越来越好的解个体所在的区域，最终获得产品性能多目标参数优化问题的 Pareto 前沿。

一个求目标最小值的产品性能多目标参数优化问题可描述为：

$$
\begin{aligned}
&\text{minimize:} \quad y = f(x) = \left[f_1(x), f_2(x), \cdots, f_m(x) \right] \\
&\text{subject to:} \quad g_k(x) \geqslant 0, k = 1, 2, \cdots, p; \\
&\qquad\qquad\quad h_l(x) = 0, l = 1, 2, \cdots, q; \\
&\qquad\qquad\quad x^{\min} \leqslant x_i \leqslant x^{\max}
\end{aligned}
\tag{5-59}
$$

式中，$x = [x_1, x_2, \cdots, x_n]$ 为 n 维决策变量，每个决策变量 x_i 在其最大值 $x_i^{\max}$ 与最小值 $x_i^{\min}$ 范围内变化。$f_j(x)(j = 1, 2, \cdots, m)$ 为 m 个目标函数，满足 p 个不等式约束和 q 个等式约束。

对于一个求目标最小值的产品性能多目标参数优化问题，定义解 $\boldsymbol{u} = (u_1, u_2, \cdots, u_n)$，支配解 $\boldsymbol{v} = (v_1, v_2, \cdots, v_n)$，记作 $\boldsymbol{u} < \boldsymbol{v}$，当且仅当：

$$
\begin{aligned}
&\forall i \in \{1, \cdots, m\}, f_i(\boldsymbol{u}) \leqslant f_i(\boldsymbol{v}); \\
&\exists j \in \{1, \cdots, m\}, f_j(\boldsymbol{u}) < f_j(\boldsymbol{v})
\end{aligned}
\tag{5-60}
$$

即对于 m 个优化目标，解 $\boldsymbol{u}$ 对应的目标值都小于等于解 $\boldsymbol{v}$ 对应的目标值；且至少存在一个优化目标，使解 $\boldsymbol{u}$ 对应的目标值严格小于解 $\boldsymbol{v}$ 对应的目标值。

对于一个解 x，如果在搜索空间 $\boldsymbol{\varOmega}$ 中不存在另一个解 $x' < x$，则 x 称为 Pareto 最优解；产品性能多目标参数优化问题的所有 Pareto 最优解的集合称为 Pareto 最优集；Pareto 最优集的目标值构成的区域称为 Pareto 最优前沿。产品性能多目标参数优化问题的求解就是要获得 Pareto 最优集，其中不存在改进某一项目标值而未牺牲其他目标值的解。

2. 基于拥挤距离排序的产品性能多目标参数优化求解算法

基于拥挤距离排序的产品性能多目标参数优化求解算法是通过个体拥挤距离降序排列进行 Pareto 集的多样性保持和全局最优值更新，消除了复杂的适应度计算过程，并引入小概率随机变异机制增强算法的全局寻优能力。

（1）粒子群优化算法

这是一种群体智能算法，来源于对鸟群或鱼群觅食行为的模拟。粒子群优化算法基于个体改进、种群协作与竞争机制实行进化运算，具有理论简单、易于编码实现和计算消耗低的特点，已成功应用于许多优化设计问题。

与遗传算法的交叉和变异算子不同，粒子群优化算法的核心操作是粒子的速度和位置更新公式。假设粒子群包括 N 个粒子，第 $i(i = 1, 2, \cdots, N)$ 个粒子在 n 维搜索空间中的位置和速度分别表示为 $\boldsymbol{X}_i = [x_{i,1}, x_{i,2}, \cdots, x_{i,n}]$ 和 $\boldsymbol{V}_i = [v_{i,1}, v_{i,2}, \cdots, v_{i,n}]$，每个粒子的局部最优位置表示为 $P_i = \{p_{i,1}, p_{i,2}, \cdots, p_{i,n}\}$，所有粒子的全局最优位置表示为 $P_g = \{p_{g,1}, p_{g,2}, \cdots, p_{g,n}\}$。每个粒子的速度更新公式如下：

$$v_{i,j}(k+1) = \omega v_{i,j}(k) + c_1 r_1(p_{i,j} - x_{i,j}(k)) + c_2 r_2(p_{g,j} - x_{i,j}(k)) \qquad (5\text{-}61)$$

式中，k 为进化代数；c_1、c_2 为正的常数，称为学习因子；ω 为惯性权重；r_1、r_2 是两个相互独立的 [0, 1] 区间的随机数。

在粒子的速度更新之后，采用如下公式更新每个粒子的位置：

$$x_{i,j}(k+1) = x_{i,j}(k) + v_{i,j}(k+1), \ i = 1, 2, \cdots, N; \ j = 1, 2, \cdots, n \qquad (5\text{-}62)$$

粒子新位置计算完成，比较每个粒子的新位置和局部最优位置的目标值。若新位置优于局部最优位置，则更新 pbest 为新位置，否则 pbest 保持原始值不变。根据新粒子群的全局最优解更新 gbest，继续下一代进化。单目标 PSO 算法完成一定数量的进化运算之后，粒子群收敛到全局最优解，求得一个全局最优目标值。

（2）外部种群更新

基于拥挤距离排序的产品性能多目标参数优化求解算法保留外部种群以存储运算过程中产生的非支配个体，基于拥挤距离排序进行外部种群的缩减，其更新策略如图 5-17 所示。

假设第 t 代外部种群 A_t 包含 m_1 个个体，外部种群最大个体数为 M（$m_1 \leqslant M$）。内部粒子群 P 进化后，将产生的 n_1 个非支配个体复制到外部种群，形成种群 A_t'。首先，删除 A_t' 中的重复个体，此时判断目标值相同的个体即为重复个体，随机删除一个而保留另一个。然后，标记并删除 A_t' 中的非支配个体，记 A_t' 中包含的非劣个体数为 m_2（$m_2 \leqslant m_1 + n_1$）。计算 A_t' 中所有个体的拥挤距离并按降序排列，记为种群 A_t''。判断 m_2 与 M 的数值关系，若 $m_2 \leqslant M$，将 A_t'' 记为新外部种群 A_{t+1}，此时 A_{t+1} 的后 $M-m_2$ 个个体为空；否则，调用外部种群的缩减过程，仅保留 A_t''

中的前 M 个个体，删除后 $m_2 - M$ 个最密集个体，形成缩减的外部种群 A_{t+1}。

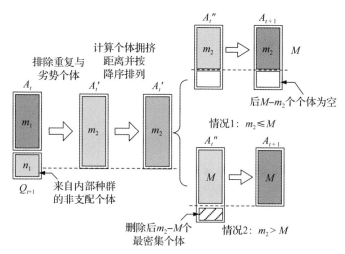

图 5-17 外部种群的更新策略

该更新策略保持外部种群的个体数在最大值 M 之内，避免了随着进化运算的进行，非支配个体数无限增多导致算法效率的降低；同时，外部种群缩减时删除最密集的多余个体，而保留大量分散个体，保证了 Pareto 前沿的均匀分布。

（3）全局最优值更新

基于拥挤距离排序的产品性能多目标参数优化求解算法需获得分布均匀的 Pareto 前沿，因此全局最优值（gbest）的选择不同于单目标优化算法中仅选择目标值最大或最小的点，而要选择处于 Pareto 前沿中分散区域的点，引导粒子群向分散区域的进化。

外部种群 A 更新完成后，所有个体按拥挤距离降序排列。全局最优值的更新策略如图 5-18 所示，分为两种情况：

1）若 A 中所有个体的拥挤距离都为无穷大，即仅包括数量较少的边界个体，则随机选择一个作为 gbest，如图 5-18a 所示。

2）若 A 中包括拥挤距离不为无穷大的个体，则随机选择一个拥挤距离较大的个体作为 gbest，如图 5-18b 所示，其计算公式为：

$$
\begin{aligned}
&\text{gbest} = A_k; \\
&k = \text{Irnd}(n, n + \text{Round}((m-n) \times 0.1))
\end{aligned}
\tag{5-63}
$$

式中，n 为按拥挤距离降序排列种群 A 中第 1 个拥挤距离不为 INF 的个体序号 $(n>1)$，A 包括 m 个个体 $(m \geq n)$，在 $n \sim n + \text{Round}((m-n) \times 0.1)$ 中随机选择一个个体作为 gbest。Round 函数表示四舍五入运算，$\text{Irnd}(n, k)$ 函数返回 $[n, k]$ 区间

的一个随机整数，$(m-n) \times 0.1$ 将选择范围限制在拥挤距离较大的个体区间内。此时随机选出的 gbest 是一个处于 Pareto 前沿中分散区域的个体。

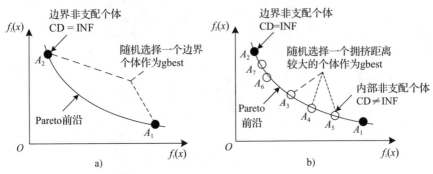

图 5-18　全局最优值的更新策略

（4）小概率随机变异

多目标粒子群算法保持了粒子群算法收敛速度快的特点，但过快的收敛速度在多目标优化中存在弊端。因为收敛过快、搜索范围受限，常导致多目标粒子群算法收敛到局部 Pareto 前沿，而非全局 Pareto 最优前沿。基于拥挤距离排序的产品性能多目标参数优化求解算法在内部粒子群的进化过程中加入随机变异机制，对粒子位置产生小范围扰动，以增强算法的全局搜索能力。粒子位置使用多项式变异规则，变异概率 p_m 通常为 [0,1] 区间内一个较小的数。

对于使用浮点数表达的粒子位置 x_i，多项式变异规则为：

$$x_i' = x_i + (x_i^{(U)} - x_i^{(L)})\bar{\delta}_i \tag{5-64}$$

式中，$x_i^{(U)}$ 和 $x_i^{(L)}$ 分别为变量 x_i 的上界和下界，x_i' 为粒子经过变异操作的新位置。$\bar{\delta}_i$ 服从多项式分布：

$$\bar{\delta}_i = \begin{cases} (2r_i)^{1/(\eta_m+1)} - 1 & \text{if } r_i < 0.5 \\ 1 - [2(1-r_i)]^{1/(\eta_m+1)} & \text{if } r_i \geqslant 0.5 \end{cases} \tag{5-65}$$

式中，η_m 为变异分布指数，一般等于 20，r_i 为 [0, 1] 区间的一个随机数。粒子位置的变异操作以概率 p_m 发生。

（5）基于拥挤距离排序的产品性能多目标参数优化求解算法的实现

综合粒子群优化算法、外部种群更新、全局最优值更新和小概率随机变异机制，基于拥挤距离排序的产品性能多目标参数优化求解算法的运算步骤描述如下。

Step 1：初始化内外种群。内部粒子群的变量在规定区间范围内随机取值，粒子速度初值为 0，局部最优值等于变量值；根据变量值计算目标函数值；初始化外部种群为空，迭代次数等于 0。

Step 2：根据支配关系更新外部种群，并基于个体拥挤距离降序排列进行外部种群的缩减。首先，内部种群的所有非支配个体拷贝到外部种群，删除 A 中所有重复个体及劣势个体；然后，计算 A 中个体的拥挤距离，并按降序排列；最后，判断 A 中个体数是否超过 M，若超过，仅保留前 M 个个体。

Step 3：根据全局最优值更新策略设置新的 gbest。

Step 4：更新内部粒子群的速度和位置，若某变量超出其边界范围，则该变量等于界值，且该维速度方向变反（即速度值乘 –1），计算目标函数值。依据支配关系比较粒子新位置和局部最优位置的优劣，更新每个粒子的局部最优位置。

Step 5：内部粒子群变异运算，保证变量值处于 $x_i^{\min}$ 与 $x_i^{\max}$ 之间。

Step 6：判断是否达到最大迭代次数，若达到则输出外部种群，获得 Pareto 最优集；否则，迭代次数加 1，返回 Step 2 继续运行。

5.3.3　产品性能多目标参数波动稳健优化

产品性能多目标优化设计都假定设计参数不受外界条件的干扰，但在实际生产、加工、制造过程中，由于材料特性、外载荷、几何尺寸及其他一些参数的影响，或者由于加工过程、安装、使用过程中的人为因素及外部环境、温度等不确定因素的干扰，都容易使设计参数的值发生改变，造成产品性能优化结果不稳定。同时，由于大多数约束优化设计问题，最优解都位于可行域的边界，设计参数只要出现很小的扰动，都可能使最优解移动到可行域外，造成优化失效。产品设计过程中，有些设计参数（可控因素和不可控因素）由于自身特性或受生产条件和使用环境的影响，其取值具有随机性、不确定性等特点。设计参数的波动变异会导致其实际值与名义值产生偏差，参数偏差又会传递给目标函数，最终引起产品性能变差。

稳健设计是通过调整设计变量及控制其容差，使当可控因素和不可控因素与设计值存在变差时，仍能保证产品质量的一种工程方法。稳健设计的模型要素主要包括信号因素（输入）、设计变量、噪声参数和性能（输出）。对产品而言，如果一些影响其性能（输出）的因素与理想值发生了偏差，但产品仍然能够准确地工作，或者说其性能（输出）值及其波动仍在允许的范围内，就称这个产品的设计方案是"稳健的"，或称其性能具有"稳健性"。

1. 产品多元性能的稳健优化

产品性能的稳健优化关键在于确定设计参数 X 的值，使由于不确定性因素影响而导致的产品性能的变异 Δf 尽可能小。以图 5-19 中设计参数 X_1 和 X_2 为例分析，假设两者都在容差范围内波动，则当 $X = X_1$ 时，产品性能的最大波动为 Δf_A；当 $X = X_2$ 时，产品性能的最大波动为 Δf_B。显然，$\Delta f_A > \Delta f_B$。由此可见，在相同的参数容差范围内，虽然设计点 X_1 附近的产品性能优于设计点 X_1，但是设计点 X_1 附近的产品性能敏感性大于设计点 X_2。产品稳健优化就是找出设计参数的平衡点，在使产品性能尽可能地接近设计目标值的同时，寻求那些性能最稳健的设计方案，也就是要求产品性能在满足设计规定的波动范围内达到最优。

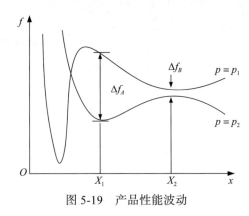

图 5-19　产品性能波动

在工程实践中，产品性能往往是由多个性能特性描述的，因此，产品稳健设计是一个多元性能特性的稳健优化问题，具有以下几个特点。

1）多个性能特性目标。多个性能特性意味着有多个优化目标，要求多个性能特性同时接近各自的目标，因此是一个多目标优化问题。

2）多种性能特性类型。各个性能特性可能包含不同类型（望大、望小、望目）的优化目标。

3）多个性能特性尺度。各个性能特性值通常具有不同的量纲或尺度，不能简单地转化为单性能特性问题。

4）多种性能特性耦合。各个性能特性之间不是完全独立的，可能存在耦合关系，甚至可能存在冲突现象，需要在多个性能特性之间进行折中权衡。

由于上述特点，在解决多元性能特性的稳健优化问题时，不能简单地转化为单性能特性问题处理，需要综合考虑设计参数的不确定性与性能特性的整体关系，特别是稳健性指标的度量和产品的稳健性建模。

2.产品多元性能特性稳健性分析

稳健设计的中心思想是在考虑性能目标的容差前提下，通过选择合适的设计参数，使由参数变异引起的产品性能特性的波动最小。因此，为了实现多元性能特性的产品稳健设计，首先研究可用于评判多元性能特性整体波动的度量，即多元性能特性稳健性的表征指标。主要表征指标如下。

- 设计变量参数。是指在一定范围内的不同产品之间取值不尽相同的设计参数，这些参数值可根据客户需求设计得到不同的产品。设有 t 个变量参数，组成设计变量参数矢量 $\boldsymbol{X}_v = [x_{v1}, x_{v2}, \cdots, x_{vt}]^{\mathrm{T}}$。

- 可控设计变量参数。是指在设计过程中可以由设计人员决定和控制的设计变量参数，通过控制这些变量参数使设计达到设计要求。设有 n 个可控设计变量参数，组成可控设计变量参数矢量 $\boldsymbol{X} = [x_1, x_1, \cdots, x_n]^{\mathrm{T}}$。

- 不可控设计变量参数。是指在设计过程中需考虑其不可控随机变化的设计变量参数。设有 m 个不可控设计变量参数，组成不可控设计变量参数矢量 $\boldsymbol{P} = [p_1, p_1, \cdots, p_m]^{\mathrm{T}}$。不可控设计变量参数具有不确定性，它可能包括在优化设计过程中名义值不变的设计参数，也可能包括在优化设计过程中名义值变化的设计变量参数。

- 设计变量参数变差。是指具有不确定性的不可控设计变量参数在发生随机变化时的变化区间。设不可控设计变量参数的名义值为 $\boldsymbol{P}_0 = [p_{0,1}, p_{0,2}, \cdots, p_{0,m}]^{\mathrm{T}}$，则参数变差可表示为 $\Delta\boldsymbol{P} = \boldsymbol{P} - \boldsymbol{P}_0 = [\Delta p_1, \Delta p_2, \cdots, \Delta p_m]^{\mathrm{T}}$。相应的变差区间表示为 $\Delta\boldsymbol{P}^L \leqslant \Delta\boldsymbol{P} \leqslant \Delta\boldsymbol{P}^U$，其中 $\Delta\boldsymbol{P}^L = [\Delta p_1^L, \Delta p_2^L, \cdots, \Delta p_m^L]$，$\Delta\boldsymbol{P}^U = [\Delta p_1^U, \Delta p_2^U, \cdots, \Delta p_m^U]$。

- 设计变量参数变差域。是指由设计变量参数变差构成的 n 维参数变化域。域坐标原点为 $\boldsymbol{P}_0$，各维坐标轴与构成设计变量参数域的坐标轴平行。

- 性能特性目标。是指产品设计需要达到的设计要求，以此衡量设计方案的优劣。在稳健设计中，设计目标和设计约束都可视为性能特性目标，这里仅涉及设计目标，即产品性能特性的稳健性，并表示为 $\boldsymbol{f}(\boldsymbol{X}, \boldsymbol{P})$。

- 性能特性变差。是指性能特性目标函数由于设计参数随机变化而引起的变化波动。设需要同时考虑的性能特性目标函数有 M 个，记作 $\boldsymbol{f} = [f_1, f_2, \cdots, f_M]^{\mathrm{T}}$，则性能特性变差可表示为 $\Delta\boldsymbol{f} = [\Delta f_1, \Delta f_2, \cdots, \Delta f_M]^{\mathrm{T}}$。性能特性变差是衡量设计方案稳健程度的指标，变差越小，设计越稳健。

- 性能特性容差。是指设计人员对各性能特性变差变化区间的估计。性能特性变差是客观的，但具体性能特性容许变化的范围是由设计人员估计的，是主观的，需要设计人员的经验知识辅助。性能特性容差可表示为 $\Delta\boldsymbol{f}_0 = [\Delta f_{0,1}, \Delta f_{0,2}, \cdots, \Delta f_{0,M}]^{\mathrm{T}}$，性能特性目标与性能特性容差的关系表示为 $\boldsymbol{f} - \Delta\boldsymbol{f}_0 \leqslant \boldsymbol{f} \leqslant \boldsymbol{f} + \Delta\boldsymbol{f}_0$。

- 性能特性变差域。是指由性能特性变差构成的 M 维性能特性目标变化域。以对应的设计点 $(\boldsymbol{X}, \boldsymbol{P})$ 为原点，表示设计参数的随机变化对该设计方案的性能特性的波动影响。

（1）产品性能特性灵敏域

产品性能特性是指产品的性能指标或工作性能指标，通常是由几个相关的性能特性决定的，即产品输出的性能同时由多个特性度量。由于产品设计、加工和装配过程中产生的随机误差，或产品在使用过程中受到腐蚀、磨损和热变形等诸多客观不可控因素的影响，引起产品设计方案的设计参数 p 发生变差 $\Delta p = (\Delta p_1, \Delta p_2, \cdots, \Delta p_G)^{\mathrm{T}}$，导致产品设计方案的产品性能特性 $f(x, p)=[f_1, f_2, \cdots, f_M]$ 的值 $f(x_0, p_0) = [f_{1,0}, f_{2,0}, \cdots, f_{M,0}]$ 发生 $\Delta f = [\Delta f_1, \Delta f_2, \cdots, \Delta f_M]$ 的改变。对于给定的产品性能特性容差 $\Delta f_0 = [\Delta f_{1,0}, \Delta f_{2,0}, \cdots, \Delta f_{M,0}]$，存在变差 Δp，导致产品设计方案 (x_0, p_0) 的性能特性值 $f(x_0, p_0)$ 发生的改变 Δf 小于或等于产品性能特性容差 Δf_0，则称变差 Δp 的集合为灵敏域 S，计算公式如下：

$$S(x_0, p_0) = \{\Delta p \in \mathbf{R}^G : (\Delta f_i)^2 \leqslant (\Delta f_{i,0})^2, \forall i = 1, \cdots, M\} \quad (5\text{-}66)$$

式中，$\Delta f_i = f_i(x_0, p_0, \cdots, \Delta p) - f_i(x_0, p_0)$。

在灵敏域内，产品设计方案 (x, p) 是稳健的，即产品设计方案 (x, p) 的产品性能特性 $f(x, p)$ 对设计参数 p 的变差 Δp 不敏感，是稳健的。当受到可控因素和不可控因素影响时，产品设计方案 (x, p) 的产品性能特性 $f(x, p)$ 与设计理想值发生了偏差，但产品仍然能够准确地工作，产品设计方案 (x, p) 的产品性能特性 $f(x, p)$ 及其波动仍在允许的范围之内。以图 5-20 为例，点 A 在灵敏域内，点 B 在灵敏域边界上，点 C 在灵敏域外。在点 A 处、点 B 处设计参数 p 的变差分别为 Δp_A、Δp_B，导致产品设计方案 (x_0, p_0) 的性能特性值 $f(x_0, p_0)$ 发生改变 Δf，对于产品性能特性容差 Δf_0，有 $(\Delta f_i)^2 < (\Delta f_{i,0})^2$, $i = 1, 2, \cdots, M$ 或 $(\Delta f_i)^2 \leqslant (\Delta f_{i,0})^2$, $i = 1, 2, \cdots, M$；$\exists i$: $(\Delta f_i)^2 = (\Delta f_{i,0})^2$，即由变差 Δp_A、Δp_B 引起产品设计方案 (x_0, p_0) 的性能特性值变化 Δf 在允许容差 Δf_0 范围内，则产品设计方案 (x_0, p_0) 的性能特性 $f(x, p)$ 对设计参数 p 的变差 Δp_A、Δp_B 是不敏感、稳健的。而点 C 处设计参数 p 的变差为 Δp_C，导致产品设计方案 (x_0, p_0) 的性能特性值 $f(x_0, p_0)$ 发生改变 Δf，对于产品性能特性容差 Δf_0，存在一个产品性能特性值发生改变大于产品性能特性容差，即 $\exists i$: $(\Delta f_i)^2 > (\Delta f_{i,0})^2$, $i = 1, 2, \cdots, M$，则产品设计方案 (x_0, p_0) 的性能特性 $f(x, p)$ 对设计参数 p 的变差 Δp_C 是敏感、不稳健的。

（2）产品性能特性的稳健性度量

从稳健设计角度出发，为了保证产品设计方案 (x_0, p_0) 的性能特性 $f(x, p)$ 对变差 Δp 不敏感，必须使产品性能特性值 $f(x_0, p_0)$ 在设计参数 p 发生变差 Δp 时的变化 Δf 保持在产品性能特性容差 Δf_0 允许的范围内。但由于设计参数 p 的变差 Δp 的不确定性，导致产品设计方案的灵敏域形状不规则，如图 5-21 所示。Ⅰ区域内，产品设计方案 1 的灵敏域面积大于产品设计方案 2 的灵敏域面积，则在 Ⅰ 区域内产品设计方案 1 的性能特性对设计参数的变差 Δp 不敏感，稳健性高；而 Ⅱ 区域内，产品设计方案 2 的灵敏域面积大于产品设计方案 1 的灵敏域面积，则在 Ⅱ 区域内产品设计方案 2 的性能特性对设计参数的变差 Δp 不敏感，稳健性高，因此无法判断产品设计方案的稳健性。

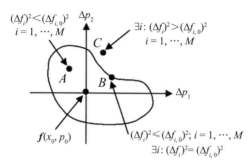

图 5-20　产品性能特性的稳健性与灵敏域的关系

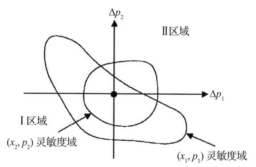

图 5-21　不同的产品设计方案灵敏域比较

　　为了能够对产品性能特性的稳健性进行度量，即对性能特性的灵敏域大小进行计算，采用极值法以灵敏域内极值圆代替形状不规则的灵敏域。如图 5-22 所示，当设计参数 p 发生变差 $\Delta p = (\Delta p_1, \Delta p_2)^{\mathrm{T}}$ 时，导致某个产品性能特性 $f_i(x, p)$ 的值 $f_i(x_0, p_0)$ 发生 Δf_i 的改变。对于给定的产品性能特性容差 $\Delta f_{i,0}$，取发生极值的情况，即当设计参数 p 的变差 Δp 导致产品性能特性值 $f_i(x_0, p_0)$ 的变化 Δf_i 最大，变差 Δp 位于 A 点，极值圆包含的灵敏域范围最小，将产品性能特性的稳健性度量定义为产品性能特性灵敏域内包含的最小半径的内切圆，称为灵敏域极值圆。灵敏域极值圆面积（半径）越大，包含的灵敏域范围越大，则产品设计方案的性能特性对设计参数的变差 Δp 越不敏感，稳健性越好。灵敏域极值圆半径计算公式如下：

$$\text{minimize:} \quad R(\Delta \boldsymbol{p}) = \left[\sum_{j=1}^{G} (\Delta p_j)^2 \right]^{\frac{1}{2}} \tag{5-67}$$

$$\text{subject to:} \quad \max(\Delta f_i)^2 - (\Delta f_{i,0})^2 = 0$$

式中，$\Delta f_i = f_i(x_0, p_0 + \Delta \boldsymbol{p}) - f_i(x_0, p_0)$，$\Delta f_{i,0}$ 为 $\max\limits_{i=1, 2, \cdots, M}(\Delta f_i)$ 对应的第 i 个性能特性设计容差。

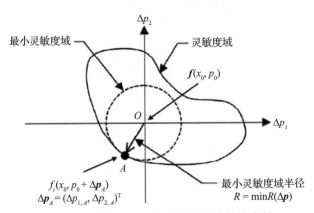

图 5-22 基于 MSRE 的性能特性稳健性度量

3. 产品稳健规划过程

产品性能特性稳健优化通过对多个相互之间保持竞争关系的性能特性进行稳健设计，使性能特性对设计参数的变差具有更低的灵敏性、更高的稳健性，但同时对多个性能特性实现稳健优化也增加了设计计算过程的复杂性。产品性能特性的稳健优化设计问题属于有约束非线性规划问题，需要由若干个极小化目标函数和若干个极大化目标函数共同决定，并且函数的变量具有限定范围的约束。可以结合稳健设计思想构造新的产品设计方法，从而提高实例产品性能的稳健性。

（1）产品性能特性的稳健约束

产品性能特性稳健优化设计在普通多目标优化约束条件基础上，建立稳健约束条件，在设计参数发生变差时，避免最优点变为违反约束条件的不可行解。定义灵敏度阈值系数 R_0，根据设计要求的设计参数变差范围计算获得的设计要求灵敏域极值圆半径，计算公式如下：

$$R_0 = \left[\sum_{j=1}^{G} (\Delta p_{j,0})^2 \right]^{\frac{1}{2}} \tag{5-68}$$

式中，$\Delta p_{j,0}$ 为给定的设计参数变差。

　　根据灵敏度阈值系数 R_0 的定义，灵敏度阈值系数 R_0 值越大，则设计要求对性能特性稳健性要求越高，要求性能特性对设计参数的变差越不敏感。因此，产品性能特性的稳健约束可以表示为：

$$R(\boldsymbol{x}) \geqslant R_0 \qquad\qquad (5\text{-}69)$$

式中，$R(\boldsymbol{x})$ 为对应某组设计方案（设计变量值）的产品性能特性的极值圆半径。

（2）产品性能特性的稳健优化数学模型

　　为了满足产品性能特性设计要求的同时优化性能特性对设计参数变差的稳健性，可以建立基于 MSRE 的性能特性稳健优化数学模型，在产品性能特性优化设计过程中，通过优化数学模型中的稳健约束，对产品性能特性优化获得的可行解进行稳健性筛选，减小可行域的范围，优化产品性能特性对设计参数变差的稳健性。产品性能特性稳健优化模型如下：

$$
\begin{aligned}
\text{minimize:}\quad & \boldsymbol{f}(\boldsymbol{x}, \boldsymbol{p}) = [f_1(\boldsymbol{x}, p_0), f_2(\boldsymbol{x}, p_0), \cdots, f_M(\boldsymbol{x}, p_0)] \\
\text{subject to:}\quad & g_l(\boldsymbol{x}, \boldsymbol{p}) \leqslant 0; l = 1, \cdots, L \\
& h_k(\boldsymbol{x}, \boldsymbol{p}) = 0; k = 1, \cdots, K \\
& x_i^{\min} \leqslant x_i \leqslant x_i^{\max}; i = 1, 2, \cdots, N \\
& R(\boldsymbol{x}) \geqslant R_0
\end{aligned}
\qquad (5\text{-}70)
$$

式中，$\boldsymbol{x}$ 为 N 维的设计变量，$\boldsymbol{p}$ 为 G 维的设计参数，$\boldsymbol{f}$ 为 M 维的产量性能特性（目标函数），g_l 为不等式约束，h_k 为等式约束，$R(\boldsymbol{x})$ 为产品性能特性的极值圆半径。

（3）产品性能特性的稳健优化实现

　　在建立产品性能特性稳健优化模型的基础上，通过广义差分多目标进化算法（General Differential Evolution algorithm，GDE），在对产品性能特性的多目标求解过程中，进行最小灵敏域估计计算，获得最小灵敏域半径，进而得到多目标稳健解，最后通过 Pareto 选优获得多目标稳健优化解。产品性能特性的稳健优化实现主要包括以下三个主要步骤。

　　步骤一：该过程不考虑设计参数的变差和优化目标的容差，用 GDE 对产品性能特性设计要求进行多目标求解。首先，通过试验运行确定 GDE[12] 的运行参数，如种群个数、目标差分进化算法缩放因子、迭代次数、交叉概率等；然后，对产品性能特性数学模型（不包括稳健约束、设计变量变差、性能特性容差）用 GDE 求解，获得 Pareto 最优解集。

　　步骤二：基于 MSRE 的性能特性稳健求解，通过包含稳健约束的产品性能特性稳健优化模型，结合最小灵敏域估计，利用 GDE 对产品性能特性设计要求进行多目标求解。首先，设置与步骤一相同的 GDE 运行参数；然后，对产品性能特性稳健优化数学模型求解，获得 Pareto 稳健最优解集，求解过程中产品性能特性稳健优化数学模型和最小灵敏域估计数学模型两个求解子任务相互迭代，最小灵敏域估计数学模型的求解采用 GDE 进行单目标求解计算。基于 MSRE 的性能特性稳健求解主要包括以下六个主要步骤。

Step 1：设定产品性能特性稳健优化模型求解的初始化参数，多目标差分进化算法缩放因子 F、初始种群数量 NP、遗传代数 Gen、交叉概率 CR，进入产品稳健优化数学模型求解子任务。

Step 2：随机生成初始种群 X_0。

Step 3：对种群中的个体随机进行变异操作，生成临时变异个体群 $V_{i, G+1}$。

Step 4：对种群中生成的临时变异个体群 $V_{i, G+1}$ 进行交叉操作，生成杂交个体群 $U_{i, G+1}$。

Step 5：进入最小灵敏域估计模型求解子任务，根据设计参数变差和设计目标容差，以变差 Δp 作为变量，设定最小灵敏域估计模型求解初始化参数，多目标差分进化算法缩放因子 F'、初始种群数量 NP'、遗传代数 Gen'、交叉概率 CR'，依次对杂交个体群 $U_{i, G+1}$ 和父代个体群 $X_{i, G}$ 的个体进行最小灵敏域估计计算，计算非劣解的极值圆半径大小 $R(\bm{x})$，求得的 $R(\bm{x})$ 返回产品性能特性稳健优化模型求解子任务作为稳健约束。

Step 6：对杂交个体群 $U_{i, G+1}$ 和父代个体群 $X_{i, G}$ 进行选择替换操作，生成具有更高适应度的新种群 $X_{i, G+1}$。

重复 Step 3～Step 6，直到到达设定的遗传代数 Gen，终止运算，获取优化目标函数的非劣解集。主要步骤流程图如图 5-23 所示。

步骤三：在前两个步骤获得 Pareto 最优解集和 Pareto 稳健最优解集之后，将性能特性稳健优化获得的 Pareto 前沿与普通优化设计获得的 Pareto 前沿相互接近或重叠的区域，作为 Pareto 优选区域。在 Pareto 优选区域范围内，该部分的 Pareto 稳健最优解与普通优化设计获得的 Pareto 最优解相互接近或重叠，尽可能减少由灵敏域稳健约束带来的 Pareto 最优解损失，同时该部分的 Pareto 稳健最优解属于性能特性稳健优化获得的 Pareto 前沿，既保证了 Pareto 解集的稳健性，又兼顾了产品性能特性优化，避免在增加灵敏域稳健约束后，设计可行解的范围大大缩小，从而丢失很多 Pareto 优化解。采用基于模糊集合理论的 Pareto 优选方法，获得产品性能特性稳健优化解。

定义成员函数 μ_i 表示一个解的第 i 个目标值所占的比重，计算公式如下：

$$\mu_i = \begin{cases} 1 & f_i \leqslant f_i^{\min} \\ \dfrac{f_i^{\max} - f_i}{f_i^{\max} - f_i^{\min}} & f_i^{\min} \leqslant f_i \leqslant f_i^{\max} \\ 0 & f_i^{\max} \leqslant f_i \end{cases} \qquad (5\text{-}71)$$

式中，$f_i^{\max}$ 和 $f_i^{\min}$ 分别为 Pareto 优选区域内第 i 个优化目标的最大值和最小值，f_i 为第 i 个优化目标的取值。

产品性能特性稳健优化模型求解（求解子任务一）：

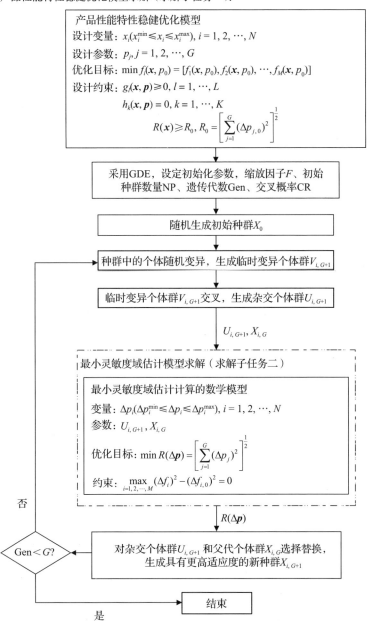

图 5-23　基于 MSRE 的性能特性稳健求解主要步骤流程图

对于 Pareto 优选区域所包含的每个非支配解 k，定义支配函数 μ^k，计算公式如下：

$$\mu^k = \sum_{i=1}^{N_{obj}} \mu_i^k \Big/ \sum_{j=1}^{M} \sum_{i=1}^{N_{obj}} \mu_i^j \qquad (5\text{-}72)$$

式中，M 为 Pareto 优选区域所包含解的个数，N_{obj} 为优化目标的个数。μ^k 值越大，表示该解的综合性能越好。

因此，将 Pareto 优选区域的 Pareto 集按 μ^k 值进行降序排列，得到 Pareto 解选择的优先序列，选择具有最大 μ^k 值的 Pareto 集解作为稳健最优解。

5.4 产品全生命周期设计分析

5.4.1 制造性和装配性设计分析

当前，产品设计阶段的目标着重于实现产品功能、满足技术指标，而较少考虑产品的结构和参数对后续生命周期过程中的制造性、装配过程中的便捷性的影响，缺少在设计阶段对后期制造、装配需求的响应。基于此，本节提出了基于知识驱动的产品制造性和装配性分析方法，分别从制造性和装配性对产品设计结构进行分析，提出设计改进建议，实现对产品结构面向不同生命周期阶段的权衡评价。

1.制造特征识别技术

制造特征识别技术是数字化设计制造一体化最关键的技术之一。无论是基于规则的制造性、装配性、技术性评价，还是基于特征的工艺推理及基于制造过程数据的零件成本估算，都是建立在这一关键技术之上。本节主要以基于 B-Rep（边界表示）表达的三维零件模型为数据源，研究零件的制造特征识别技术。制造特征识别过程如图 5-24 所示。

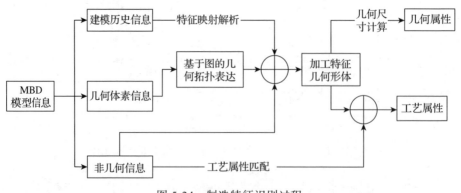

图 5-24 制造特征识别过程

　　MBD（基于模型的定义）模型中的实体信息（非管理信息）主要包括建模历史信息、几何体素信息和非几何信息。建模历史信息记录了设计人员利用三维造型工具建模的过程和结果。几何体素信息记录了模型的边界信息，与建模过程和历史无关，以 B-Rep 表达为主。非几何信息主要为标注信息，标注主要分为尺寸标注、粗糙度标注、几何精度标注和文本标注（技术要求），是对设计要求可视化的呈现，具有强烈的工艺语义。将上述三类信息有效利用起来，可以完整、高效地从模型中识别出加工特征及其加工要求。

　　本节采用基于几何体素的特征识别方法——中心－子图法。中心－子图法是对最小条件子图法进行改进后的新方法。最小条件子图是零件属性邻接图中与特征对应的最大子集。该方法首先确定特征拓扑中心面，然后以中心面为起点搜索子图，最后获得与预定义特征属性邻接图相匹配的最小条件子图。确定搜索起点可以避免进行无序搜索，提高子图搜索效率。基于中心－子图的特征识别过程中子图变换和匹配过程如图 5-25 所示。

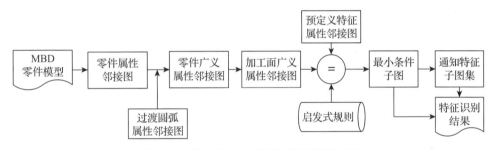

图 5-25　基于中心－子图的特征识别过程

　　根据零件模型的 B-Rep 结构中面和面的拓扑关系，构建零件属性邻接图。为了消除过渡圆弧（倒圆、倒角）对子图匹配的影响，先从零件属性邻接图中删除过渡圆弧面，获得零件广义属性邻接图。参考几何面上标注信息的标示，从零件广义属性邻接图中删除非加工面，获得加工面广义属性邻接图。每个特征中有一个结构相对完整且邻接较多其他特征面的几何面，这个面可以定义为特征的拓扑中心面。按照拓扑中心面的几何特征设计中心面属性图。以中心面为子图父节点，以特征的其他面为子节点，按照特征拓扑结构预定义特征属性邻接图。特征识别时，首先在加工面广义属性邻接图中匹配中心面节点，从中心面节点开始向外扩散寻找最小条件子图，获得初级特征。部分有着相同加工特性的初级特征（同质特征）可以合并为一个加工特征系。

2. 工艺知识建模技术

　　工艺知识建模技术以制造特征（Manufacturing Feature，MF）为对象，分析结构工艺知识、制造特征和加工工艺信息，构建工艺知识图谱，如图 5-26 所示。

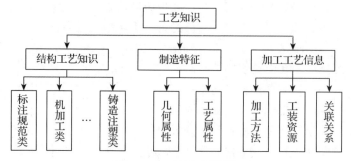

图 5-26　工艺知识图谱

定义基于特征的工艺知识集合 C：

$$C = \{MF, SK, PI\} \tag{5-73}$$

其中包括制造特征、以制造特征为基础的结构工艺知识和加工工艺信息。制造特征是指具有工艺属性的几何特征组合。定义制造特征集合 MF：

$$MF = \{f_1, f_2, f_3, \cdots, f_n\} \tag{5-74}$$

几何属性是指描述工件的形状、位置和尺寸等属性的信息，而工艺属性是指工件本身具有的材料属性及加工相关属性，如加工基准和尺寸、表面粗糙度要求和精度要求等信息。

结构工艺知识是指现有零件特征结构是否合理，能否正常加工的参考标准。其类型包括标注规范类、机加工类、钣金类、铸造注塑类、增材制造类等。表 5-2 和表 5-3，展示了两种简单知识实例。

表 5-2　机加工类结构工艺知识实例

编号	知识描述
1	底面与立面之间的圆角应该全部一致，不能有些有圆角、有些没有（底部圆角为刀尖圆角形成）
2	型腔中过窄的区域铣刀无法达到，加工困难
3	凹槽立面之间小的过渡圆柱面直径建议一致，不要太小，最好符合刀具直径系列

表 5-3　钣金类结构工艺知识实例

编号	知识描述
1	钣金百叶窗到半剪的距离大于指定值
2	钣金百叶窗到翻孔的距离大于指定值
3	百叶窗到简单孔的距离不能太小，应满足一定要求

加工工艺信息是指加工过程中可以量化的数据和信息，涵盖范围较广，主要包括加工方法（Methods）、工装资源（Tooling Resource）和关联关系。定义加工工艺信息集合 PI：

$$PI = \{(m_1, m_2, m_3, \cdots, m_n), (t_1, t_2, \cdots, t_n)\} \tag{5-75}$$

加工方法与工件的制造特征形成关联关系 F：

$$F = \{(f_1, m_1), (f_2, m_2), \cdots, (f_n, m_n)\} \tag{5-76}$$

这种关联关系由匹配规则确定。根据具体的制造特征，从工艺知识库中匹配相应的机床刀具及计算切削量等加工参数和已有的加工方法，形成加工路线。工装资源是指为加工过程提供辅助的硬件资源，如夹具、量具和刀具等，具体包括工装型号、性能参数等。加工工艺信息还包括工艺过程中的工艺路线、工步工序等信息。

将几何信息、工艺参数和语义规则三个工艺知识的组成部分以特征为中心整合起来，形成工艺信息集成系统。首先，将这些工艺信息要素通过数据库表存储起来，形成特征类型表和特征参数表。其次，针对特征的工艺属性，定义相关的语义规则。最后，根据实际加工背景，基于特征的工艺信息库定义工艺操作、特征方法、设备信息、工具信息，补充工艺操作表、特征方法表、设备信息表、工具信息表中的相关数据实例，形成加工工艺信息输出。

3. 制造性和装配性分析技术

零件的制造性分析是以工艺知识规则为支撑，结合历史关联数据的规律、隐性知识经验总结和相关标准准则，对零件的可制造性进行检查和评估的一种技术。制造性分析的前提是丰富的工艺知识规则，即把制造工艺中的经验信息以约定的数据格式写入计算机系统中存储起来，形成制造性规则库。

零件制造性分析技术框架如图 5-27 所示。制造性分析以零件三维模型为数据源，通过对模型信息的提取，包括几何信息和非几何信息，其中非几何信息包括标注信息、零件材质和技术要求等信息。以几何信息作为制造特征识别的信息源，通过与预定义的特征规则库匹配，进而将几何信息转化为制造特征，从而在制造性规则库中选择制造性规则，对零件进行制造性分析，输出制造性改进意见。

表 5-4 展示了一些制造性规则实例。规则语言字段包括编号、特征类型、规则类型、规则描述、评价等级。以规则 3 为例，特征类型为"凹槽"，规则类型为"结构工艺"，规则描述为"立面倒圆太深"，评价等级为"严重"，描述的是凹槽特征在设计时需要遵循的规范，当立面倒圆太深的时候，就会不利于加工，给出的评价等级是严重，即在深度直径比设计时没有遵循规范，建议查表重新设计。

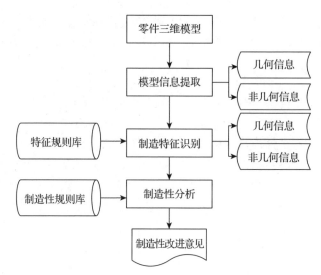

图 5-27   零件制造性分析技术框架

表 5-4   制造性规则

编号	特征类型	规则类型	规则描述	评价等级
1	轴类	结构工艺	垂直度被测要素是平面，不能采用最大实体要求	一般
2	孔类	标注规范	当被测轴线垂直度公差值是 0 时，必须采用最大或最小实体要求，否则零件无法制造合格	建议
3	凹槽	结构工艺	立面倒圆太深（深度直径比查表）	严重

　　产品的装配性分析是以装配体模型为对象，对于产品的可装配性进行分析的技术，如图 5-28 所示。装配性分析分为动态和静态两个部分，静态装配性分析主要利用装配性规则库中的装配规则知识，对装配体零部件间的定位稳定性、定位正确性和装配操作空间进行检查。动态装配性分析通过建立数字孪生装配模型，对装配模型的装配过程进行可视化的仿真，针对装配精度、装配顺序和装配干涉进行验证，针对装配中出现干涉的情况进行检查，通过可视化的仿真辅助规划装配的工艺过程。

　　在产品的装配性分析中，首先对装配体进行规则检查，判断静态装配是否符合规范，结合历史关联数据的规律、隐性知识经验的总结和相关标准准则，对零件的装配性给出评价和修改意见。装配性规则实例如表 5-5 所示。规则语言字段包括编号、规则类型、规则描述、评价等级。以规则 1 为例，规则类型为"干涉检查"，规则描述为"指定零件与其他所有零件之间不应该干涉"，评价等级为"严重"。

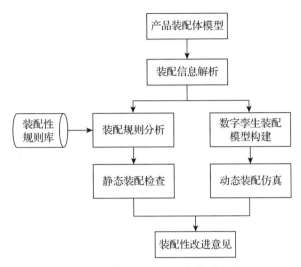

图 5-28　产品装配性分析技术框架

表 5-5　装配性规则

编号	规则类型	规则描述	评价等级
1	干涉检查	指定零件与其他所有零件之间不应该干涉	严重
2	紧固件检查	紧固件的连接长度应该大于指定值	一般
3	规范性检查	零件可达性，相邻零件之间安装面应贴合	建议

　　针对装配性的动态装配过程，还需检查装配过程中的动态干涉问题，需要建立可视化的装配仿真，针对装配性进行综合分析。

5.4.2　产品维护性分析

　　针对产品设计过程中对运维阶段的需求响应不足的问题，本节提出了运维数据驱动的产品维护性分析方法（见图 5-29），对产品运维服务数据进行处理，通过故障预测和故障分析帮助设计者明确潜在的故障问题并提前采取措施，消除或减少故障发生对产品的影响。

　　设计阶段的产品维护性分析包括故障预测和故障风险分析。故障预测是指通过对产品运维服务数据进行处理，利用 FP-tree 算法建立产品的频繁项集和关联关系挖掘模型，获取故障模式和相关因素之间的关联关系，在设计阶段辅助设计者进行产品故障发生情况的预测；故障风险分析是指根据前期的故障预测结果建立产品的故障风险评估矩阵，通过故障数据计算故障模式的发生率指标值，通过专家评价法对故障模式的严重度和探测度等指标赋值，采用模糊数表示来实现评价指标的统一表达，并消除专家评价过程中的不确定性，采用多属性决策法中的灰色关联分析法综合考虑不同风险指标的影响，计算风险值并进行风险排序。

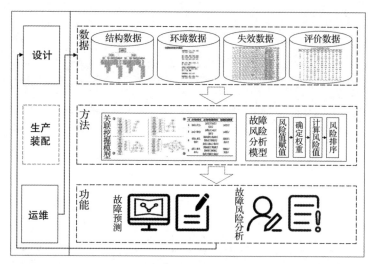

图 5-29   运维数据驱动的产品维护性分析方法框架

1. 基于关联规则的设计阶段产品部件故障预测

本节利用产品维护过程的故障记录数据，提出了基于关联规则的设计阶段产品部件故障预测方法，通过文本挖掘提取产品故障文本记录中的产品部件的故障模式、故障发生时间、工作环境和产品运行状态等相关因素，并构建故障事务数据集，利用关联规则挖掘，找出与频繁发生的故障模式有关的故障因素。当设计者设计具有相关故障因素的产品时，能预测产品部件可能发生的故障模式并提供给设计者，帮助设计者进行有针对性的改进。

基于关联规则的设计阶段产品部件故障预测方法的主要内容包括：对产品故障文本记录数据进行处理，提取其中有关故障信息的关键词信息，构建故障事务数据集；利用 FP 树算法对故障事务数据集进行频繁项集提取；采用朴素贝叶斯法计算不同因素下的部件故障发生频率，预测产品可能发生的故障模式。下面一一详细说明。

（1）产品故障文本记录的信息提取

产品运维阶段的故障文本记录数据表如表 5-6 所示，包含故障产品型号、故障发生时间、故障发生地质条件和故障问题描述，其中故障问题描述的内容多半以短句或长句的形式存在，难以直接用于关联规则挖掘。因此，在进行故障关联规则挖掘之前，需要对故障问题描述文本进行处理，从中提取关于故障的关键词，与故障发生时间、故障发生位置等信息一同构建故障问题语料库，用于故障关联规则挖掘。从故障问题描述文本中提取关键信息的步骤如图 5-30 所示，包括 Jieba 分词、词性标注、删除停用词、词汇标准化等步骤，最终得到由短语组成的故障问题语料库。

表 5-6　产品故障文本记录数据表

型号	时间	地质	问题描述
ZTE6250	2018.6	卵石	1.故障概述：2018 年 6 月 4 日中午，DZ357 设备巡检时，发现螺旋机齿轮箱内油液异常，有大量积水、泡沫、膨润土液。2.初步分析：初步分析为齿轮箱内唇形密封损坏，导致筒体内渣土在压力作用下，通过唇形密封位置进入齿轮箱

图 5-30　故障问题描述文本的关键信息提取

从故障问题描述文本数据中收集相关的问题文本，原始的问题文本集合为：

$$T_{原始} = \{t_1, t_2, \cdots, t_s, \cdots, t_l\} \tag{5-77}$$

式中，t_s 表示第 s 条记录，$s = 1, 2, \cdots, l$。

因为故障问题描述文本中的语句较长，为了便于后续挖掘分析，需要对其进行分词处理和词性标注。本节采用 Jieba 分词将长语句划分成多个短语或字的形式，并采用基于隐马尔可夫模型的词性标注法对分词的结果进行词性标注。处理后的问题文本矩阵为：

$$T_{处理后} = \begin{bmatrix} t_{11} & t_{12} & \cdots & t_{1p} \\ t_{21} & t_{sd} & \cdots & t_{2p} \\ \vdots & \vdots & & \vdots \\ t_{l1} & t_{l2} & \cdots & t_{lp} \end{bmatrix} \tag{5-78}$$

式中，t_{sd} 表示第 s 条问题的第 d 个标注词性的短语或字（$s = 1, 2, \cdots, l; d = 1, 2, \cdots, p$）。

将故障问题描述文本中的语句进行分词和词性标注处理后，删除其中的停用词，停用词主要为修饰用的词汇，保留故障部件和故障问题情况等关键词。考虑因为记录人员不同,同一含义的词汇可能有多个不同的形式,所以需要对同义词进行统一表达,以消除歧义。本节采用基于汉语词典的同义词库进行同义词消歧,利用同义词库找出具有相同意义的词汇,并从中选取合适的词汇进行同义词替换,从而实现词汇标准化。

故障问题描述文本经过提取后的关键信息主要包括故障发生部件和故障情况描述(见表 5-7),能简洁地对故障情况进行合理表达,与故障发生时间,故障发生地点等相关因素共同构建故障问题语料库,进行故障关联规则挖掘。

表 5-7　提取后的故障文本记录

型号	时间	地质	问题描述
ZTE6250	2018.6	卵石	齿轮箱内油液异常; 齿轮箱内唇形密封损坏

(2)基于 FP-tree 的频繁项集搜寻

为了进行关联规则分析,我们将产品型号、工作地质条件和故障问题描述文本集合一起建立故障问题语料库,如表 5-8 所示。

表 5-8　故障问题语料库

TID	Items	TID	Items
1	{A, C, E}	7	{B, C, G, H}
2	{A, C, E, F}	8	{B, C, H}
3	{B, C, E}	9	{A, D, E}
4	{A, D, F}	10	{B, D, G, H}
5	{A, C, G, H}	11	{A, C, F}
6	{A, C, G}	12	{A, D, E}

注:A:产品型号 -ZTE6250;B:产品型号 -ZTE8800;C:地质 – 花岗岩;D:地质 – 黏土;E:故障问题 – 固定节法兰面表面锈蚀;F:故障问题 – 开关闸门漏水;G:故障问题 – 齿轮箱内唇形密封损坏;H:故障问题 – 齿轮箱内油液异常

本节采用 FP-tree 算法进行关联关系挖掘。原始数据集处理过程如图 5-31 所示。第一次扫描数据,遍历数据集建立项头表,得到所有频繁项集的计数。然后删除支持度低于阈值的项,将 1 项频繁集放入项头表,并按照支持度降序排列。随后第二次也是最后一次扫描数据,将读到的原始数据剔除非 1 项频繁集,并按照支持度降序排列,得到 1 项频繁集的集合 $L-n = \{A:8, C:6, D:6, B:4, E:4, G:4, H:4, F:3\}$。

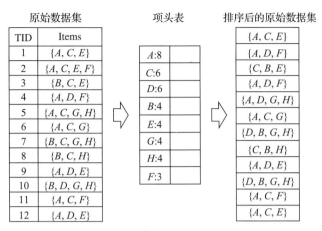

图 5-31　原始数据集处理过程

　　有了 1 项频繁集的集合 *L-n* 后，要建立 FP-tree。建立 FP-tree 时需要一条条读入排序后的数据集，插入 FP-tree，插入时按照排序后的顺序，排序靠前的节点是父节点，而靠后的是子节点。如果有共用的父节点，则对应的公用父节点计数加 1。插入后，如果有新节点出现，则项头表对应的节点会通过节点链表链接上新节点。直到所有的数据都插入 FP-tree，FP-tree 创建完成。其过程如图 5-32 所示。

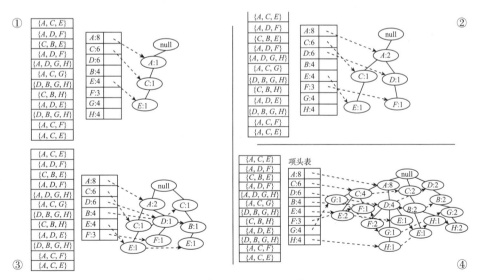

图 5-32　故障数据的 FP-tree 建立过程

创建 FP-tree 后要从 FP-tree 中构造条件模式基，所谓条件模式基就是以要挖掘的节点作为叶子节点所对应的 FP 子树。得到这个 FP 子树后，将子树中每个节点的计数设置为叶子节点的计数，并删除计数低于支持度的节点。从这个条件模式基，就可以递归挖掘得到频繁项集，如表 5-9 所示。

表 5-9　故障模式 FP-tree 的频繁项集

α 项	α 项下的条件模式基	α 项下的条件模式基 的所有组合	关联规则 相关的频繁项集
E	$\{(A{:}2),(C{:}2)\}$	$\{A, C, E\}{:}2\ \{A, E\}{:}2$ $\{C, E\}{:}2$	$\{A, C, E\}{:}2$
F	$\{(A{:}2),(D{:}2)\}$	$\{A, D, F\}{:}2\ \{A, F\}{:}2$ $\{D, E\}{:}2$	$\{A, D, E\}{:}2$
G	$\{(D{:}2),(B{:}2),(H{:}2)\}$	$\{D, B, G, H\}{:}2\ \{D, B, G\}{:}2$ $\{D, H, G\}{:}2\ \{B, H, G\}{:}2$ $\{D, G\}{:}2\ \{B, G\}{:}2\ \{H, G\}{:}2$	$\{D, B, G\}{:}2\ \ \{H, G\}{:}2$
H	$\{(D{:}2),(B{:}3),(G{:}3)\}$	$\{D, B, G, H\}{:}2\ \{D, B, H\}{:}2$ $\{D, G, H\}{:}2\ \{B, G, H\}{:}2$ $\{D, H\}{:}2\ \{B, H\}{:}3\ \{G, H\}{:}3$	$\{D, B, G\}{:}2\ \{G, H\}{:}3$

（3）基于朴素贝叶斯的产品部件故障预测

通过对产品部件故障信息的关联挖掘，得到部件故障和相关因素之间的频繁项集。在产品设计阶段，需要对本次待设计产品在相关因素下可能发生的故障模式进行预测，对产品部件故障的发生概率进行计算。本节采用朴素贝叶斯计算产品部件的故障发生率。首先计算产品零部件的先验概率和条件概率，计算公式如下：

$$P(Y=c_k)=\frac{\sum_{i=1}^{N}I(y_i=c_k)}{N},k=1,2,\cdots,K \tag{5-79}$$

$$P(X^{(J)}=a_{jl}\mid Y=c_k)=\frac{\sum_{i=1}^{N}I(x_i^{(j)}=a_{jl},y_i=c_k)}{\sum_{i=1}^{N}I(y_i=c_k)}, \tag{5-80}$$

$$j=1,2,\cdots,n;\ l=1,2,\cdots,S_J;\ k=1,2,\cdots,K$$

再计算给定相关因素条件下，各产品部件发生故障的后验概率，计算公式如下：

$$P(Y=c_k\mid X=x)=P(Y=c_k)\prod_{j=1}^{n}P(X^{(j)}=x^{(j)}\mid Y=c_k) \tag{5-81}$$

从而得到不同产品部件可能发生故障的概率，并将故障概率和相关信息推送给设计者，帮助设计者从产品故障角度分析这些产品部件是否需要改进。

2. 基于模糊理论的产品失效模式及影响分析技术

产品失效模式及影响分析法（FMEA）能发现、评价产品的潜在失效故障情况及其后果，提供减少或避免失效发生的策略，其流程如图 5-33 所示。首先确定分析对象，然后进行结构分析，将对象分解为系统、子系统、组件和零件等系统要素；进行功能分析，分析不同系统要素的功能和相互关联；进行失效分析，分析系统要素的潜在失效影响、失效模式和起因；进行风险分析，对失效模式进行评级，最后获得风险度排序。

结构分析的目的是将整体分解，以便进行功能分析。系统结构由系统要素组成，系统要素包括系统、子系统、组件和零件等。可以采用结构树的形式进行分析，结构树按层次排列系统要素，并通过结构化连接展示相互关系。结构分析需要从上至下对产品进行分解，从产品由哪些系统组成开始，到每个系统下面是否存在子系统或只由零部件组成系统，每个子系统的零部件组成等。图 5-34 是螺旋输送机的结构树示例。

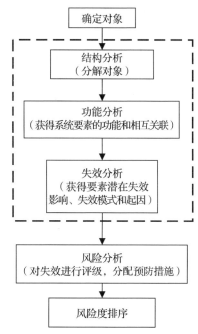

图 5-33　产品失效模式及影响分析流程

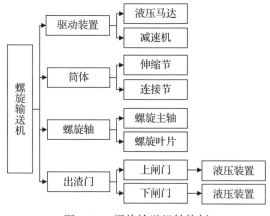

图 5-34　螺旋输送机结构树

通过结构分析建立结构树后，我们可以从中获得不同级别之间系统要素的关系。以液压装置为例，它的上一级系统要素是闸门，下一级系统要素是液压元件，即如果液压装置失效，可能导致闸门失效，而液压装置失效可能的起因是液压元件故障，这就为后面的功能分析和失效分析提供了基础。

功能分析的目的是确保设计要求中规定的功能被适当分配给系统要素，功能可以与结构树中的系统要素挂钩。每个功能要被分配给一个系统要素，一个系统要素可以包含多个功能。功能分析可在结构分析的基础上进行，根据结构树模型采取自上而下的方式进行，分析整体需要的所有功能，每个功能是由哪个系统或哪些系统协作完成的，再对系统进行功能分解，最终将功能分解到零部件上，从而形成与结构树对应的功能树。以上闸门为例，上闸门的功能为门的开闭，其上一系统要素出渣门的功能为排出土渣，其下一级系统要素液压装置的功能为提供驱动动力，即液压装置提供动力驱动上闸门开闭，实现出渣门的排出土渣功能。

失效分析是指识别系统要素的失效起因、模式和影响，并显示它们之间的关系，以便进行风险评估。系统和子系统的失效模式描述的是某个功能的损失或退化，如出渣口无法排出泥土，而组件和零件的失效模式描述的是具体要素出现的问题，如液压装置的密封件损坏。失效分析在结构分析和功能分析的基础上进行，根据结构/功能树模型采取自上而下的方式进行，分析每个功能失效的情况及导致失效发生的下一级失效情况，最终得到每个要素的失效模式、下一级别的失效情况（起因）和上一级别的失效情况（影响）。例如，上闸门无法打开的失效模式，它的起因是下一级要素液压装置的密封件损坏，造成的影响是上一级单位出渣口的排出土渣功能失效。

通过对螺旋输送机的系统和结构进行分析，我们得到了失效模式的情况和原因相关分析结果。需要多位专家对这些失效模式进行评价，因为专家评价多为语言评价，为便于后续的风险值评定排序，还需将语言评价通过数值转化为精确评价术语。

本节以专家对失效模式的严重度（S）、发生频率（O）和可探测度（D）三个变量的分析等级评定为基础，通过模糊语言矩阵和灰色关联决策转化为实际数据进行后续的风险值计算和排序。首先建立专家对三个变量分析的模糊评价术语集，每个变量都包含很高（VH）、高（H）、中等（M）、低（L）、很低（VL）五个相关评价术语，含义如表 5-10 所示。

表 5-10 相关评价术语的含义

评价术语	严重度（S）	发生概率（O）	探测度（D）
很高（VH）	失效一直发生	造成整个产品或系统功能失效，危及使用者安全	失效不被检出的概率极高
高（H）	失效经常发生	造成产品或系统功能出现较大问题，丧失基本功能	失效不被检出的概率较高
中等（M）	失效偶尔发生	产品或系统能使用，但是某些重要特性受到影响	失效偶尔不被检出

（续）

评价术语	严重度（S）	发生概率（O）	探测度（D）
低 （L）	失效相对较少发生	产品或系统功能正常，只对某些特性产生微弱影响	失效不被检出的概率较低
很低 （VL）	失效不太可能发生	不会对产品或系统产生任何影响	失效不被检出的概率极低

对模糊评价术语进行定量评价，用三角模糊数表示为 $A = \{a, b, c\}$，相关隶属函数如下：

$$\mu_A(x)=\begin{cases}0 & x \leqslant a \\ (x-a)/(b-a) & a < x \leqslant b \\ (c-x)/(c-a) & ab < x \leqslant c \\ 0 & x > c\end{cases} \tag{5-82}$$

假设评价专家为 n 人，第 i 个专家的评价权重为 β_i，该专家对其变量的模糊评价术语分别为 a_i、b_i、c_i。通过如下计算公式可以得到专家团对该变量评价的模糊数：

$$a=\sum_{i=1}^n \beta_i a_i; b=\sum_{i=1}^n \beta_i b_i; c=\sum_{i=1}^n \beta_i c_i \tag{5-83}$$

式中，$\sum_{i=1}^n \beta_i=1$。

得到相关专家对变量评价的模糊数之后，需要进行非模糊化，得到精确的评价数据，以便于后续的失效模式风险评估，计算公式如下：

$$A(x) = \frac{1}{2(1+N)}a + \frac{N+2NM+M}{2(1+N)(1+M)}b + \frac{1}{2(1+M)}c \tag{5-84}$$

其中，根据 a、c 与 b 之间的偏离程度来决定 M、N 的数值，M、N 的计算公式如下：

$$\begin{aligned}M &= b/c \\ N &= b/a\end{aligned} \tag{5-85}$$

根据专家知识经验的不同，赋予其评价术语不同的权重，通过相关公式计算可以得到严重度、发生概率和维修性等风险值的具体评价数值。

完成模糊评价术语集的模糊数转化和非模糊数化后，可以得到模糊评价术语集的清晰数。本节采用灰色关联决策的方法对各失效模式进行风险排序，灰色关联决策的具体措施如下。

1）建立比较矩阵。假设 $x_1, x_2, \cdots, x_n$ 分别表示产品的第 i 种失效模式，其中 $x_i(m)(m = 1, 2, 3)$ 表示对三种变量的评价。我们可以得到表示 n 种失效模型的比较矩阵：

$$\{x_i(m)\} = \begin{bmatrix} x_1 \\ x_2 \\ \vdots \\ x_3 \end{bmatrix} = \begin{bmatrix} x_1(1) & x_1(2) & x_1(3) \\ x_2(1) & x_2(2) & x_2(3) \\ \vdots & \vdots & \vdots \\ x_n(1) & x_n(1) & x_n(1) \end{bmatrix} \qquad (5\text{-}86)$$

2）建立参考矩阵。本节选择最差值作为参考基准建立参考矩阵：

$$\{x_o(m)\} = \begin{bmatrix} VH & VH & VH \\ \vdots & \vdots & \vdots \\ VH & VH & VH \end{bmatrix} = \begin{bmatrix} 10 & 10 & 10 \\ \vdots & \vdots & \vdots \\ 10 & 10 & 10 \end{bmatrix} \qquad (5\text{-}87)$$

3）计算灰色关联系数。根据灰色关联决策理论，可以计算出失效模式变量与参考基准的关联系数，计算公式如下：

$$\xi(x_o(m), x_i(m)) = \frac{\min_i \min_m |x_o(m) - x_i(m)| + \zeta \max_i \max_m |x_o(m) - x_i(m)|}{|x_o(m) - x_i(m)| + \zeta \max_i \max_m |x_o(m) - x_i(m)|} \qquad (5\text{-}88)$$

4）计算灰色关联度。考虑到在对失效模式进行风险排序时，各变量之间的影响程度不同，因此，设失效模式三个变量间的权重为 λ_i，则第 i 种失效模式与参考基准的关联度为：

$$\gamma(x_o, x_i) = \sum_{m=1}^{3} \lambda_m \{\xi(x_o(m), x_i(m))\} \qquad (5\text{-}89)$$

式中，$\sum_{(m)}^{3} = 1$。

5）排序。根据产品部件失效模式风险值的关联度进行排序，确定不同部件的风险顺序。以螺旋输送机产品为例，按上述流程进行分析，结果如表 5-11 所示。根据风险值的高低对不同的失效模式进行排序，对于螺旋叶片等具有高风险的失效模式的部件，需要设计者制定改进措施，从而降低相关部件的风险。

表 5-11　螺旋输送机产品的 FMEA 失效分析

失效模式	所属部件	影响的系统	S	O	D	风险值
螺旋叶片开裂	螺旋叶片	螺旋轴	9.72	3.47	9.72	0.77
液压缸密封损坏	上闸门液压缸	出渣门	8.37	5.98	8.37	0.69
齿轮箱进水	齿轮箱	驱动装置	8.37	5.98	5.98	0.64

（续）

失效模式	所属部件	影响的系统	S	O	D	风险值
齿轮磨损	齿轮箱	驱动装置	8.37	5.98	3.47	0.62
筒壁锈蚀	伸缩节筒体	伸缩节	8.37	3.47	3.47	0.57
油脂泵故障	油脂泵	驱动装置	5.98	3.47	8.37	0.55
法兰变形	固定节法兰	连接节	1.16	5.98	3.47	0.45

5.4.3 全生命周期成本分析

面向成本的设计（Design For Cost，DFC）概念最早在 20 世纪末出现。面向成本的设计是在满足用户功能需求的前提下，通过研究、分析和评价产品全生命周期中（设计、采购、生产、销售、使用、维修、回收、报废）各个阶段的成本构成情况，对原设计中导致产品成本过高的构造件进行设计修改，以实现降低成本的设计方法。

基于成本的产品全生命周期权衡评价模型针对设计环节难以对制造、装配、维护环节的需求进行响应的问题，通过对产品制造、装配和维护方案的分析，利用知识驱动的成本估算方法，可以实现快速成本估算和产品全生命周期综合设计分析，为设计方案的改进提供辅助建议，在帮助及时发现设计问题的同时，也能提高产品的迭代效率。以电梯为例，基于成本的产品全生命周期权衡评价模型总体框架如图 5-35 所示。

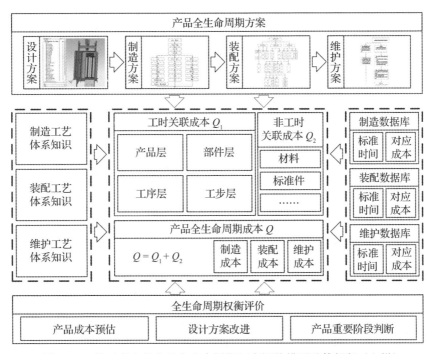

图 5-35 基于成本的产品全生命周期权衡评价模型总体框架（电梯）

主体思路如下。

1）由设计方案得到对应的制造、装配和维护方案，形成该产品全生命周期方案。产品的制造、装配和维护方案作为对应分析的基础，描述了产品在各生命周期阶段的主要内容。

2）构建相对应的制造、装配和维护工艺体系知识，覆盖对应过程中需要用到的全部工艺和评价影响因素。将设计知识转化为对应的工艺知识库，从而可以与设计方案中的内容形成对应，解释和补充设计方案中的步骤，为设计方案修改迭代提供支持。

3）构建基于专家经验或既往生产数据的制造、装配和维护数据库，包含工艺体系中不同工艺内容的标准时间和对应成本信息。工艺内容的标准时间和对应成本与车间的实际地域、装配、管理等相关，是影响成本估算进而影响全生命周期综合评价结果的重要因素。

4）基于工艺体系知识和制造数据知识构建产品全生命周期成本模型。产品全生命周期成本模型需要考虑产品在各生命周期阶段的实际情况，结合工艺体系知识和数据库，实现对于产品结构的正确划分、产品成本的合理计算、产品信息的有效整合，为产品全生命周期权衡评价提供依据。

5）实现包括产品成本预估、设计方案改进和产品重要阶段判断的全生命周期权衡评价。产品成本预估为设计和管理者对设计方案的成本控制和评价提供参考；设计方案改进为设计者改进设计提供合理建议；产品重要阶段判断为设计者把握产品关键部件和关键生命周期阶段提供帮助。产品全生命周期权衡评价作为整个流程的输出阶段，为产品设计方案迭代提供支持。

1. 基于数字孪生和制造过程数据的制造成本估算方法

现阶段，对于制造成本的估算都在工艺规划阶段，估算过程慢、流程长，估算的成本数据无法对设计阶段形成反馈，实现自适应设计的需要。因此，基于数字孪生五维模型，本节提出了一种基于数字孪生技术的零件制造成本评估框架（见图5-36），可以服务于设计、工艺规划、成本评估等多种自适应设计。

基于数字孪生技术的零件制造成本评估是通过生产制造过程的数字化实现的。通过物理生产过程的数据化，实现对制造过程数据的利用；通过建立零件的工艺仿真、工艺决策、成本预测，实现虚拟生产环境的搭建；物理生产过程的数据和虚拟生产环境实现信息交互与双向映射，虚拟生产环境可以从物理生产环境中实时获取与工艺规划成本仿真有关的制造过程数据，同时虚拟生产环境仿真的结果也可以反映给物理生产环境。通过物理生产环境及虚拟生产环境数据的融合，配合计算机辅助设计制造等技术，可以实现对设计阶段、工艺规划及成本评估等服务的支撑。

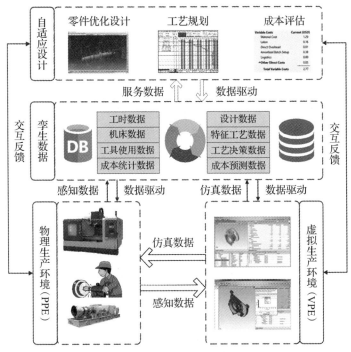

图 5-36　基于数字孪生技术的零件制造成本评估框架

　　本节提出了成本分解数据结构。成本可分为五类：材料成本、机器成本、劳动力成本、工具维护成本、消耗品成本。

　　1）材料成本。是指生产制造零件所需的原材料成本。原材料成本是指零件的净成本和废品成本的总和。净成本为制备零件毛坯实际消耗的材料成本，但是在实际中，零件的合格率不能保证为 100%，因此会有部分毛坯的浪费，这部分成本也要计算在内。

　　2）机器成本。是指加工零件操作设备所产生的成本，包括机床的启动准备、切削、切换刀具、机床折旧费等。在实际生产过程中，机床产生费用的计算时长并不是按照零件加工时间来算的，如果在加工中需要更换机床、待加工零件尚未准备好或更换刀具，都会导致超出实际的零件加工时间，因此这部分成本也要考虑在内。将这些成本聚类到一个机器成本中，既包含了机器单位时间消耗的平均成本，也包含上述的全部子类。

　　3）劳动力成本。是指零件加工过程中付给工人的劳动力成本。在实际过程中，工人薪酬按照技工等级进行划分，但是在成本估算的过程中，为了方便，可以选取平均值来代替平均消耗的劳动力成本。

　　4）工具维护成本。是指加工过程中对于刀具、夹具等工具的消耗产生的维护成本。这些成本往往不是直接产生的，属于间接成本，但是在生产过程中又是实际存在的，如刀具的更换成本。

5）消耗品成本。是指加工过程中工艺辅助的消耗品，如切削液、切削油等。这些成本的产生不是瞬时的，但是随着加工批量达到一定程度，就会累计产生，因此属于直接的附加成本，按照加工批量进行分摊。

上述成本明细按照计算方法主要分为三类：第一种为材料成本（C_m），该成本按照毛坯大小进行计算，与加工工时和批量无关；第二类成本为直接加工成本（C_p），该成本为加工直接产生，与工时有关，包括人工成本和机器成本；第三类为间接加工成本（C_o），包括工具维护成本和消耗品成本，因此总成本计算公式如下：

$$C = C_m + C_p + C_o \qquad (5\text{-}90)$$

其中，材料成本的计算公式如下：

$$C_m = v_b \times \rho_m \times w_m \qquad (5\text{-}91)$$

式中，v_b 是毛坯体积，ρ_m 是材料密度，w_m 是材料的单位质量成本。其中毛坯体积来源于三维零件的设计数据，材料密度和单位质量成本数据来源于材料库。

一个机械加工零件由 N 个制造特征组成。对于其中的某个特征，其加工路线包含若干工序，也就是说，一个制造特征是由多次加工操作组成的。以制造特征为单位，直接加工成本计算公式如下：

$$C_p = \sum_{i=1}^{n} C_{Fi} = \sum_{i=1}^{n} C_{ij} = (g_{ij} + g_L) \sum_{i=1}^{n} T_{ij} \qquad (5\text{-}92)$$

式中，C_{Fi} 为每个特征的直接加工成本，C_{ij} 为第 i 个特征第 j 次操作的成本，对于每个 i，其 j 由具体的工序内容决定。g_{ij} 为第 i 个特征第 j 次操作使用机器的费率，g_L 为人工费率，T_{ij} 为第 i 个特征第 j 次操作的工时。其中具体的工艺决策方法将在后文介绍。

间接加工成本 C_o 包括工具维护成本（C_T）和消耗品成本（C_C）。工具维护成本按照加工时长折算维护次数，维护次数的成本为固定值，计算公式如下：

$$C_T = u_x(n \times T_x / t_w) \qquad (5\text{-}93)$$

式中，u_x 为工具 x 的维修成本，n 为批量，T_x 为工具的使用时长，t_w 为工具的使用寿命，单位为 min。

消耗品较工具来说更换频率稍小，因此计算方法与工具维护成本有所不同，计算公式如下：

$$C_C = w_x(n/t_c) \qquad (5\text{-}94)$$

式中，w_x 为消耗品 x 的成本，n 为批量，t_c 为消耗品的使用寿命，单位为件。

2. 装配成本快速估算技术

装配过程是将零件按规定的技术要求组装起来，并经过调试、检验，使之成为合格产品的过程。用于产品成本分析的装配过程说明包括以下内容。

（1）待装配产品装配特性表示（装配树、装配 BOM 等）。

装配特性表示用于描述产品装配的零部件名称、类型、数量和层次关系等信息，是进行装配分析的基础。通过对装配 BOM 等信息的分析，可以将零散的零部件信息转化为结构化的层次信息，便于对装配成本的划分和估算。

（2）可用技术（人员、机器、工装等）。

可用技术用于描述装配车间进行装配操作的资源，不同的装配车间由于现有装配条件不同，对于产品的装配规划也有所区别。装配车间所处的地域等信息也影响装配资源的单位成本率，对装配成本估算至关重要。

（3）装配操作（工序、工步等）。

装配操作是装配成本快速估算的对象，对于不同零部件采取不同的装配操作，使用不同的装配资源，最终形成待装配产品的最终装配方案。可以将装配过程的成本结构划分为四个层次，如图 5-37 所示。

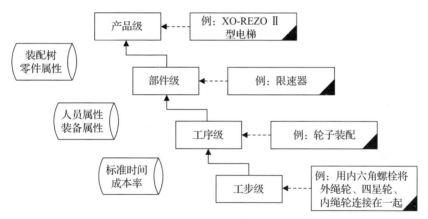

图 5-37　装配过程的成本结构

工步级是成本计算的最小单位，当工步内装配面和装配设备 / 工具不发生改变，通过标准时间和成本率信息，可以获得工步级的装配成本。多个工步构成工序，由于装配过程中装配面是发生变动的，为了更方便地进行装配，常常需要对部件进行移动、翻转等操作，需要多次装夹。部件的装配过程一般在单个装配车间或位置相近的装配车间进行，不同部件的装配工艺存在较大差别，同一类部件的装配过程存在一定的相似性。

从装配信息的分布来看，标准时间和成本率信息主要分布在工步级。由于人员和装备安排主要在工序级，人员属性和装备属性也主要分布在工序级，参与工序成本的估算。装配树和零件属性指导形成部件级和产品级的总装配成本结果。在这种层次划分中，每个层次的成本都是独立且清晰的，这一特点有助于在综合分析中进一步定位成本异常和成本集中的零部件位置。

装配成本的估算结合上述四个层次，自底向上进行计算，最终得到产品级的装配成本估算结果。具体的装配成本估算过程如下。

1）工步级装配成本计算公式如下：

$$C_{ij} = T_{ij} \times (p_{lij} + p_{mij}) + C_{wij} \tag{5-95}$$

式中，对于装配工序 i 中的装配工步 j，C_{ij} 为该工步的装配成本，T_{ij} 为该工步的标准工时，p_{lij} 为该工步的劳动成本率，p_{mij} 为该工步的机器成本率，C_{wij} 为该工步的固定装配成本。l 和 m 分别为描述劳动对象和机器对象的集合，计算公式如下：

$$l = \{l_1, l_2, \cdots, l_n\} \tag{5-96}$$
$$m = \{m_1, m_2, \cdots, m_k\} \tag{5-97}$$

假设工人 n 每天工作时间为 8h，每周工作天数为 5 天，每年工作周数为 48 周，年工资为 P_n，则劳动成本率计算公式如下：

$$p_l = \sum_n \frac{P_n}{8 \times 5 \times 48} = \sum_n \frac{P_n}{1920} \tag{5-98}$$

假设设备 k 预期寿命为 8 年，年运行时间与工人 n 工作时间相等，间接费用比例为 30%，购置成本为 P_k，则机器成本率计算公式如下：

$$p_m = \sum_k \frac{1.3 \times P_k}{8 \times 8 \times 5 \times 48} = \sum_k \frac{1.3 \times P_k}{15\,360} \tag{5-99}$$

2）工序级装配成本计算公式如下：

$$\mathrm{PC}_i = \sum_j C_{ij} + (1+d) \times T_{ai} \times (p_{li} + p_{mi}) \tag{5-100}$$

式中，对于装配工序 i，PC_i 为该工序的装配成本，d 为该工序中重新装夹的次数，T_{ai}、p_{li}、p_{mi} 分别为该工序中装夹一次的标准工时、劳动成本率和机器成本率。

3）产品 / 部件级装配成本计算公式如下：

$$\mathrm{AC} = \sum_i \mathrm{PC}_i \tag{5-101}$$

3. 维护成本快速估算技术

产品的维护过程大致可以分为日常维护和故障维修两类，结合维修时间和有无耗费，将产品维护进行划分，如图 5-38 所示。

日常维护是指产品的操作人员或维护人员定期对产品进行检查、维护和保养，检查诸如泄漏、压力变动等现象，及早发现事故和故障苗头，及时更换老化或损坏的零部件，防止重大事故发生。故障维修是指在出现故障后，由维修人员对故障进行排查和处理，使产品能够正常工作运行。无论是日常维护还是故障维修，需要进行的频次都随着产品的使用、老化而逐渐增加。

图 5-38　产品维护的象限划分

检查、检视、检测等维护工序，基本上只消耗维护人员工资成本，而其他维护工序，如补充润滑油、更换零件等，还要耗费额外的物资或设备成本，由此可以将产品维护工序分为无耗费和有耗费两类。

1）工步级维护成本计算公式如下：

$$C_{ik} = T_{ik} \times (p_{lik} + p_{mik}) + C_{bik} \tag{5-102}$$

式中，对于维护工序 i 中的第 k 种维护工步，C_{ik} 为该工步的维护成本，T_{ik} 为该工步的标准工时，p_{lik} 为该工步的劳动成本率，p_{mik} 为该工步的机器成本率，C_{bik} 为该工步的固定维护成本。l 和 m 分别为描述劳动对象和机器对象的集合，计算公式如下：

$$l = \{l_1, l_2, \cdots, l_n\} \tag{5-103}$$

$$m = \{m_1, m_2, \cdots, m_k\} \tag{5-104}$$

假设工人 n 每天工作时间为 8h，每周工作天数为 5 天，每年工作周数为 48 周，年工资为 P_n，则劳动成本率计算公式如下：

$$p_l = \sum_n \frac{P_n}{8 \times 5 \times 48} = \sum_n \frac{P_n}{1920} \tag{5-105}$$

假设设备 k 预期寿命为 8 年，年运行时间与工人 n 工作时间相等，间接费用比例为 30%，购置成本为 P_k，则机器成本率计算公式如下：

$$p_m = \sum_k \frac{1.3 \times P_k}{8 \times 8 \times 5 \times 48} = \sum_k \frac{1.3 \times P_k}{15\,360} \tag{5-106}$$

2）工序级维护成本计算公式如下：

$$PC_i = \int_1^Y \left(F_y \sum_k \left[T_{ik} \times (p_{lik} + p_{mik}) + C_{bik} \right] \right) dy \tag{5-107}$$

式中，Y 为产品预期寿命，y 为使用时间，F_y 为日常维护或故障发生的年频次，这是一个随时间变化的函数。

3）产品 / 部件级维护成本计算公式如下：

$$UC = \sum_i PC_i \qquad (5\text{-}108)$$

进而，产品的综合维护成本计算公式如下：

$$UC = \sum_i \int_1^Y \left(F_y \sum_k [T_{ik} \times (p_{lik} + p_{mik}) + C_{bik}] \right) dy \qquad (5\text{-}109)$$

当 F_y 随年度离散时，上式可表示为：

$$UC = \sum_i \sum_y^Y \left\{ F_y \sum_k [T_{ik} \times (p_{lik} + p_{mik}) + C_{bik}] \right\} \qquad (5\text{-}110)$$

当维护工步为无耗费维护时，$p_{mik} = 0$ 且 $C_{bik} = 0$；当维护工步有耗费但是不需更换零件时，$C_{bik} = 0$。

4. 产品全生命周期权衡评价

产品全生命周期权衡评价通过产品制造、装配和维护阶段的成本估算结果，综合考虑产品的结构、工艺等信息，为设计者提供设计优化建议，主要包含以下三个部分。

1）通过对三个阶段的成本估算结果进行分析，获得产品层次化的成本分布信息，帮助设计人员精确掌握产品制造、装配和维护操作的对应成本，为决策提供支持。

2）针对设计方案中成本异常的部件和工序，提醒设计人员进行必要的设计改进，协助找出设计中的失误，推动产品设计方案迭代。

3）针对不同产品对应的制造、装配和维护成本集中的阶段，引导设计人员加强关注，必要时升级对应设备和工艺，获得最高的产线优化效率。

以 DL553(ϕ900) 螺旋输送机部分零部件为例，按照制造成本排序，前十的零件如表 5-12 所示。

表 5-12　DL553(ϕ900) 螺旋输送机的制造成本　　　　（单位：元）

可视化显示	零件名称	制造成本	装配成本	维护成本	总成本
	前伸缩节外筒预焊件	1800	0	34	1834
	90° 弯头	1800	30	34	1864
	后伸缩节外筒预焊件	1800	61	28	1889
	伸缩节内筒	1500	203	86	1789
	后伸缩节内筒	1500	203	86	1789
	中间节 1	1300	178	56	1534
	中间节 2	1300	178	56	1534
	搅拌轴	1100	141	40	1281
	连接环	90	81	28	199
	隔离环	60	63	34	157

第 6 章

自适应设计支撑环境

产品自适应设计支撑环境的相关研究，首先，针对在线交互设计信息统一表达的需求及三维异构模型数据交换等问题，形成数据、模型和知识的在线产品数字化定义方法，支持基于模型的工程定义、数字孪生模型定义，并采用自主知识产权的三维数据中间格式 SVL，支持多种主流 CAD 精确几何模型的高质量在线数据转换，支持数字几何模型的数据转换。其次，针对产品设计过程中，设计人员查找相关设计资料花费大量时间，影响设计进度、降低设计效率等问题，通过搭建基于情境模型的知识推送系统，在设计人员设计过程中，为设计人员推送所需设计知识，简化设计流程、提高设计效率、降低设计成本、增加经济效益。然后，针对在线建模与装配的需求，开发基于 Web 的三维建模与装配工具，实现三维模型的轻量化，同时保证数据传输的流畅和同步，实现基于全新的云架构 CAD 系统参数化建模和装配等功能；构建基于 Web 的多用户同步分布式设计环境，建立实时通信机制、数据同步与冲突处理机制、协同权限管理机制、项目版本控制系统，实现基于可视化的多主体在线交互协同设计。建立基于过程、组织、支持系统三大要素的复杂产品协同研发分析模型，形成企业全业务链协同机制及冲突消解策略，建立闭环、动态、高效的自适应设计模式。最后，研发形成产品自适应在线设计平台和一系列相关工具和接口，能够与应用企业的现有系统集成支撑环境，辅助提高企业自适应设计的协同交互能力和研发质量。

6.1 自适应设计产品建模

6.1.1 在线三维产品参数化建模

本书通过研究三维几何造型、增量数据传输、数据存储等关键技术，研发了在线三维产品参数化建模工具，具有变量管理、草图绘制、实体特征建模等功能模块。

1. 变量管理模块

变量管理模块支持设计人员进行变量的创建、编辑、删除等管理工作。变量管理模块贯穿整个参数化建模流程。参数化驱动是在绘制模型中通过使用设计人员创建的变量添加对应的约束，通过修改变量的值，进行模型的驱动。变量支持表达式的输入。该模块界面如图 6-1 所示。

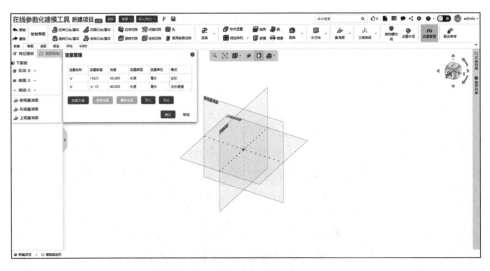

图 6-1   在线三维产品参数化建模工具变量管理模块界面

2. 草图绘制模块

草图绘制模块提供折线、圆、矩形、圆弧、椭圆、样条曲线、圆角、裁剪、偏移、转换边界、镜像、复制图元、草图字体、点、为草图添加多种绘制命令。设计人员可以方便、快捷地根据二维示例图进行草图的绘制。该模块界面如

图 6-2 所示。

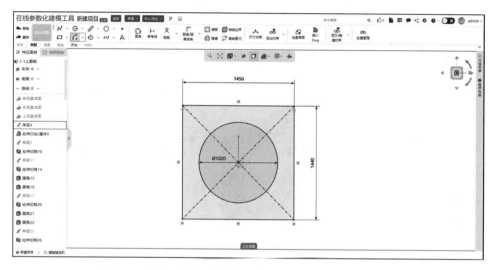

图 6-2　在线三维产品参数化建模工具草图绘制模块界面

3. 实体特征建模模块

　　实体特征建模模块提供拉伸、旋转、扫描、放样、孔、曲面切除布尔运算、线性阵列、拔模、抽壳、圆角等一系列实体特征，设计人员可以简单、快捷地创建对应的实体。该模块界面如图 6-3 所示。

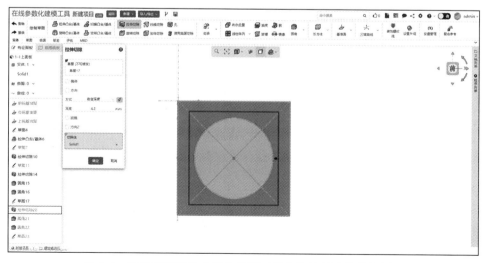

图 6-3　在线三维产品参数化建模工具实体特征建模模块界面

通过变量管理、草图绘制、实体特征建模，设计人员即可绘制对应的参数化模型，如图 6-4 所示。

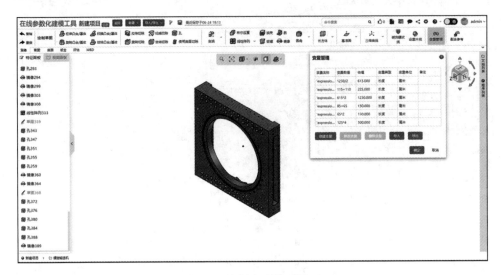

图 6-4　绘制完成模型界面

6.1.2　在线三维产品装配设计

针对装配设计过程，本节研究了零部件加载和装配配合的关键技术，解决了零部件的插入与更新、配合关系的创建删除与编辑、零部件的编辑等关键问题，实现了同轴、共线、重合、相切、垂直、距离、角度等多种配合类型；提供了自上而下的装配及高效的零部件的配合，保证装配与零部件之间的联动性，形成了"云 CAD+ 自适应过程管控"的新架构和较为完善的在线装配工具，有力支撑了自适应在线产品交互设计和平台开发。

1. 插入零件或装配模块

插入零件或装配模块支持设计人员插入创建的零部件模型，支持原点插入和零部件的更新与替换及零部件的编辑等操作。该模块界面如图 6-5 所示。

2. 配合模块

配合模块提供设计人员同轴、共线、重合、相切、垂直、距离、角度等多种配合类型，支持高效的零部件配合设计。该模块界面如图 6-6 所示。

通过定义装配活动、编辑装配对象、引入工艺装备等一系列的装配设计操作，可以创建一个完整的装配模型，如图 6-7 所示。

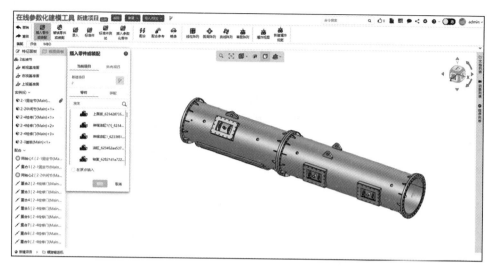

图 6-5　在线三维产品装配设计插入零件或装配模块界面

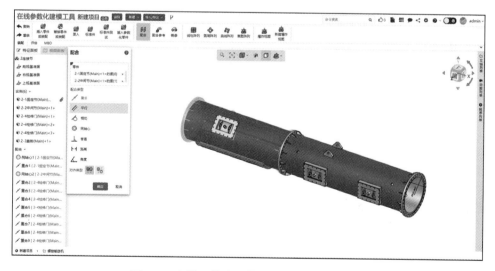

图 6-6　在线三维产品装配设计配合模块界面

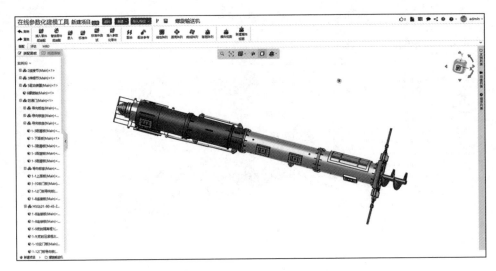

图 6-7　螺旋输送机模型

6.2　在线产品数字化定义

　　针对产品全生命周期信息繁多、数据异构、动态实时数据利用率低的问题，为加快信息传递的响应速度，缩短产品研制周期，保证产品质量，需以企业现况为基础，结合产品特点，开展产品设计数字化定义，实现在线交互设计信息的统一表达，保证信息的唯一性、准确性、完整性和规范性，提高企业研发信息传递效率。

6.2.1　基于模型的数字化定义

　　复杂产品具有尺寸大、形状复杂、设计信息繁杂、设计过程数据不能有效组织、信息表达与传递易出错、信息一致性难以保证等特点，严重影响了研发效率的提高。因此可采用基于模型的数字化定义技术，根据产品特征，明确三维环境下信息数字化空间模型及其关联关系，确定 MBD 数据集的具体内容、分类与标注形式，采用 MBD 模型定义产品设计相关信息，将产品信息通过可视化的三维模型进行表达，驱动全局设计过程规划和局部参数设计，实现信息的传递、表达及数字化管理，保证产品设计生命周期数据源的唯一性。

1. 数字化定义的空间模型

数字化产品定义是在产品全生命周期中对产品进行数字化描述，其中包括产品设计过程中各个阶段的数字化信息描述和数字化信息之间相互关系的描述。它以产品的信息建模技术为基础，应用于产品数据管理层，主要目的是实现产品的数字化定义及产品的数据管理。

根据产品特征，首先需明确三维环境下信息数字化定义的空间模型及其关联关系。数字化定义的空间模型主要包括模型几何空间 G、标注空间 P 和属性空间 Q。其中模型几何空间 G 用来表达产品模型的几何形状信息，可表示为：

$$G = \{G_m, G_t, G_a, \cdots\} \tag{6-1}$$

式中，G_m、G_t、G_a 分别表示模型的主几何特征、拓扑结构和辅助几何特征等信息。

标注空间 P 可表示为：

$$P = \{P_d, P_t, P_r, P_n, \cdots\} \tag{6-2}$$

式中，P_d、P_t、P_r、P_n 分别表示尺寸、形位公差、粗糙度、注释等非几何信息，该类信息可对加工过程的工艺进行约束，是 MBD 特征建模过程的信息依据。

属性空间主要用来表达版本信息、产品名称、代号等属性信息，是对 MBD 模型各类属性的综合描述，是完整表达产品信息的重要补充，可实现产品设计和改进过程中信息的追溯和控制。

由于产品设计信息具有多样性，通过几何、标注和属性空间相结合的方式对其进行完整的描述，增加了产品设计制造信息表达的灵活性。这种划分可有效提高三维数据的组织管理水平。

2. MBD 数据集内容

MBD 数据集作为产品唯一的数据源贯穿了产品设计的整个生命周期，实现了设计加工等信息的集成，提高了信息的传递效率，因此确定 MBD 数据集的内容是产品数字化定义的重要基础。

MBD 数据集的具体内容主要包括坐标系、几何模型、基准、标注集、属性信息和其他定义数据及要求等。MBD 数据集的内容可表示为：

$$D = CS \cup GM \cup DM \cup AO \cup AI \tag{6-3}$$

式中，D 为 MBD 数据集；CS 为坐标系，在数字化定义过程中，要建立多个坐标系进行辅助设计；GM 为几何模型，主要包括设计模型、标注和属性；DM 为基准，用来表示关联要素相对位置的点、线、面；AO 为标注集，主要包括三维环境下尺寸标注、公差标注、粗糙度等信息；AI 为属性信息，主要用于描述 MBD 模型的基本信息，如名称、编号、类型等。

（1）坐标系

坐标系用于描述产品三维模型空间位置关系，是产品信息的重要组成部分。

坐标系主要包括全局坐标系 CS^a、局部坐标系 CS^l 及辅助坐标系 CS^s。其中，CS^a 具有唯一性，CS^l、CS^s 主要用于表达具有关联关系的结构及相对位置等。计算公式如下：

$$\mathrm{CS} = \mathrm{CS}^a \cup \sum_{i=1}^{m} \mathrm{CS}_i^l \cup \sum_{j=1}^{n} \mathrm{CS}_j^s \qquad (6\text{-}4)$$

（2）几何模型

几何模型是 MBD 数据集的基础，主要用三维模型描述产品形状、尺寸、位置及装配关系等几何信息，也是非几何信息定义的载体，主要包括主几何特征和辅助几何特征。主几何特征用于描述产品实体造型特征，反映了实体的真实形貌；辅助几何特征仅在建模过程中辅助描述主几何体的状态，一些不需进行加工的量，如描述零件毛料的包络体等。

（3）基准

基准是产品数字化定义过程中定义设计特征的辅助对象，包括基准点 DM^l 和基准面 DM^s，可辅助定义产品模型特征和其他基准，如基准轴和基准曲线。计算公式如下：

$$\mathrm{DM} = \sum_{i=1}^{m} \mathrm{DM}_i^l \cup \sum_{j=1}^{n} \mathrm{DM}_j^s \qquad (6\text{-}5)$$

（4）标注集

标注集是以产品实体模型为依托描述产品尺寸、精度特征、注释等非几何信息。其中，尺寸信息是零件加工的直接依据，主要包括总体尺寸（如总长、总宽等），形状尺寸（如孔径、槽深等）和位置尺寸（如中心轴边距等）。精度特征用于描述几何形状和尺寸的许可变动量或误差，是产品设计的重要依据，主要包括公差、粗糙度。注释主要是文本、旗注等针对产品模型设计与制造的解释，一般标注在独立创建的标注平面内，如技术要求、表面处理说明等信息。

（5）属性信息

属性信息通常以特定的形式定义在产品模型结构树上，主要用于描述产品零部件的基本信息，包括零部件的编号、名称、数量、类型、重量、材料、设计人员、版本等信息，这些信息与产品几何信息一般没有直接关联关系，可采用格式控制符对其进行分割。

3. 三维标注实时显示

三维空间中信息的显示方向、角度、位置的不确定性导致标注信息在三维空间的位置难以确定，因此三维标注的创建和表达需依赖定义的平面，标注平面的定义将直接影响信息的显示效果。在创建三维标注时，首先要指定或根据用户输入计算三维标注所在的定义平面，其次需将拾取的要素通过投影、矩阵变换等方式转换到定义平面。

XOY、XOZ、YOZ 为默认的标注面，当标注信息特征与默认标注面平行或垂直时，标注信息显示在默认标注面或垂直面上，否则需根据相应规则创建与已知标注面平行或垂直的标注面。将拾取的几何信息变换到标注平面需先计算变换矩阵，即将世界坐标系的内容转换到定义平面中。

设空间一点 P 在世界坐标系和定义平面下的齐次坐标分别为 $(x_w, y_w, z_w, l)^T$ 和 $(x_c, y_c, z_c, l)^T$，世界坐标系和定义平面的关系可用旋转矩阵 R 和平移向量 t 来描述，则存在如下关系：

$$\begin{bmatrix} x_c \\ y_c \\ z_c \\ l \end{bmatrix} = \begin{bmatrix} R & t \\ O^r & l \end{bmatrix} \begin{bmatrix} x_w \\ y_w \\ z_w \\ l \end{bmatrix} = M \begin{bmatrix} x_w \\ y_w \\ z_w \\ l \end{bmatrix} \tag{6-6}$$

坐标的矩阵变换，假定坐标系的原点为 $O(x, y, z, l)$，变换矩阵为 T，通过变换后的坐标原点为 $O'(x', y', z', l')$，则计算公式如下：

$$O' = O \cdot T = \begin{bmatrix} x \\ y \\ z \\ l \end{bmatrix} \begin{bmatrix} T_{11} & T_{12} \\ T_{21} & T_{22} \end{bmatrix} = \begin{bmatrix} x \\ y \\ z \\ l \end{bmatrix} \begin{bmatrix} t_{11} & t_{12} & t_{13} & t_{14} \\ t_{21} & t_{22} & t_{23} & t_{24} \\ t_{31} & t_{32} & t_{33} & t_{34} \\ t_{41} & t_{42} & t_{43} & t_{44} \end{bmatrix} \tag{6-7}$$

为实现三维标注，需将用户拾取的点沿视线方向投影到与定义平面相交的点，并更新拾取点的信息。

三维标注中，随着模型的旋转，会出现标注信息翻转、颠倒等问题。为实现标注信息的实时显示，需对标注文字的方向、正反面、所在标注面、显示位置等因素进行考虑，从而保证模型旋转后标注信息的及时更新，以及标注文字位置及方向的正确性。可利用变换矩阵实现标注信息的实时显示，通过变换矩阵保证标注信息显示的正确性。当模型旋转完毕后，重新计算标注信息的显示变换矩阵，达到实时显示的效果。

4. 数字化定义信息的表达与展示

MBD 模型可以在三维模型上直观地展示标注信息来表达设计人员的设计意图。但当模型结构复杂、设计信息繁多时，如将尺寸、公差、基准、粗糙度等众多标注信息全部标注在三维模型上，会导致标注信息互相重叠干涉、标注信息混乱、信息传递困难，甚至产生标注的"刺猬"现象，不利于操作与浏览，因此如何合理表达、展示和传递这些信息尤为重要。

（1）基于方位的视图集划分

将多视图表达方法引入三维模型数字化定义，在三维模型空间构建多个子模型空间（视图），同时引入标注平面（MBD 数据集中非几何信息的平面集合）、视图捕捉（子模型空间中观察方位的捕捉，可全面表达产品特征）的概念，并通过多个视图组合来表达完整的 MBD 模型。

为更直观地定义 MBD 数据集，需针对产品在各方位面具有的设计特征，结合视图集、标注平面集、特征集、捕捉集之间的关系，确定视图集的分类及各视图中特征信息的分类和结构，从而实现产品设计三维模型视图集的定义。每个视图集都应包含所在方位相关视图，每个视图都应包含源模型特征（如孔、面、槽等）和添加在视图中的标注信息。

（2）视图与方位捕捉映射

多视图的引入会导致三维模型特征数据增加，无法在有限的模型显示空间表达所有特征。可针对模型视图创建一个或多个方位的捕捉集，主要包括捕捉的名称、方位、模型缩放率、视角等，并建立视图集和捕捉集之间的关系。依据视图集及其方位捕捉集的映射关系，设计人员可依据每个模型视图的方位及标注进行数字化定义。

多视图集的表达可有效避免模型数据增加、标注数据冗余重复问题。对于特征较多、单个视图无法完全表达细节特征的模型，可采用单视图加多方位捕捉的方法。按照数字化定义的流程，针对不同的视图创建不同的方位捕捉集，从而实现模型细节特征的完整表达。由于构建多视图及多方位捕捉，会导致在三维标注过程中对标注对象重复标注，因此还需进行标注对象的重复性检验，保证标注信息集合数据的唯一性。

（3）多视图表达的展示

多视图及多方位捕捉集的构建实现了模型不同视角、部位的三维细节信息的展示。由于各视图、捕捉集中模型的视角位置不同，为有效读取标注信息，避免信息干涉重叠，可引入 Camera 概念用于观察投影变换。如图 6-8 所示，Position 为观察点的位置，Sight vector（观察方向）和 Target（目标）用于确定投影面，Field height（窗口高度）和 Field width（窗口宽度）用于确定投影窗口的尺寸，Up vector 表示投影的正方向。

可以在每个视图中添加 Camera，通过 Position、Sight vector、Target、Field height 和 Field width 等参数的设置来实现不同视角、部位的三维模型的空间展示。

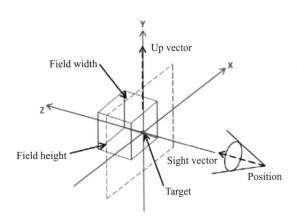

图 6-8　Camera 投影变换

5. 数字化定义信息的组织与管理

MBD 技术满足了产品全生命周期的数字化信息的需求，它不仅对数字化信息进行了合理的描述，而且定义了信息之间的相互关系，提高了产品研发效率。但其采用数据集的方式将设计、工艺、制造等信息集成在一起，在应用过程中势必存在定义数据繁多、管理复杂问题，导致无法快速、准确地获取所需信息，因此以三维模型为核心的数据组织与管理是数字化定义的关键。合理、有效地组织数据，能够极大地缩短检索、查询过程，使用户能快速获得所需数据。可通过结构树、图层等方法实现数据的组织管理，解决 MBD 环境下机械产品数字化定义技术工程化应用难题。

（1）以产品对象为核心的数字化组织模型

产品三维模型集成了设计数据、实体模型、坐标系、尺寸、公差、工程注释、管理信息、说明等定义数据，为有效地组织数据，可采用虚拟 Item 和虚拟 BOM 的概念实现产品数据的管理。虚拟 Item 主要指产品研制过程中某一阶段、某一数据片段的信息载体，它可以以合适的粒度表示产品数据片段。虚拟 BOM 是指借助于产品结构树的概念对虚拟 Item 进行组合，从而实现以产品对象为核心的数据组织。

以产品对象为核心的数字化组织模型就是以产品对象形成的产品结构树为核心来组织数据，将数据对象和产品对象相关联而形成的。对与产品对象相关的数据对象进行分类，将每类数据构造为虚拟 Item，并将其作为产品对象的子对象建立二者之间的联系。如图 6-9 所示，图中设计了 Item01、Item02 两个虚拟的 Item 对象作为数据粒度，将零件 1 的载荷分析数据和强度分析数据组织在一起。采用该方法可以将以产品对象为核心的数据组织在一起，降低管理复杂度。

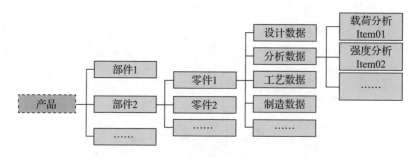

图 6-9　以产品对象为核心数字化组织模型

此外，为将 MBD 数据集元素进行规范表示，可以采用产品结构规范树的方法将产品各种类型的信息进行分类、关联、融合，并对外提供接口，实现所有产品信息的组织管理。结构规范树采用分类集合的方法，对于任何三维模型，包括不同的信息结点，如产品结构模型组织、产品几何形状、空间位置、材料信息等信息结点，产品零件间装配连接关系结点及其他常用类型结点。另外，设计人员可根据需求增加其他特殊类型的组织结点，通过在结构规范树上的选取，快速获得相关的产品定义的信息，实现设计模型信息的有序、可控。

（2）基于层表定义的数据管理

数字化定义的工程数据集中还需定义层表以区分产品不同类别的信息，层表管理粒度的设计、工艺、制造等分类信息，将相关信息定义到不同层中，建立相关层的层表过滤器，通过对层空间的关联组合控制，实现对产品元素信息的分类、筛选，从而快速、准确地获得相关信息。在发布 MBD 模型时，可将数据设为可见或隐藏，使设计人员更清晰地查看三维实体模型，并通过视图的引导查看相关设计信息，同时更好地保证了设计信息的安全。

6.2.2　数字孪生定义

传统的产品物理与信息系统分离设计，侧重产品信息表达的数字样机，无法精确描述真实物理产品。借助数字孪生技术，融合元模型理论、面向对象技术及基于模型设计方法，可以构建包含产品全生命周期各阶段、多学科领域及多层次的数字化统一信息模型，解决异构模型间数据交换、信息共享、重复建模等问题，实现数字孪生体全生命周期多阶段、多维信息的关联和融合，支持数据驱动的虚实映射迭代式设计。

1. 数字孪生虚拟样机元模型建模方法

因不同学科领域模型的建模系统不同，各异构模型之间的数据交换、信息共享及互操作难以实现，不同学科、不同阶段的多维异构信息无法在系统层普适性表达，数字孪生体的可扩展性较差。此外，建模过程中重复建模现象突出，导致设计成本高，数字孪生的物理与信息域数据交互缺乏交互联动。为有效支持复杂产品的设计开发，需构建形式上表达统一、语义一致、语法规范且包含产品设计全部信息的数字化统一模型，从而实现数字孪生体全生命周期多阶段、多维信息的关联和融合。

数字孪生多维信息包含多学科、多阶段物理空间和时间空间的信息集合，多维信息间难以直接关联，因此需要在更高层次上对产品的物理域、信息域及连接域进行关联。元模型建模可包含产品全生命周期的多维信息，支持数字孪生的普适性模型描述，可将多维信息融合关联，并映射得到不同维度的分析模型，从而获取产品全域信息。

元模型是描述模型的模型，是关于数据模型的概念及其相互间关系和约束的语义描述，具有较高的抽象性。元模型各层次间可以相互映射，是对系统更高层次的抽象，具有良好的数据交换和信息共享能力，具有良好的可扩展性，可以降低仿真模型的复杂性。元模型本质上是高层次抽象信息向低层次信息的实例化映射，其建模的关键是选择并建立领域中的对象、属性及对象概念之间关联关系等信息，利用面向对象的思想表达统一信息模型及语义及其关系，对元模型进行类化、组合及继承等面向对象操作，可得到产品设计不同阶段的学科元模型。

基于面向对象的思想，可采用下列五元组的形式表示虚拟样机元模型：

```
MM={<Object>|<Attribute>|<Constraint>|<Relationship>|<Method>}
```

（1）<Object>

表示对象，是对实体的客观描述，具有独立特性的个体，具有唯一的信息标识，其内涵通过属性和方法表达，外延通过关系和约束表达。其定义如下：

```
<Object>=<Product>|<Assembly>|<Part>|<Document>|<Feature>|<Function>|<R
    equirement>|<Behavior>
```

<Product>、<Assembly>、<Part>、<Document>、<Feature>、<Function>、<Requirement>、<Behavior> 分别代表产品、部件、零件、设计文档、特征（包括外形特征和结构特征）、功能（各组元协同作用内容的属性集合）、需求和行为（表示实体对象活动的属性集合）。

（2）<Attribute>

表示对象具有的属性，是对象特征的描述，其定义如下：

```
<Attribute>=<Requirement Attribute>|<Function Attribute>|< Structure
    Attribute>, <Attribute>=(a,t,v)
```

\<Requirement Attribute\>、\<Function Attribute\>、\< Structure Attribute\>分别代表需求属性、功能属性和结构属性。*a*, *t*, *v* 分别代表设计对象的属性、属性的类型及值。对象及其属性共同表达数字孪生的数据模型。

（3）\<Constraint\>

表示约束，是对对象属性的限定，其定义如下：

```
<Constraint>=<Geometry Constraint>|<Function Constraint>|<Structure
    Constraint>|<Assembly Constraint>
```

\<Geometry Constraint\>、\<Function Constraint\>、\<Structure Constraint\>、\<Assembly Constraint\>分别代表几何、功能、结构、装配约束。几何约束主要表示外形参数和尺寸参数，功能约束主要表示功能、性能等约束信息，结构约束主要包括零部件刚度、强度等约束信息，装配约束主要包括几何拓扑关系等，各类约束限制对应的属性。

（4）\<Relationship\>

表示关系，是指对象、属性或约束等组元间相互作用与影响，其定义如下：

```
<Relationship>=<Object Relationship>|<Semantics Relationship>
```

\<Object Relationship\>、\<Semantics Relationship\> 分别代表对象、语义关系。

（5）\<Method\>

表示方法，可以实现对象、属性、约束及关系等静态设计信息的操作，从而实现元模型的动态设计，其定义如下：

```
<Method>=<Get>|<Update>|<Addition>|<Delete>|<Reference>|<Function>|
    <Extraction>|<Aggregation>
```

\<Get\>、\<Update\>、\<Addition\>、\<Delete\>、\<Reference\>、\<Function\>、\<Extraction\>、\<Aggregation\> 分别代表获取、更改、增加、删除、引用、函数、提取、聚合八类方法。

2. 产品虚拟样机统一描述模型

基于上述分析，产品虚拟样机设计元模型定义为：{ 业务元模型、数据元模型、关联元模型 }。业务元模型主要描述虚拟样机某事物或定义组织方面的信息，如产品的零部件、项目等；数据元模型主要表示虚拟样机数据模型的属性等；关联元模型主要描述业务元模型和数据元模型的关系。通过将数据信息抽象为元模型对应的组元（对象、属性、约束、关系、方法），再利用各组元描述元数据概念模型，抽象描述产品各部分信息，从而构建产品虚拟样机设计元模型。

虚拟样机统一模型是利用元模型抽象表达虚拟样机全部信息的数字模型，是与产品设计过程相关的元模型，也是以实现数据交换、信息共享为目的的全部信息集合，包括过程、资源、知识、产品等元数据模型，各模型彼此关联，从时间、空间、产品层次等方面提供数据、信息和知识。通过该模型可以映射提取学科元模型进行工程应用，其本质就是产品、资源、知识向过程配置的迭代过程。

其中，过程元数据模型主要利用产品全生命周期的任务、过程、活动等组元表示建模过程的信息集合。资源元数据模型是产品全生命周期各阶段所需信息的抽象描述，包含一般性资源和自治性活动资源。知识元数据模型可抽象描述各种知识，从而可以有效控制、协调设计过程中不同阶段的活动，包括算法规则（表示知识元数据模型实现过程的程式化规范），控制机制（协调过程元数据模型各节点所需的数据、信息与知识），产品拓扑结构（用于表达虚拟样机的结构的收敛性、连通性及连续性），决策目标（过程元数据模型各节点知识作用于虚拟样机得到的输出结果）及其相互关系的抽象描述。产品元数据模型是利用对象、属性、关系、约束、方法五个组元构建的元模型。其构建逻辑完整、表达统一的产品数据模型可以描述产品所有的数据信息，有效实现各层次异构模型的数据交换与信息共享，可以更好地实现产品设计。

3. 数字孪生多维信息融合

数字孪生多维信息的关联和融合，关键在于实现物理实体和数字孪生模型二者之间的数据交换、信息共享。产品元数据模型为实现物理实体和数字孪生模型之间的关联提供了实现机制。通过数据传感获取各类数据，将多维数据输入数字孪生模型中，并根据元数据模型的语义管理机制进行信息驱动，实例化映射得到相应的数字描述模型，通过模型分析结果关联数字孪生模型；通过数字孪生模型和实例化数字描述模型之间的数据交互实现物理实体与数字孪生模型之间的数据关联；最终实现信息同步，完成多维信息的关联。

数字孪生多维信息融合（见图 6-10）是顶层描述信息与底层应用之间交互映射的过程，支持全生命周期物理信息与数字孪生模型之间全域信息融合。通过产品数据元模型向实例层映射的机制，可以得到整个数字孪生体相应模型的数字描述模型。基于数字模型和实体运行一致性的原理，通过数字描述模型的表述对数字孪生模型进行相应的调整，完成数字描述模型和数字孪生模型的实时同步。

整个数字孪生系统的模型层融合了几何、物理、行为、规则 4 层模型，几何模型与物理模型是对数字孪生体异构要素的描述；行为模型是在此基础上加入驱动及扰动因素，使各要素具备行为特征、响应机制及进行复杂行为的能力；规则模型是对物理实体及其模型在几何、物理、行为多个层面上反映的规律、规则进行刻画，并将其映射到相应的模型上，使各模型具备评估、演化、推理等能力。

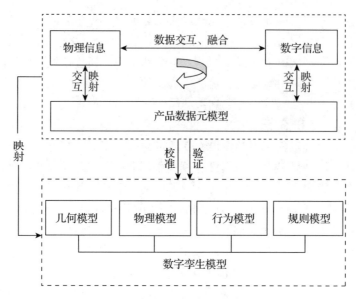

图 6-10 数字孪生多维信息融合

通过将获取的多维信息输入到产品元数据模型实例化数字模型中，可以对数字孪生体内部的全部模型同时进行校准和验证，保证数字孪生模型的相对完整性，实现与实体模型的运行一致性；提高信息交互的准确度，减少交互时间，进而提升产品的设计、研发效率和质量。

6.3 基于情境导航的自适应在线设计知识推送技术

为了解决设计人员在设计过程中花费大量时间、精力查阅相关资料的问题，可以通过技术手段，为设计人员提供有效的知识推送。知识推送是在正确的时间将正确的知识推送给正确的人。知识推送过程中最重要的一步是知识的匹配，也就是通过一个知识筛选过程，筛选出合适的目标知识。所谓目标知识，就是正确时间、正确知识和正确对象的交集。如图 6-11 所示，三个圆中左侧表示当前时间可能用到的所有知识、右侧表示当前任务可能用到的所有知识、下方表示当前用户可能具有的所有知识，三个圆的公共交集就是知识筛选的

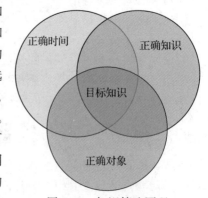

图 6-11 知识筛选原理

最终所需目标知识。

设计知识推送针对产品设计过程中，设计人员查找相关设计资料花费大量时间，影响设计进度、降低设计效率、延长设计周期、增加设计成本、降低产品效益等问题，搭建了基于情境模型的知识推送系统，在设计人员设计过程中，为设计人员推送所需设计知识，由此简化设计流程、提高设计效率、减少设计成本、增加经济效益。

设计知识推送技术主要通过研究设计情境建模相关方法，对产品设计过程进行描述，实现了设计产品管理、设计流程管理、任务情境模型构建、用户信息管理和用户情境模型构建功能；研究知识匹配方法，实现了知识库构建和维护管理、知识检索、知识情境模型管理、知识与知识情境模型映射关系管理等功能，进而实现设计知识与设计情境的匹配，为设计人员匹配最适合的推送知识。

6.3.1　多维度设计情境模型构建方法

知识推送的核心工作是知识匹配，知识匹配就是一个知识的筛选过程。情境在知识推送过程中起到重要作用，所以要将设计情境融入知识推送。相关情境模型的建立，是为了让知识匹配系统能够筛选出合适的目标知识。而建立情境模型的目标功能是保证正确时间、正确知识和正确对象这三个方面的知识筛选有理可依。情境模型由任务情境模型和用户情境模型组成。

1. 建立任务情境模型

为了保证在"正确时间"进行推送，模型需要能够根据模型中的信息计算时间节点，针对具体任务，就是计算设计当前所处阶段的信息。时间是保证知识推送准确、实用的至关重要的因素。用户在整个设计过程中要用到很多知识，具体使用的知识在一开始就已经确定，在后期条件不改变的前提下，推送要做的不是在整个任务设计过程确定所需之后就不加约束地给出所有知识，而是根据时间节点，排除暂时无用的信息，只推送当前有用的信息。

正确知识同样是对推送的最基本的要求，这一要求可以分成两点考虑，即推送所有有用的、被需要的知识和不推送无用、不被需要的知识。这两点都是知识推送系统所追求的，如果不能满足第一点，那么用户就不能从中获得需要的信息，推送对用户就失去了价值；而如果只能做到第一点却做不到第二点，即不能阻拦无用知识，则无法彻底解决知识查询时间成本太高的问题，因此必须同时追求保留精华和阻拦杂质。第一点要求的实现依赖知识管理数据库中的知识储存情况，第二点要求的实现取决于情境模型中要素的约束能力。

任务情境模型的建模过程如图 6-12 所示。

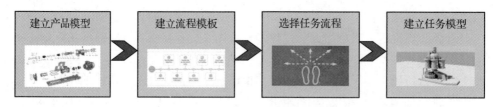

图 6-12　任务情境模型建模过程

（1）建立产品模型

在设计过程中，设计任务为不同的产品，情境建模也需针对不同产品建立相应模型。为了使情境模型更能表达当前设计情境，在建立任务情境模型前，需要先建立对应产品的产品模型。

对于机械产品，产品模型主要包括产品基本信息、产品标签和设计流程信息。其中，产品基本信息包括产品类型、名称等；产品标签包括该产品对应任务模型中的任务基本模型属性信息；设计流程信息主要包括产品组成信息与各组成部分设计步骤信息。

对于电梯产品，产品模型主要包括产品标签、产品组成部分和设计流程信息。产品标签包括层数、载重、载人、面积、上行速度、下行速度、工作时间、提升高度、门数、轿厢高度等，这些标签是任务情境模型建立所需的重要信息；产品组成部分包括曳引系统、导向系统、轿厢、门系统、重量平衡系统、电力拖动系统、电气控制系统、安全保护系统，这些是电梯产品的重要组成部分；设计流程信息包括产品各模块设计流程信息，如电梯曳引系统的设计包括曳引钢丝绳设计、导向轮设计、反绳轮设计，导向系统设计包括导轨设计、导靴设计和导轨架设计等。

（2）建立流程模板

在设计过程中进行知识推送，需要考虑时间信息，这里的时间指的是时间节点，即任务进行状态，这样才能针对当前任务进行情况推送相应知识。要得到当前进度信息，就要先设计任务流程，流程模板的作用就在于此。

流程模板的建立是在产品的基础上进行的。针对每种产品，预设其主流程模板和各部分子流程模板，并在任务情境模型建立过程中加以应用。主流程模板包括模块产品流程及产品各模块设计占时间情况，子流程模板包括模块设计流程及模块各步骤设计占用时间情况。

以螺旋输送机设计为例，其主流程为电机与减速器选择、螺旋叶片设计、螺旋轴设计、轴与叶片联结、联轴器选择、轴承选择、输送机外形设计、进出料口设计，主流程也可能没有螺旋轴设计过程，因为不是所有螺旋输送机都有螺旋轴。子流程模板与主流程模板类似。

（3）选择任务流程

根据产品设计需要，输入任务信息，最后选择任务流程，完成任务情境模型的建立。

2. 建立用户情境模型

为保证推送给"正确对象"，模型需要能够描述用户重要信息，系统能够通过对这些信息的分析，获取用户的知识需求区间。推送的信息需要面向正确对象，进一步筛选知识，提高信息推送的准确性。增加这样一条约束就像为系统添加了私人订制功能，针对不同用户提供不同推送方案，不同用户在面对相同问题时也将得到不同的帮助。用户情境模型包括用户属性信息，主要有用户基本信息、用户能力信息、偏好信息等。从专长和偏好两方面描述用户在各领域的水平，其中偏好由使用历史推测，并随着用户使用情况实时更新，实现信息的自动完善；根据用户使用情况，修正用户信息，以保证用户信息的准确性。

用户情境模型需要实现以下主要功能。

（1）用户信息管理功能

用来区分不同用户，同时保护用户信息，并将其应用于情境模型。根据不同用户信息构建用户情境模型，并在知识匹配过程中，结合用户信息进行知识匹配，以对用户进行合适的知识推送。

（2）产品管理功能

用于管理不同产品的任务情境标签和结构信息，在任务情境模型构建过程中选择相应设计产品，辅助完成任务情境模型构建。产品管理功能包含产品设计需求标签、设计模块及各模块设计步骤等。

（3）流程模板管理功能

收录常用设计流程信息，分为主流程模板和子模块流程模板。流程模板包括设计步骤及各步骤占用时间，系统以此判断设计任务进行情况。用户可根据自身需求管理、添加、删除流程模板和修改模板信息，在需要时直接调用。

流程模板管理功能包括模板新增、模板详细信息查看、模板修改、模板复制和模板删除功能。其中，模板复制用于获得一个与原模板流程相同但未进行时间分配的新模板，只需重新分配主流程各部分时间和子模板流程各步骤时间，即可得到新的模板。

（4）情境模型管理功能

情境模型的管理是系统的主要组成部分，分为与用户自身相关的用户情境模型和与当前设计任务相关的任务情境模型。

用户情境模型包含用户基本信息和用户能力属性信息，如年龄、性别、工作时间、能力强弱等。其主要来源是账号信息和用户提供的自身属性信息。

任务情境模型包含任务需求信息、任务时间信息。任务需求信息包含设计对象工作环境、设计需求等；任务时间信息包括任务周期、设计关键时间节点信息，主要来源是系统依据设计流程模板计算得出的结果。任务情境模型功能包括任务模型新增、选择、修改、删除及查询等。其中，任务模型修改分为流程模板修改和其他信息修改。流程模板可进行分层处理，可根据产品复杂程度分为二或三层，建模过程中按照从大到小的顺序进行情境模型流程的构建。

（5）物料信息管理功能

该功能是一种拓展功能，不是必须实现的，用于提供常用的物料基本信息，如密度、黏度、状态等，可供任务情境模型调用。用户可根据使用情况进行该部分信息的管理，将常用物料信息录入，使之后的相关使用更加便捷。

6.3.2 基于用户使用习惯的情境模型更新机制

情境模型更新主要包括两个方面：一是在设计任务进行过程中的模型更新，主要包括任务进度等信息的计算；二是设计任务之外的模型更新，主要包括用户信息更新等。

1. 任务进度更新

任务进度更新的核心是获取时间节点信息，其计算流程如图 6-13 所示，主要流程为预设流程模板、针对任务进行模板选择、根据任务流程和相关时间信息计算时间节点信息。

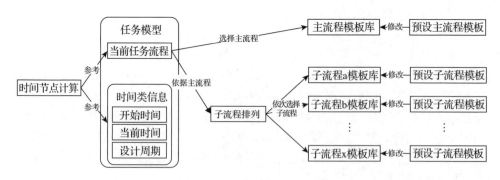

图 6-13　时间节点计算流程

1）预设流程模板。用户可在流程模板界面加入一些自己可能用到的流程模型，模型主要包括对整个任务的模块划分和各模块需要占用的时间比例。以螺旋输送机的主任务流程为例，可将其划分为电机与减速器选择、螺旋叶片设计、螺旋轴设计、轴与叶片连接方式设计、联轴器选择、轴承选择、输送机外形设计、进出料口设计及设计报告撰写等模块，可选择的每个主任务流程模板都由以上模块的所有或一部分组成。以上模块划分包含了螺旋输送机设计可能用到的所有设计模块，但不是每个设计流程都会用到所有这些模块，如无轴的螺旋输送机设计过程就不会有螺旋轴设计和轴与叶片连接方式设计这些步骤，因此依据设计模块划分就有不同的流程模板。由于设计的实际情况不同，如任务要求、设计人员能力等，不同的模块占用的时间比例也不同，如一个擅长电学知识的用户在设计过程中花费在电机选择这一步的时间就相对较短。各子模块流程也是如此，因为任务需求不同，对各模块的设计要求不同，即使目标相同，不同设计人员也有不同设计喜好，所以会用不同的子模块流程，如螺旋轴设计，在输送距离较小时，轴的长度也就较小，小于某一标准值的轴无须特别设计，但当轴的长度超过一定标准时，通过简单的弯矩图可以知道，轴的最中间位置存在很大弯矩，不仅影响机器工作效率，轴旋转过程中，轴与叶片经历不断的拉伸压缩过程，容易导致部件的疲劳破坏。为了避免过大弯矩的产生，通常采用增加中间轴承的方法。除此之外，根据设计需求，还有区分空心轴、实心轴、分段轴等不同轴形。由此可见，子模块流程也是多样性的，同时还需考虑时间分配问题，才能使得到的时间节点信息更准确。

2）针对任务进行模板选择。实际应用过程中，模板数量依然较多，为了在保留合适模板的前提下缩小模板选择范围，根据任务基本信息筛选出合适的主流程模板作为推荐模板，设计人员可以根据推荐选择，如根据任务信息得出适合使用无轴输送机，则只推荐无轴输送机设计模板。但实际情况可能较为复杂，为了应对其他限制条件，必须违背一些设计原则，导致没有完全适合使用的模板，这时则需设计人员根据实际情况进行取舍，选择最优。所以推荐模板不是强制行为，仅作为参考，即只在一般情况下筛选模板。确定主流程模板之后方可进行子模块流程模板选择，子模块流程模板依据主流程而定，即主流程每选择一个模块，就有一个子模块流程与之相对应。例如，所选主流程包含电机与减速器选择、螺旋叶片设计、螺旋轴设计、轴与叶片连接方式设计、联轴器选择、轴承选择、输送机外形设计、进出料口设计八个模块，则无论其中各模块时间占比如何，子模块流程模板选择的主界面都将具有这八个子模块流程模型的选择功能。选择其中第 n 个模块，系统判断当前模块数字序号对应的子模块类型，如选择第2个模块，就进入螺旋叶片设计子模块流程模板的选择界面，在此完成对这一子模块流程的选择。选择子模块流程模板的方式与主流程相同，区别只在于子模块流程模板选择主界面具有多个子界面，包含分块的子流程模板选择界面。

3）根据任务流程和相关时间信息计算时间节点信息。首先依据任务已进行时间、任务周期 T 和主流程模板中时间占比来计算当前所进行的模块，设：

$$\frac{\left(\sum_{i=1}^{x} t_i\right) \times T}{\sum_{i=1}^{n} t_i} = tx \tag{6-8}$$

式中，t_i 为第 i 个模块占用时间系数，n 为总模块数。

当前时间 – 任务开始时间为 t_{n_0}，若 x 满足 $t_{(x-1)} < t_n < t_x$，则当前进行工作为当前任务主流程第 x 个模块对应的子模块，由此得出当前大致进度，再找出当前模块对应的子模块流程，计算当前模块已进行时间和当前模块总用时，再据此及当前模块对应子流程中各步骤的时间占比计算当前步骤。设：

$$t_n - \frac{\left(\sum_{i=1}^{x-1} t_i\right) \times T}{\sum_{i=1}^{n} t_i} = t_{n_0} \tag{6-9}$$

式中，t_n 为当前时间。

$$\frac{t_{xy} \times t_x \times T}{\sum_{i=1}^{n_x} t_{xi} \times \sum_{i=1}^{n} t_i} = t_y \tag{6-10}$$

式中，t_{xy} 为第 x 个模块第 y 个步骤占用时间系数，n_x 为第 x 个模块步骤数，若 y 个满足 $t_{(y-1)} < t_{n_0} < t_y$，则当前正在进行第 x 个模块第 y 个步骤所对应的设计任务，最终使用当前进行模块和步骤表示时间节点信息。

2. 用户信息更新

用户信息来源主要有两种，一种是用户自己主动提供的基本信息和补充信息；另一种是随着用户使用，系统自动更新、补充的用户属性信息。对于不变的信息，可以采用直接获取的方式，并对信息进行简单的存储、修改等管理操作。不断更新的信息则依赖一定的使用情况信息和反馈信息，如年龄等有关时间的属性可根据时间流逝更新信息；用户使用过程中的知识偏好和知识选择情况可根据知识推送过程中知识被选择的情况确定，这些使用情况从推送部分反馈到模型部分，完成模型更新优化，又反过来促进推送的准确进行，双方相互优化、相互补充，达到紧跟用户成长脚步的目标。这个过程同时能够修正用户对自身评价的主观误差，如用户自认为擅长建模，但在使用过程中却频繁接受此类知识的推送，对建模类知识表现出依赖性，则系统将认为用户自身评价信息有误，因此综合考虑两种不同来源的信息，作为最终用户信息，以实现将知识推送给正确对象这一目标。

可以从专长和偏好两方面描述用户在各领域的水平，其中偏好由使用历史推测，并随着用户使用情况实时更新，实现信息的自动完善，以保证用户信息的准确性。用户信息自动完善过程如图 6-14 所示。

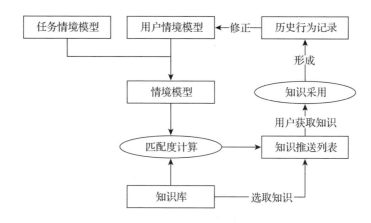

图 6-14　用户信息自动完善过程

以包括用户模型在内的主维度模型作为情境模型，根据当前情境模型从知识库中选取知识，生成知识推送列表，根据知识推送列表从知识资源库中提取知识完成推送，用户从推送知识中选择所需知识进行知识获取，系统对用户获取知识的历史行为进行记录，根据知识使用情况修正情境模型。

被用户选择的知识可分为有用知识与可能有用的知识。知识使用的计数并不是简单的使用次数，因为用户获取一条知识并不意味着用户想要使用这条知识，系统推送和用户选择过程都存在不可避免的误差，用户可能得到自己不需要或暂时不需要的知识，所以不能将用户获取的所有知识一视同仁，这种做法存在很大不足。可以采用的方法是，记录用户行为时，不仅要看用户查看了哪些知识，还要考虑用户查看的知识是否为其所需，这样得到的记录才更准确。也就是说，一条知识被用户获取之后，用户可以对其进行简单评价，即采纳和不采纳，并将采纳与不采纳知识分别记录。用户会选择某一条知识进行查看，即使这条知识最终不会被用户采用，用户因知识名而做出误选，但可以说明这条知识对用户而言看上去是有用的，即用户对这条知识至少存在类似需求。所以即使无用知识的查看记录也被保留，并在用户记录中占据一定地位，它的作用小于有用知识，与有用知识的权重存在一个比值。比如，给可能有用知识与有用知识赋予 1∶4 的权重，即可能有用知识增加 1 点对应偏好，有用知识增加 4 点对应偏好。实际数值取决于推送的精确性，精确性越高，可能有用知识与有用知识的权重比值越大。理想极限情况则可以忽略这一比值，都视为 1，也就是推送知识完全有用。

6.3.3 基于复杂设计知识网络的知识匹配方法

知识匹配方法在已有情境模型的基础上，为设计人员进行知识推送。根据设计者自身的专长及当前正在进行的设计任务，匹配最符合实际情况的知识推送列表，以此解决在设计过程中设计人员难以找到想要的知识的问题，大大缩短设计人员对知识进行查找的时间，简化设计过程中查找参考资料的过程，提高设计效率。其主要流程如图 6-15 所示。

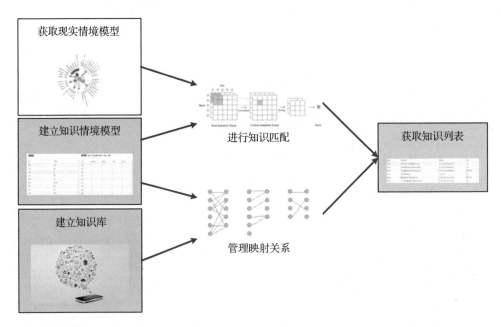

图 6-15　知识匹配流程

1. 建立知识库

知识库是知识推送系统当中必不可少的一环，没有知识库，知识推送无从谈起。知识库主要包括知识本体、映射关系和知识库动态更新模块。三个模块各有其用，知识本体模块是知识推送系统的基石，直接满足用户的知识需求。映射关系模块可以将知识情境模型与知识本体联系起来，在映射关系下，知识情境模型与知识之间多对多的关系就有了轻重之分，将不同知识与知识情境模型之间的关联程度量化表达，为以后知识推送排序奠定了基础。知识库动态更新模块主要对知识库中的知识本体、映射关系等进行动态的调整。知识是随着时间而变化的，所以知识库中的知识也需要不断地更新，既要增加与设计活动相关的新知识，也要排除已经落伍的旧知识，而由于不同人员的操作水平与习惯不同，知识情境模型在一些特殊场合也要做出相应的变化。至于映射关系，随着制造水平的不断提高，以及不同的知识在各个制造行业中的重要程度不一样，知识情境模型与知识之间的映射关系也不是固定的，而是发展变化的，所以映射关系的更新也是十分必要的。

为了便于查询与当前设计过程相关的知识，可以将产品的主要设计过程划分为若干个阶段，然后对应不同的阶段去寻找相关的知识，并将找到的各种知识储存在知识库中。

2. 建立知识情境模型，管理映射关系

提前在数据库中储存比较多的知识情境模型；利用数据库，进行知识与模型映射关系的储存，为每个模型找到相关的知识，并给它们赋予映射值，一个模型与多个知识之间存在映射关系。映射关系是知识情境模型与有关知识之间相关程度的度量标准，在知识推送系统中，映射关系的取值取决于知识与知识情境模型中的任务和用户两个子模型之间的契合程度。对于任务模型，与当前正在进行的任务越相关，契合程度越高；而对于用户模型，用户专长值越高，则该方面的知识契合程度越低，由此避免推送用户早已熟知的知识。

3. 获取现实情境模型，进行知识匹配

知识匹配分为三个主要环节，如图 6-16 所示。

1）知识情境模型与现实情境模型的匹配。通过情境模型的匹配，建立起两种情境模型之间的联系，充当知识与现实情境匹配的桥梁。根据两类情境模型叶子节点、中间节点、根节点的匹配度，利用相关计算原理，计算出两类情境模型之间的相似度，从而得到与现实情境模型匹配的多个知识情境模型。

2）知识情境模型与知识之间的映射。一个具体的现实情境模型往往对应几个与之相关的知识情境模型，而每个知识情境模型又与多个知识存在对应关系。我们需要找到知识情境模型与相应知识的映射关系，才能够将知识与现实情境联系起来。

3）知识与现实情境模型的匹配。得到了相关的知识情境模型及与知识情境模型相关的知识之后，我们利用知识情境模型与现实情境模型的匹配值及知识情境模型与知识之间的映射值，就能够计算出知识与现实情境之间的相似度，以此为依据推送知识推送列表。

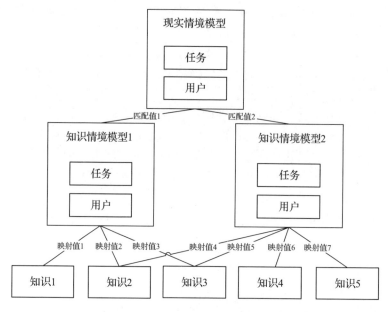

图 6-16　知识匹配原理

4. 模型匹配方法

知识情境模型与现实情境模型的层次与结构基本一致，都是多维度、多层次的树状结构模型，这就使两类情境模型进行匹配度计算成为可能。情境模型由不同的节点构成，一般来说，可以将情境模型结构当中的节点分为以下几类：叶子节点、中间节点、根节点。其中，叶子节点是在整个结构树当中处于最末端的节点，它的下级不存在节点，而上级存在节点；中间节点上下两级都存在节点；根节点则是模型结构树当中处于顶端的节点，它没有上级的节点，下级往往包含多个节点。

对于三种不同类型的节点，匹配度的计算方式各有不同。对于叶子节点，由于其属性值的类型各不相同，相应的计算方法也就各不相同。一般来说，叶子节点的属性值主要包括以下几类：向量类、数值类、模糊类、自然语言类、集合类等。在产品的设计过程中，知识情境模型与现实情境模型的匹配度计算主要涉及数值类、自然语言类及模糊类的叶子节点匹配度计算，如自然语言类叶子节点用来描述当前正在进行的任务，而模糊类叶子节点可以用来表示用户模型当中使用者的专长水平等。针对具体的叶子节点类型，可以利用相应计算方法得到叶子节点匹配度。

对于中间节点，其匹配度是基于叶子节点的匹配度得到的，任意一个中间节点都有一个或多个叶子节点作为子节点，而每个叶子节点与作为其父节点的中间节点之间都有相应的权重关系，于是，可以利用加权平均的思想计算中间节点匹配度。

根节点的匹配度计算与中间节点是类似的，但要注意，根节点的子节点一般来说并不是叶子节点，而是中间节点，利用中间节点匹配度计算公式便能得到根节点的匹配度。得到了根节点的匹配度之后，实际上我们也得到了两个情境模型之间的匹配度，在此基础上，便能够对知识推送进行进一步的操作，从而实现知识与现实情境模型的匹配。

在整个模型匹配过程当中，叶子节点的匹配值计算是最基本的，也是最重要的，只有计算出叶子节点的相似度，才能一级一级向上推导，逐步求出中间节点、根节点的相似度，最终更加准确地得到知识情境模型与现实情境模型之间的匹配度。

6.3.4 面向产品自适应在线设计的知识推送机制

知识推送面向目标不同的用户，主要实现以下功能。

1. 知识匹配

知识匹配是系统的主要功能模块，可根据当前情境模型匹配适当知识进行推送，并记录最近使用知识，以便便捷地重复使用相同知识。推送结果为知识推送列表，列表内容为与当前情境相似度最高的几条知识，按照相似度从大到小一次排列。排列的知识包含知识的文件名称、与当前情境的相似度和知识评分等信息。文件名称与文件内容关联性较高；相似度可以表示这一知识在当前情境下的适用程度；知识评分体现知识质量，用户可根据这些信息进行判断，选择知识。用户在使用过程中很可能想要打开曾经使用过的知识，系统可以展示用户最近访问过的知识，方便重复使用。

当系统推送的知识不足以满足用户自身需求时，为了应对用户特殊要求，系统可以提供用户主动检索功能，用户可以根据自身需要进行主动检索。系统支持通过检索关键字等方式得到所需知识列表，并按照相似度由高到低对列表知识进行排序。

模型匹配是知识匹配的重要环节，在整个模型匹配过程中，叶子节点的匹配值计算尤其重要。叶子节点的匹配度计算主要包括数值类叶子节点匹配度计算、模糊类叶子节点匹配度计算、自然语言类叶子节点匹配度计算。

（1）数值类叶子节点匹配度计算

所谓数值类叶子节点，就是叶子节点的属性值可以由数值进行表示。这类叶子节点匹配度的计算并不复杂，只需要获得两个情境模型对应叶子节点的数值属性值。

（2）模糊类叶子节点匹配度计算

模糊类属性值一般用来描述模糊概念，即某些难以精确度量的属性，如某个用户的专业水平等。将这类难以用自然语言准确表达的属性赋予相应的数值进行表示，以数值的大小表示属性的高低程度。模糊类叶子节点完成赋值操作之后便得到了数值类叶子节点，再利用数值类叶子节点的计算公式便能够得到相应的叶子节点匹配度。

（3）自然语言类叶子节点匹配度计算

在功能实现过程中，可借用 gensim 工具包。gensim 是一款 python 第三方工具包，能够用来对文档进行分析。它有 TF-IDF、LDA 和 Word2vec 等许多种与各种自然语言处理相关的主题模型算法，并且支持 TF-IDF 模型训练等，提供了如相似度计算等一些常用操作的 API 接口。

gensim 使用了一些自然语言处理的常用概念。①语料。这是最原始的句子集，用于训练无监督的文本主题的隐藏层结构，不需要依赖语料库中的手动注释的辅助信息。在 gensim 的实际使用过程当中，语料库通常是可重复代入的对象（如列表等）。每次重复代入都会产生一个可用于表示相关文本语义信息的稀疏向量。②向量。向量的本质是列表，由文本特征确定。任何一段文本在 gensim 当中都不再以原本文本语句的形式存在，而是利用向量进行描述。③稀疏向量。从本质上说，稀疏向量的每个元素都是一个元组，具有 key 和 value 两个属性。将向量中的零元素去除，并将其中每个元素建立成元组的形式，就能够得到稀疏向量。④模型。模型是一个相当抽象的概念，主要用来描述两个向量空间之间的变换，也就是将文档的向量表示形式进行转换。利用 gensim 能够对自然语言进行比较完整、准确的处理，同时能够计算出自然语言之间的相似度，符合知识推送系统的要求。

利用 gensim 计算自然语言相似度的流程如下。

1）利用 jieba 进行分词，获得分词执行结果。jieba 分词是对中文文本进行分词的常用手段，在 python 当中，jieba 分词的调用比较简单，而且分词效果显著。jieba 分词的功能非常全面。它提供了精确模式、Full 模式和搜索引擎模型三种分词模式，可以最准确地拆分句子，集中所有文本，检索所有可以组成词语的中文单词，也可以在普通精确模式下，对比较长的词语再次分开。这三种分词模式基本可以满足所有中文分词需要。经过 jieba 分词，基本上可以将一个完整的文本拆分成各个独立的词语，拆分之后的各个词语以字符串的形式储存在列表当中，方便进行后续处理。

2）通过 `corpora.dictionary` 对象，建立词典，获取特征数。`corpora.dictionary` 对象实际就是 python 中的字典类型变量，将经过 jieba 分词变成列表的文本集转化为字典类型，其 key 值为 jieba 分词中分好的词，而其 Val 值是词对应的唯一数值型 ID，为后面用序号代替词语本身打下基础。经过上述操作，使分词列表变成词典并加以储存，此时每个独立的词语与一个特定的数据类标志编号对应。

3）基于词典，使用 Doc2bow 方法建立语料库。Doc2bow 方法是封装在 gensim 中的一种方法，最大的作用就是实现 BoW 模型（Bag-of-Words Model）。在自然语言处理和信息检索这两个领域，BoW 模型最先得到使用。该模型不会考虑原来文本集中的语法等组成要素，而是通过文档中词语的简单集合来表征文档，文档中的每个词语都是独立出现的。文档处理结果是一个向量，就用它来描述原文档，不再关心文本的具体内容，而是关心每个词语及它在文本中出现的频数，得到稀疏向量。语料库就是用来存放稀疏向量的列表，当把分词列表转化为词典之后，每个词语的语序及语法就不再重要了。利用 Doc2bow 方法，根据词典中每个元素的编号及每个词语在相应文本中出现的次数可以得到稀疏向量，即由各个词语编号及词频组成的向量。

4）用语料库训练 TF-IDF 模型。TF-IDF 经常被应用于信息检索等领域。TF-IDF 是一种用来进行统计的方法，它可以通过模型训练得到某个词语在所在文本集中的地位。通常来说，一个词语在所处语言环境的地位与其在该语言环境当中出现的次数是有关系的，如果某个词语在某一文档中频繁出现，而在其他文档中出现的次数很少，那么说明这个词语可以作为该文档独有的区分特征，可以用来分类。TF-IDF 中，TF 指的是词语出现的频率，而 IDF 指的是逆文本频率指数，对于 IDF 来说，如果包含某个词语的文档越少，则 IDF 越大，说明该词语的区分能力越大。通过 TF-IDF 模型训练，我们可以得到不同词语对于某个文本集的重要程度以及某个词语在文本集中的地位，另外，利用语料库训练 TF-IDF 模型能够使句子相似度的匹配度计算更加准确。

5）计算相似度。使用 TF-IDF 得到相应的训练模型之后，可以调用 `similarities.sparsematrixsimilarity` 类计算出两个句子之间的相似度。在前几步的基础上，利用此方法便能够求得文本相似度。

通过 gensim 库中的相关方法计算自然语言类叶子节点的相似度，可以不受语序及其他可能干扰相似度计算的因素影响，不仅准确程度比较高，而且充分考虑到了不同词语在文本集中的重要程度，避免了某些无意义的词语重复出现而导致相似度过高现象。

2. 知识管理

知识管理功能用于存储设计过程中可能用到的知识，在与情境模型进行匹配后，筛选出匹配度高的知识进行推送，并提供用户反馈功能。用户在采用一条知识后，可以对其进行评价，用户评价将反馈到知识库中，知识库管理人员可根据这些反馈来管理知识。

知识库用于收录用户使用过程中可能用到的知识，知识管理人员通过知识库管理界面管理设计知识。界面主要部分为知识列表，包括知识编号、名称、访问量和知识评价信息。其中，访问量表示这条知识的重要程度，重要知识需要知识管理人员的特别关注，优先保证这些知识准确、可靠。知识管理人员是通过知识评价判断知识内容的优劣，并做出相应调整，如剔除这条知识或完善、更新知识内容等。知识评价是指通过展示用户近期使用过的知识列表，使用户可以在这个界面点击知识，打开这条知识的评价弹窗，完成知识评价，为知识管理人员管理知识提供依据。分值低的知识视为不合格，会被标记。未被评价过的知识不会被标记。知识库提供知识检索功能，知识管理人员可以通过知识编号或名称查找想要浏览的知识，使知识管理更加便捷，提高知识管理效率。

3. 知识模型管理

知识模型管理功能管理知识情境模型，连接情境模型与知识，作为中间过程，为情境模型与知识的匹配度计算提供便利。

知识模型是情境模型与知识两者匹配的桥梁。用情境模型与知识模型之间的相似程度表示它们的匹配值，匹配值越高，代表情境模型与知识模型越相近，使用这一知识模型匹配的知识也就越适合当前情境。

知识模型与情境模型类似，分为任务模型和用户模型。任务模型中的任务描述与情境中的任务节点进行文本匹配，用户模型中的专长水平与情境中的专长水平进行匹配，最终得到知识模型与情境模型的匹配值。

4. 映射关系管理

映射关系管理功能管理知识模型与知识之间的映射关系，并为映射关系赋予映射值，与知识模型管理模块一起用于知识匹配。映射关系是知识情境模型与有关知识之间相关程度的度量标准，在知识推送系统中，映射关系的取值取决于知识与知识情境模型中的任务和用户两个子模型之间的契合程度。映射关系随着新知识的增加而增加，也随着新知识情境模型的增加而增加，一个知识情境模型通常与多个知识之间存在映射值不同的映射关系。

6.4　在线交互协同设计过程管控

6.4.1　多主体在线协同设计模式

1. 在线协同设计模式

在线协同设计以协同设计模式为基础，支持以多种设计模式完成产品设计。根据设计流程、产品复杂度、人员组织等方面的不同，在线协同设计支持的设计模式有正向设计、并行设计、反求设计和众包设计等几种。

（1）正向设计

一般的复杂产品设计过程可以分为产品设计立项、初步设计、方案设计、总体设计、结构设计和施工设计六个阶段，正向设计是每个阶段实现产品设计总目标的一部分。各设计阶段有时间上的执行顺序，后一阶段是否执行由前一阶段完成后的审核决策确定。

正向设计各设计阶段之间相对独立，不同阶段的参与人员均为与该阶段密切相关的人员，如结构设计人员参与结构设计阶段，而不参与施工设计阶段。每个设计阶段内部人员联系紧密，阶段与阶段之间人员缺乏交互和沟通。

（2）并行设计

并行设计与正向设计的设计阶段相同，区别仅在于并行设计存在设计阶段重叠、并行开展，即前一阶段部分完成后，后一阶段就启动，后一阶段在消化理解前一阶段已完成的工作和传递的信息的基础上开展设计工作。

并行设计各设计阶段不仅存在内部交互，还存在阶段之间的交互和信息交流，因此并行设计模式各阶段不仅包括与该阶段相关的人员，还包括其他设计阶段的人员，以满足各阶段之间频繁的信息传递与反馈的需要，实现各设计阶段顺序交叉、并行地进行。

（3）反求设计

反求设计是对先进产品或技术进行系统地深入研究，探索并掌握其关键技术，进而开发出同类创新产品的设计过程。反求设计包含产品反求和二次设计两大过程，通过反求过程实现在已知产品的基础上进行二次设计，各设计阶段都以反求产品为基础。

反求设计的特点在于有反求过程，相比其他设计模式多了专门的反求人员，二次设计过程只是在已知反求产品的基础上进行设计的过程，既可以采用正向设计，也可以采用并行设计，人员组织形式也与采用的设计模式一致。

（4）众包设计

众包设计是一种具有开放的设计环境、民主化设计理念的多方共同参与的设计模式，通常包含设计人员群体和企业群体，设计人员以独立个体参与设计，企业则通过代理人参与设计，双方以自愿的方式参与到从需求调研到产品生产的设计全过程中。不同于其他封闭于企业内部的设计模式，众包设计提供了一个自由开放的设计环境，在此环境中通常由企业根据自身需求发布一个设计任务/话题，各群体根据兴趣、专长自愿参加设计并发布自己的创意和方案，企业作为需求方根据自身需求选择合适的方案。

众包设计作为一种开放式、民主化的设计模式，相对于其他设计模式，其参与人员全部为独立的平台用户，没有固定的人员组织模式，而且具有参与人员多、角色未知、能力参差不齐等特点。

在线协同设计中，这四种设计模式除了具有各自的特点，还具有人员分布性、人员协同性、过程数字化、设计活动面向任务的特点。根据人员组织的特点，可以将四种设计模式分为两大类，一类是封闭式设计模式，该模式下产品设计由具有固定职位的企业内部人员按照一定的人员组织形式在线协同完成，整个设计过程由一个或多个企业参与，不向社会大众开放，包含正向设计、并行设计、反求设计；另一类是开放式设计模式，该模式没有固定的人员组织形式，产品设计向所有社会大众开放，社会大众根据兴趣和专长自愿参与设计活动，即众包设计模式。

2. 在线协同设计中的管控要素

对在线协同设计的感知是为了实现精细化管控，因此需要对在线协同设计过程中的管控要素进行分析。在线协同设计具有人员分布性、人员协同性、设计活动面向任务、过程数字化等特点，其管控要素与其特点密不可分。从特点可以看出，在线协同设计根据设计任务的需要将分布式的人员组织起来开展设计活动，通过一系列的设计活动完成整个产品的设计过程，整个设计过程在在线平台上完成，产生一系列的相关数据。由此可见，人员、活动、数据是主要管控要素，这些要素均围绕着设计任务出现。

（1）人员管控要素

在线协同设计过程中，需要根据设计任务组织能够完成相应设计活动的设计团队，人员组织是否合理、工作是否有效率、内部协作是否高效都会影响产品设计。对人员要素进行感知，并在感知结果基础上进行优化、调度和控制，可以提高团队协作效率，最大化发挥人员的创造力和积极性。

作为在线协同设计中的主动设计资源，人员具有分布性的特点，其分布性不仅体现在地理位置上，还体现在学科领域上。参与同一设计活动的人员可能来自不同企业，具有不同的学科背景。对人员能力的全面了解和刻画难以实现，管控难度更高，尤其开放式设计模式中人员为社会大众，不仅能力难以刻画，角色也不明确，进一步增加了管控难度。

（2）活动管控要素

活动是设计过程的最基本单元，具有层次性、关联性等特点。产品的设计过程可以拆解为方案设计、总体设计、结构设计等设计阶段，每个设计阶段又可进一步拆分为许多设计活动，设计活动和设计活动之间存在关联关系，一项设计活动延期会影响其后续设计活动的进度。对活动要素进行实时感知，并及时根据感知结果对设计过程进行优化控制、合理排序，可以有效地提高产品设计的效率。

设计活动由人员在设计任务的指导下开展。由于缺乏对人员要素的全面刻画，设计活动可能因为人员与任务实际要求之间存在能力、知识背景上的细微差别而产生冲突。如果设计活动中人员的能力无法满足设计任务要求，就可能导致设计活动延期，进而使整个设计过程延期，发生过程冲突。这些冲突都是难以及时发现的隐形冲突，使管控难度大大增加。

（3）数据管控要素

数据管控要素又称信息管理要素。在线协同设计是以计算机网络技术为基础的，在产品设计过程中会产生大量的人员信息数据、人员交互数据、产品设计数据、设计过程数据等，包括会议记录、设计图纸、工艺文件、考核记录、人员信息等。

在线协同设计中的数据记录了产品设计全过程的信息，通过对其蕴含的信息进行充分挖掘和分析，可以对人员和活动要素进行有效感知，实现对人员要素的全面刻画和对设计过程隐形冲突的感知，进而实现在线协同设计的精细化管控。

在线协同设计管控要素及任务间相互关系如图 6-17 所示。人员在设计任务需求下进行组织，开展、执行对应的设计活动；而设计活动由设计任务指导，通过组织、协调人员来完成；二者在组织、协调、执行的过程中会产生大量数据，包括人员信息数据、设计成果数据、过程考核数据等，这些数据反过来又可以用于对人员要素和活动要素进行感知，同时支持设计任务更好地完成。由此可知，数据由人员、活动产生，并可以用于感知人员和活动；人员根据设计任务组织，并在其指导下通过在线交互协作开展设计活动。

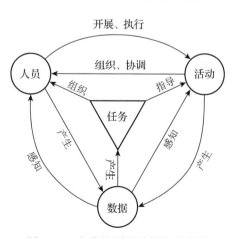

图 6-17　在线协同设计管控要素及任务间相互关系图

6.4.2 在线交互协同设计过程感知

设计过程是一个动态推进的过程，一项设计活动的输出作为后续设计活动的输入，同时推动后续设计活动的开展，进而推动各设计阶段和设计过程的完成。因此，除了对在线协同设计过程进行静态感知，还应对其进度的状态进行动态感知，感知能否如期完成对应的进度，即感知是否会发生进度延误冲突，以便及时根据感知结果对设计过程进行调整，防止进度延误冲突发生，实现在线协同设计过程的高效推进。

1. 基于人员动态能力的设计活动动态感知

设计活动由人员通过在线交互协作完成，设计活动模型由任务和人员集合构成，设计活动的进度取决于参与活动的人员对任务的完成情况，即人员完成任务的效率会影响设计活动能否如期完成，因此首先对人员动态能力进行感知。

通过人员能力知识图谱，可以感知各考核周期的人员动态能力，包括工作效率 DE、成果完成率 DC、成果通过率 DP。在人员动态能力的基础上，定义人员任务完成效率 TE_P，计算公式如下：

$$TE_P = DE \times DP = \frac{r_{Pass}}{h} \frac{8n}{r_{Target}} \quad (6\text{-}11)$$

式（6-11）表示在一个考核周期内人员考核通过的成果产出效率与标准工时下任务要求的目标成果产出效率的比值。$TE_P \geqslant 1$ 表明该人员在该周期内的设计效率高于完成进度计划所需的设计效率，$TE_P < 1$ 表明该人员在该周期内的设计效率低于完成进度计划所需的设计效率。

考虑到人员的动态能力是随时间动态变化的，取最近 5 个考核周期的人员阶段任务完成效率的均值来感知后续考核周期中人员能否完成计划进度，通过取多个考核周期计算均值来避免单一考核周期人员动态能力波动对感知准确度的影响。

当设计活动中每个人员的阶段任务完成效率均大于 1 时，则设计活动对应的阶段任务目标均可以在规定时间内完成，故该设计活动更容易如期完成，甚至可能实现超额完成。因此可以采用人员任务完成效率来计算设计活动任务完成效率。同理，根据过程感知层次模型，可以依次计算设计阶段、设计过程的任务完成效率，感知进度延误冲突。

设计活动中，虽然不同人员具有各自的任务成果要求，但是考虑到不同人员的能力水平不同，设计活动中可能存在一些任务完成效率小于 1 的人员，但是在线协同设计的设计活动是由人员协作共同完成的，能力水平较高的人员可以在完成其对应的任务成果的基础上协助能力水平较低的人员完成相应的成果，因此定义设计活动任务完成效率 TE_A，计算公式如下：

$$\mathrm{TE}_A = \frac{\sum_{i=1}^{n} \mathrm{TE}_P^i}{n} \qquad (6\text{-}12)$$

式中，TE_P^i 表示第 i 个人员的最近 5 个考核周期的阶段任务完成效率均值，n 表示设计活动中的人员总数。

当设计活动任务完成效率 $\mathrm{TE}_A \geqslant 1$ 时，对应设计活动能够如期完成进度计划，并且可能超额完成进度计划；当 $\mathrm{TE}_A < 1$ 时，对应设计活动无法如期完成进度计划，则会发生进度延误冲突。

通过感知到的设计活动中人员动态能力来建立各人员近期的阶段任务完成效率 TE_P，感知人员能否完成进度计划；在人员阶段任务完成效率的基础上，计算设计活动任务完成效率 TE_A，感知设计活动是否会发生进度延误冲突。

2. 基于加权有向图的设计阶段和过程动态感知

在线协同设计过程感知模型中，各设计阶段由设计活动按照明确的执行顺序连接而成，设计过程是由各设计阶段按照执行顺序连接得到的。因此，构建的设计阶段和设计过程的模型均为有向图模型。

如图 6-18 所示，设计阶段由活动节点和确定的执行顺序边构成。

在设计阶段有向图中，虚线框代表一个设计阶段，每个圆形节点代表一个设计活动，每个设计活动都有一个或多个输入和输出，即每个设计活动都需要前置活动的成果来启动，并且其成果又可以启动后续活动，因此有向边不

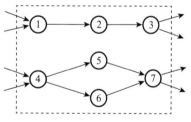

图 6-18　设计阶段有向图

仅代表执行顺序，还代表成果信息传递方向。例如，图 6-18 中，活动 4 需要其他设计阶段的成果来启动，其产出的成果又可以启动活动 5 和活动 6。

设计过程有向图拓扑结构与设计阶段有向图一致，只是节点不再是设计活动，而是各个设计阶段，有向边同样代表执行顺序和成果信息传递方向。由于结构相同，采用有向图研究设计阶段的动态感知方法和设计过程的动态感知方法完全相同，故本节只对设计阶段动态感知方法进行详细介绍，设计过程动态感知方法不再赘述。

在一个设计阶段中，接收外部输入的成果信息的活动可能不止一个，同时向外部输出成果信息的活动也可能不止一个。例如，图 6-18 中，活动 1 和活动 4

均从该设计阶段外部获取成果输入信息，活动 3 和活动 7 都向外部输出该设计阶段的成果信息。为了统一设计阶段的输入和输出，在有向图中加入输入和输出两个节点，设计阶段外部的输入首先经过输入节点进行统一，向外部输出时也先经过输出节点进行统一。

在各设计阶段中，设计活动的成果未必全部是其后续活动的启动条件，因此每个设计活动向后续设计活动传递成果信息时，传递的可能只有部分信息而非全部。为体现成果传递信息的多少，需要给设计阶段有向图的边赋予权重，其权重计算公式如下：

$$w_{ij} = \frac{r_{ij}^{\text{in}}}{r_{j}^{\text{in}}} \qquad (6\text{-}13)$$

式中，r_{ij}^{in} 表示从节点 i 输入节点 j 的成果量，r_{j}^{in} 表示节点 j 所需输入的全部成果量。计算得到的有向边的权重表示设计活动 i 对设计活动 j 的影响程度。

由于需要根据各设计活动的任务完成效率和设计活动之间的成果信息传递关系获得整个设计阶段的任务完成效率，来感知设计阶段的过程延误冲突，因此除了需要为有向图的边赋予权重，还需要将各设计活动的任务完成效率作为各设计活动节点的权重，其中输入和输出节点没有实际意义，设权重为 1。加入输入和输出节点，并经过加权操作后的设计阶段成果信息传递加权有向图如图 6-19 所示。

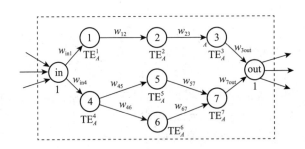

图 6-19　设计阶段成果信息传递加权有向图

对图 6-19 的描述如下：

$$G_{\text{Sw}} = (V_{\text{Act}}, E_{\text{Act}}, w, \text{TE}_A) \qquad (6\text{-}14)$$

式中，V_{Act} 为设计活动节点（包括输入、输出节点），E_{Act} 为设计活动节点之间的有向边，w 为有向边的权重，TE_A 为设计活动节点的权重（设计活动任务完成效率）。

基于设计阶段成果信息传递加权有向图，计算设计阶段的任务完成效率。由于设计阶段中各设计活动之间存在成果信息传递关系，因此一个设计活动发生进度延误冲突会影响以其成果作为输入的后续设计活动的启动，使后续设计活动受到不同程度的影响。同时，考虑到有些设计活动的任务完成效率很高，可以将其前置设计活动延迟的进度追回，虽然设计阶段中存在发生了进度延误冲突的设计活动，但是设计阶段整体却不会发生进度延误冲突。

根据对设计阶段进度延误冲突的分析，各设计活动是否发生进度延误冲突还会受到其前置设计活动的影响，即在设计阶段设计活动流程中，各设计活动实际的任务完成效率不仅受到由式（6-12）计算得到的自身的任务完成效率的影响，还受到前置设计活动的任务完成效率的影响，故采用修正任务完成效率表示各设计活动受到前置设计任务影响的任务完成效率，计算公式如下：

$$\mathrm{TE}_{\mathrm{AF}}^{j} = \mathrm{TE}_{A}^{j} \sum_{i} \mathrm{TE}_{\mathrm{AF}}^{i} w_{ij} \tag{6-15}$$

式中，TE_{A}^{j} 为设计活动 j 的任务完成效率，$\mathrm{TE}_{\mathrm{AF}}^{i}$ 为设计活动节点 j 的前置设计活动节点 i 的修正任务完成效率，w_{ij} 为活动节点 i 到活动节点 j 有向边的权重。

在图 6-19 所示的加权有向图中，输入节点没有前置活动节点，其修正任务完成效率为 1，输出节点的修正任务完成效率会受到整个设计阶段中所有设计活动节点累积影响，其修正任务完成效率就是整个设计阶段输出成果的效率，即整个设计阶段的任务完成效率 $\mathrm{TE}_{S} = \mathrm{TE}_{\mathrm{AF}}^{\mathrm{out}}$。

依照设计阶段成果信息传递加权有向图和式（6-15），依次计算所有设计活动节点的修正任务完成效率 $\mathrm{TE}_{\mathrm{AF}}^{j}$，取输出节点的修正任务完成效率 $\mathrm{TE}_{\mathrm{AF}}^{\mathrm{out}}$ 为整个设计阶段的任务完成效率 TE_{S}。通过对 TE_{S} 值的判断，感知设计阶段能否如期完成进度计划：当 $\mathrm{TE}_{S} \geqslant 1$ 时，该设计阶段能够如期完成进度计划；当 $\mathrm{TE}_{S} < 1$ 时，该设计阶段无法如期完成进度计划，会发生进度延误冲突。

设计过程同样可以采用建立成果信息传递加权有向图的方法来感知其能否完成进度计划，与设计阶段成果信息传递加权有向图的区别仅在于图中的节点不是设计活动，而是各设计阶段，每个节点的权重为设计阶段的任务完成效率 TE_{S}，并通过设计过程输出节点的修正任务完成效率，感知整个产品设计过程是否会发生进度延误冲突。

由于对设计过程、设计阶段及设计活动能否如期完成的感知均源于人员的阶段任务完成效率 TE_{P}，而 TE_{P} 是通过对最近 5 个考核周期的人员动态能力感知得到的，因此每完成一次考核周期，TE_{P} 就可重新计算一次，就可以对下一周期设计活动、设计阶段和设计过程能否如期完成进行一次感知。所以，感知结果是随时间动态变化的，并且根据感知结果及时调整各设计活动中人员的组织情况，以保证各环节进度计划能够如期完成，有效地防止进度延误冲突发生。

若整个设计过程的任务完成效率小于1，则可以选取设计过程中任务完成效率 TE_S 最低的设计阶段，将该设计阶段中任务完成效率 TE_A 较小的设计活动中的人员进行重新组织，根据人员能力水平变动感知结果，选择能力水平正向变化、平均水平较高且较稳定的人员重新组织任务完成效率较低的设计活动。

3. 螺旋输送机产品的结构设计阶段感知实例分析

本节以螺旋输送机产品的结构设计阶段为例，进一步说明基于加权有向图的设计过程动态感知方法。

螺旋输送机产品的结构设计阶段，是在总体设计阶段确定了总体参数、总体布局、系统原理图的基础上，对螺杆、驱动装置、筒体、控制系统进行设计。其中，螺杆的设计包括螺旋轴和螺旋叶片的设计，驱动装置的设计包括液压马达和减速器选型及轴承选型。

根据螺旋输送机结构设计阶段中的设计活动与活动之间的信息传递关系建立加权有向图，如图6-20所示。

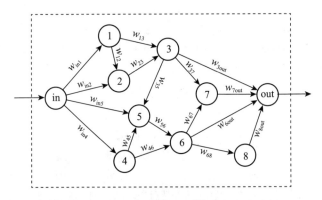

图 6-20　螺旋输送机结构设计阶段加权有向图

图6-20中包含8个设计活动，分别为螺旋轴设计、螺旋叶片设计、螺杆设计、液压马达和减速器选型、轴承选型、驱动装置设计、筒体设计、控制系统设计，分别记为活动1～活动8。

根据各设计活动中的人员组织，通过螺旋输送机在线协同设计人员能力知识图谱，对各人员近5个考核周期的动态能力进行感知，并由感知结果和式（6-11）计算各人员的阶段任务完成效率 TE_P，然后通过式（6-12）计算各设计活动的任务完成效率 TE_A，计算结果如表6-1所示。

表 6-1 各设计活动的任务完成效率

设计活动编号	设计活动	任务完成效率 TE_A
1	螺旋轴设计	0.91
2	螺旋叶片设计	1.12
3	螺杆设计	0.98
4	液压马达和减速器选型	1.07
5	轴承选型	0.97
6	驱动装置设计	1.06
7	筒体设计	1.13
8	控制系统设计	1.09

根据各设计活动之间的依赖关系和式（6-13）计算加权有向图（图 6-20）中各有向边的权重，计算结果如表 6-2 所示。

表 6-2 有向边权重

依赖关系	权值	依赖关系	权值
w_{in1}	1	w_{46}	0.5
w_{in2}	0.6	w_{56}	0.5
w_{in4}	1	w_{37}	0.7
w_{in5}	0.4	w_{67}	0.3
w_{12}	0.4	w_{68}	1
w_{13}	0.5	w_{3out}	0.3
w_{23}	0.5	w_{6out}	0.3
w_{35}	0.3	w_{7out}	0.2
w_{45}	0.3	w_{8out}	0.2

根据表 6-1 中的各设计活动的任务完成效率和表 6-2 中加权有向图中有向边的权重，通过式（6-15）依次计算各活动的修正任务完成效率，如表 6-3 所示。

表 6-3 任务完成效率对照

设计活动编号	设计活动	任务完成效率 TE_A	修正任务完成效率 TE_A
in	输入节点	1	1
1	螺旋轴设计	0.91	0.91
2	螺旋叶片设计	1.12	1.08
3	螺杆设计	0.98	0.985
4	液压马达和减速器选型	1.07	1.07
5	轴承选型	0.97	0.986
6	驱动装置设计	1.06	1.09

（续）

设计活动编号	设计活动	任务完成效率 TE_A	修正任务完成效率 TE_A
7	筒体设计	1.13	1.149
8	控制系统设计	1.09	1.19
out	输出节点	1	1.09

详细计算过程如下：

设计活动 1 节点的输入只有输入节点的输出，故设计活动 1 的修正任务完成效率为：$TE_{AF}^1 = TE_A^1(TE_{AF}^{in} w_{in1}) = 0.91 \times (1 \times 1) = 0.91$。

设计活动 2 节点的输入有输入节点的输出和设计活动 1 节点的输出，其修正任务完成效率为：$TE_{AF}^2 = TE_A^2(TE_{AF}^{in} w_{in2} + TE_{AF}^1 w_{12}) = 1.12 \times (1 \times 0.6 + 0.91 \times 0.4) = 1.08$。

设计活动 3 节点的输入有设计活动 1 节点和设计活动 2 节点的输出，其修正任务完成效率为：$TE_{AF}^3 = TE_A^3(TE_{AF}^1 w_{13} + TE_{AF}^2 w_{23}) = 0.98 \times (0.91 \times 0.5 + 1.08 \times 0.5) = 0.985$。

设计活动 4 节点的输入只有输入节点的输出，其修正任务完成效率为：$TE_{AF}^4 = TE_A^4(TE_{AF}^{in} w_{in4}) = 1.07 \times (1 \times 1) = 1.07$。

设计活动 5 节点的输入有输入节点、设计活动 3 节点和设计活动 4 节点的输出，其修正任务完成效率为：$TE_{AF}^5 = TE_A^5(TE_{AF}^{in} w_{in5} + TE_{AF}^3 w_{35} + TE_{AF}^4 w_{45}) = 0.97 \times (1 \times 0.4 + 0.985 \times 0.3 + 1.07 \times 0.3) = 0.986$。

设计活动 6 节点的输入有设计活动 4 节点和设计活动 5 节点的输出，其修正任务完成效率为：$TE_{AF}^6 = TE_A^6(TE_{AF}^4 w_{46} + TE_{AF}^5 w_{56}) = 1.06 \times (1.07 \times 0.5 + 0.985 \times 0.5) = 1.09$。

设计活动 7 节点的输入有设计活动 3 的输出和设计活动 6 的输出，其修正任务完成效率为：$TE_{AF}^7 = TE_A^7(TE_{AF}^3 w_{37} + TE_{AF}^6 w_{67}) = 1.13 \times (0.985 \times 0.7 + 1.09 \times 0.3) = 1.149$。

设计任务 8 节点的输入有设计节点 6 的输出，其修正任务完成效率为：$TE_{AF}^8 = TE_A^8(TE_{AF}^6 w_{68}) = 1.09 \times (1.09 \times 1) = 1.19$。

输出节点的输入有设计活动 3、设计活动 6、设计活动 7 和设计活动 8 四个节点的输出，其修正任务完成效率为：$TE_{AF}^{out} = TE_A^{out}(TE_{AF}^3 w_{3out} + TE_{AF}^6 w_{6out} + TE_{AF}^7 w_{7out} + TE_{AF}^8 w_{8out}) = 1 \times (0.985 \times 0.3 + 1.09 \times 0.3 + 1.149 \times 0.2 + 1.19 \times 0.2) = 1.09$。

螺旋输送机结构设计阶段的任务完成效率 $TE_S = TE_{AF}^{out} = 1.09 > 1$，所以该设计阶段在下一个考核周期内能够如期完成进度目标，不会发生进度延误冲突。但是在该设计阶段中螺旋轴设计的任务完成效率较低，并会一直影响到螺杆设计和轴承选型，为进一步保证结构设计阶段能够如期完成进度计划，可以根据人员能力感知方法选取能力水平较高的人员，对螺旋轴设计活动中的人员进行重新组织。

6.4.3　基于共识度的协同设计知识冲突消解多目标优化方法研究

1. 基于冲突度的协同设计多主体知识冲突消解策略

（1）基于定性和定量的协同设计中的多主体知识冲突描述

知识冲突作为一类特殊的冲突，受到协同设计主体间的知识异质性和个体差异性的影响。下面分别从定性和定量的角度对协同设计中的知识冲突进行描述。

1）基于博弈论的协同设计知识冲突描述（定性角度）。从定性角度看待知识冲突和知识冲突的解决，可以认为知识冲突就是多方考虑局部利益和全局利益的一个合作博弈的过程。因此，为了定性描述协同设计中的知识冲突，可以将冲突问题看作多方博弈问题，采用博弈论的方法对冲突问题进行形式化描述。

多学科协同设计是一个多人、多目标的群体决策过程，是多个群体、多个目标的群体实现过程，因此我们提出如下冲突消解逻辑：对于一个产品设计问题，各学科通过相互合作、协商与协调，在各学科达成共识的前提下，寻求使总体目标最大化的设计解。

下面结合博弈论的分析，对上述冲突问题进行形式化描述。

一个博弈问题可描述为如下三元组形式：

$$\Gamma = (N, (T_i)_{i \in N}, (u_i)_{i \in N}) \qquad (6\text{-}16)$$

式中，N 为参与博弈的个体集合，在冲突问题中表示单独的设计人员或具有共同利益的设计团体；N 为非空集，且至少包含 2 个个体。

对于每个个体 i，T_i 是可供个体 i 利用的策略集，也是非空集合。通常在冲突情况下，设计主体的策略可以归纳为以下几类：让步妥协、中立、坚持。一个策略组合就是 N 中所有个体可以选择的策略的一个组合，所有策略的组合组成的集合由 T 表示。

u_i 是从 T_i 到实数集 $\mathbf{R}$ 的一个映射函数，对于 T 中的任一策略组合 t，$u_i(t)$ 表示此时个体 i 在该博弈中所得的收益。通常在知识冲突情况下，这种 $u_i(t)$ 是存在于设计主体中的一种定性描述，设计人员主观地评估某种策略组合产生的设计结果对自己或团队带来的预期"收益"，很难做到定量的描述和表达。

从上面的分析可以看出，冲突局势中，设计主体的知识和个体及团队利益作为驱动设计主体做出设计决策的动力，影响着冲突局势的走向。虽然某个方案带来的收益函数难以量化，但是冲突的本质是使冲突主体能达成一致，因此本节尝试使用冲突中冲突主体对于冲突问题及后续冲突消解候选方案的共识度来代替这种需要定量估计的冲突环境下的收益函数。

2）基于多目标优化的协同设计知识冲突描述（定量角度）。设计是相互依赖的，必然存在设计约束，不同的设计主体需要给出所在领域的参数、结构和方案等的取值。通常情况下，不同的设计主体具有自身期望的理想决策情况，他们的目标往往是不相容甚至矛盾的。每个设计主体都会有意识或无意识地使相关决策数据靠近自己理想的值，然而，在满足自身期望的同时，还要满足整体设计的值域要求。由于变量的相关性和耦合性对值域的限制，很难同时实现个人期望的全体最优，进而不同领域设计主体之间就会产生冲突。

为了方便后续基于共识度视角对冲突问题的量化研究，下面从数学模型的角度对冲突进行描述。设某冲突情境涉及 n 个协同设计的团队或成员，设计主体 D_i 有一个自身设计变量的向量空间 $Q_i \in \mathbf{R}^{m_i}$，$\mathbf{R}^{m_i}$ 为 m_i 维实向量空间，即 Q_i 为设计主体 D_i 所要决策的设计变量集合，$E = \cup_{i=1}^{n} Q_i$ 为该冲突情境下所有设计主体的设计变量集合，设计主体 D_i 可选择的设计变量的向量为 $X_i \in Q_i$，设计主体 D_i 有 k_i 个希望达到的目标 f_i，f_i 包括由参与的设计任务导致的固有的设计学科领域目标 f_{id} 和由个体知识异质性、个体差异性导致的知识领域目标 f_{ik}，f_i 表示为：

$$f_i = \{f_{id}(X_i, \overline{X}_i), f_{ik}\} = \{f_{idk1}(X_i, \overline{X}_i), \cdots, f_{idki}(X_i, \overline{X}_i), f_{ik}\} \quad (6\text{-}17)$$

可以看出，f_{id} 不仅受设计主体 D_i 的设计变量的决策影响，还受其他设计人员的设计变量影响，其中 $f_{id} \in G_{id}$，$G_{id} \subset \mathbf{R}^{k_i}$ 是 D_i 的目标向量空间。但是，由设计人员过往经验、设计偏好等导致的知识领域目标，存在于设计人员主观意识中，在设计中不会定量地表达，但会影响设计人员的设计决策。

为了实现自身目标的最优化，每个协同设计主体都想使解 X_i 满足自己的要求，即对于任意设计人员 D_i，有：

$$\begin{cases} f_i = \max(f_{id1}(X_i, \overline{X}_i), f_{id2}(X_i, \overline{X}_i), f_{id3}(X_i, \overline{X}_i), \cdots, f_{idki}(X_i, \overline{X}_i), f_{ik}) \\ \text{s.t. } X_i \in Q_i \end{cases} \quad (6\text{-}18)$$

则整体冲突人员的解为：

$$x_i^* = \cap_{i=1}^{n} x_i \quad (6\text{-}19)$$

当多个设计主体无法同时达到决策的最优条件，即 x_i^* 为空集时，冲突就会发生。

鉴于协同设计知识冲突的复杂性，同时在实际的设计环境中很难定量描述设计主体的目标满意度函数，本节提出了在共识度的基础上考虑冲突主体的消解方案与理想方案之间的距离，从而达到避免定量计算满意度函数并快速决策的目的。

（2）基于冲突度的协同设计冲突消解优化方法的必要性

一方面，常规的冲突消解采用的是一种在分类的基础上按类消解的方法，冲突消解的步骤可分为四个重要的环节：冲突问题的检测或提交；冲突分类；冲突消解；冲突消解结果的储存和备案，以便下次冲突消解时调用。这四个环节构成了解决冲突问题的全过程。然而，分类消解的方法忽略了冲突程度的差异，将冲突视为同等重要的对象，必将导致一些重点冲突被简单解决，势必影响冲突消解的质量。

另一方面，不同的冲突消解方法都各有利弊。基于数学模型的方法通常由于问题复杂、解空间的问题，可能出现无解的情况；而基于人工智能的方法过度依赖知识推理和知识库的建立，而动态多变的协同设计环节使知识库的建立过程繁杂，并且存在无搜索解的窘境。基于协商的方法通常固定于冲突消解策略的最后一环，传统的协商策略多为简单的方案交互迭代的过程，过程冗长，而且可能存在不能达成一致的情况。已有的集成冲突消解策略将上述方法串行排列，存在以下缺点和不足。

1）串行的冲突消解策略本质上秉承"发现冲突、消解冲突"的逻辑，当前策略找到合适的冲突消解方案后，就视为冲突消解结束，并做冲突归档工作。这种冲突消解方式忽视了更好的冲突消解方案存在的可能性。

2）将冲突视为程度一样的对象，没有考虑到由部分冲突的复杂性和影响性导致的后续设计过程的冲突再生和影响传播问题。

3）串行、分类的冲突消解方法针对的是协同设计中的多类冲突，一方面包括管理类的资源冲突、过程冲突和由接口规范和数据格式导致的数据冲突等；另一方面包括由知识异质性、协同设计的跨域、跨阶段、个体差异和偏好导致的在观点和决策上的知识冲突。分类消解的方法通常将消解策略和消解问题相对应，本质上是对消解过程的集成，而不是对消解方法的集成。

因此，传统的冲突消解方法是一种静态的冲突消解，没有考虑动态的冲突的范围性和传播性。

2. 协同设计冲突消解中的共识度研究

在冲突的情况下，多个设计人员几乎难以实现自身目标的最大化，只能多方协调，获得相对满意解。通过不断地协调，冲突主体之间不断地折中、让步甚至妥协，从而获得满足自身偏好的相对满意解，因此，可以将该过程看作一个方案空间不断收敛的过程。

许多研究者试图直接在满意度函数的基础上求得在满足冲突各方基本满意度的前提下使全体满意度最大的方案，然而，在实际的协同设计过程中，满意度函数的设置及数据的收集都存在难度。因此，本节从共识的视角出发，定义协同设计冲突消解方案共识度，在协商过程中通过共识度判断，当共识度达到阈值时生成决策结果，快速实现冲突消解决策。

（1）共识度的定义

在冲突消解的过程中，冲突主体均有自己理想的解决方案，并基于自己对问题的理解提出自己的候选方案。通常情况下，由于知识异质性、利益相关性和领域差异性，各冲突主体很难就同一方案在主观上达成一致，并且可能陷入无解的情况。因此，为了能快速达成一致解，避免决策过程的冗长和低效，本节定义协同设计知识冲突消解过程的共识度，为决策过程中不同参与者对于某一候选方案评价矩阵的相似度。

（2）共识度的计算

已知当前协同设计冲突团队由 n 个设计主体 D_i 组成，每个设计主体提出一组方案，每组方案用 f_i 表示（$i=1, 2, \cdots, n$），$f_i \in U$，U 是设计主体方案的集合。对于某一候选方案，将设计主体 n_1 和设计主体 n_2 的共识度定义为设计主体间的方案评价矩阵的相似度。

本节采用适用于矩阵间相似度测度方法，冲突主体 i 和冲突主体 j 的共识度定义计算公式如下：

$$S_{ij}(\boldsymbol{A}^i, \boldsymbol{A}^j) = \frac{1}{\sqrt{2}} \cdot \frac{\| \boldsymbol{A}^i + \boldsymbol{A}^j \|_2}{\| \boldsymbol{A}^i \|_2 + \| \boldsymbol{A}^j \|_2} \tag{6-20}$$

式中，$\| \boldsymbol{A} \|_2 = (\rho(\boldsymbol{A}^{\mathrm{T}} \cdot \boldsymbol{A}))^{1/2}$，$\rho(\boldsymbol{A}^{\mathrm{T}} \cdot \boldsymbol{A})$ 为偏好关系，判断矩阵 $\boldsymbol{A}^{\mathrm{T}} \cdot \boldsymbol{A}$ 的谱半径，即矩阵 $\boldsymbol{A}^{\mathrm{T}} \cdot \boldsymbol{A}$ 的所有特征值的最大值。$0 < S_{ij}(\boldsymbol{A}^i, \boldsymbol{A}^j) < 1$，且具有自反性和对称性。相似度越高，则共识度越高。

同时，阈值的设定会直接影响冲突消解的进程，进而影响后续的冲突消除结果，最终对设计的方案输出产生影响，所以阈值的设定应该以冲突的高效、高质解决为目标。过高的阈值设定会导致冲突消解方案难以实现当前的冲突态势的消除，过低的共识度也会导致冲突问题的掩埋。因此，实际过程中共识度的阈值应该根据当前冲突的程度及项目主导者对于设计过程进展的考虑合理设置，避免冲突的草率解决和冲突对设计进程的过分延缓。

3. 基于理想方案距离与共识度的多学科冲突消解方法研究

（1）基于多目标优化的冲突消解决策模型

多学科协同设计冲突消解的目的就是寻找一个均衡点，在这个均衡点，各学科达到其所期望的水平。寻找均衡点可以有多种方法和途径，而且这样的均衡点可能并不是唯一的。根据我们提出的决策策略，可以通过冲突消解的备选方案与理想方案的距离最短原则来确定消解方案，实现快速决策，避免决策过程迭代冗长。冲突消解框架如图 6-21 所示。

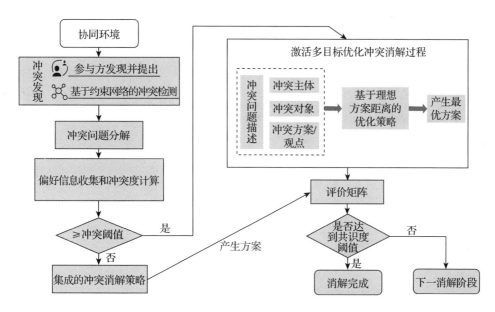

图 6-21 基于多目标优化的冲突消解框架

冲突消解框架主要包括左半部分基于冲突度的冲突消解策略的选择，以及右半部分基于优化方法和共识度阈值的冲突消解。具体的优化方法将在下一节进行介绍。

（2）协同设计知识冲突消解方案与理想方案的距离研究

为了解决冲突，定性和定量的方法单独使用都难以取得很好的冲突消解效果，通常需要在对冲突进行定性和定量分析的基础上，采取定性和定量相结合的消解策略，协同决策最佳方案，选择群体认可的提案。

通常，协同设计中的知识冲突涉及多组设计人员和多个冲突对象，冲突问题通常涉及冲突对象的相关属性和这些属性的值的选取。由于偏好差异不同的设计主体会有不同的取值，在这一过程中，多个学科领域的设计主体共同参与决策，具有各自的目标和偏好，是典型的多人、多目标的决策问题。因此，对于多冲突主体、多冲突对象问题，可以作为多目标问题来解决。

多个设计参数或结构属性构成设计方案。在设计方案层面，为了避免对于收益函数的量化表达，本节认为冲突主体的"收益"与博弈模型中提出的"让步"呈线性关系，即让步量越大，"收益"越小。可以定义让步量为当前备选方案与冲突主体的理想解的远离距离和与负理想解的接近距离，并结合冲突主体对于不同属性参数的权重差异，计算出冲突主体就某一备选方案的让步量。下面通过形式化的表达，介绍基于冲突消解方案与理想方案的平均加权总距离得出唯一最优解的方法。

在冲突消解过程中，设计主体提出的建议称为建议方案。设某一冲突消解过程中共有 n 个设计主体 $N_1, N_2, \cdots, N_n$ 提出建议，设计主体 N_i 的建议方案可以表示为二元组 $S_i = (X_i, Y_i)$，X_i 表示建议方案涉及的属性集合，Y_i 表示当前建议方案下各属性的取值。各设计主体的地位可能不尽相同，存在权威性差异，以权向量 $\boldsymbol{\alpha} = (\alpha_1, \alpha_2, \cdots, \alpha_n)^{\mathrm{T}}$ 表示各设计主体的权威性权重，其中 $0 \leqslant \alpha_i \leqslant 1; i = 1, 2, \cdots, n; \sum_{i=1}^{n} \alpha_i = 1$。

为了对上述情景下的冲突进行消解，提出冲突消解算法如下。

第一步：收集设计主体的决策信息从而获得决策矩阵，并做规范化处理。

用 $\boldsymbol{x} = (x_1, x_2, \cdots, x_m)^{\mathrm{T}}$ 标记可供选择的方案，$1 \leqslant m \leqslant n$，用 $Y_i = \{y_{i1}, y_{i2}, \cdots, y_{ik}\}$ 标记方案 i 各属性值的集合，y_{ij} 表示方案 i 的第 j 个属性，$j = 1, 2, \cdots, k$，则各方案的属性值矩阵为：

$$\begin{bmatrix} y_{11} & \cdots & y_{1k} \\ \vdots & & \vdots \\ y_{m1} & \cdots & y_{mk} \end{bmatrix}$$

为了避免不同属性单位不同导致数据有较大差异，将矩阵作规范化处理：

$$z_{ij} = \frac{y_{ij}}{\sqrt{\sum_{i=1}^{m} y_{ij}^2}} \tag{6-21}$$

规范后的值具有无量纲的属性，且统一在 0 和 1 之间，即 $0 \leqslant z_{ij} \leqslant 1$。一致化度量标准，以实现统一处理。

第二步：收集冲突主体的属性加权信息，从而获得设计主体的规范化加权决策矩阵。

由于设计主体所在领域不同、考虑角度不同，对不同的属性有不同的重视程度，这种程度通过权重大小来体现，越重视的属性权重越大，且 $\sum_{i=1}^{n} w_i^l = 1$。收集得到最终的权重矩阵如下：

$$\begin{bmatrix} w_{11} & \cdots & w_{n1} \\ \vdots & & \vdots \\ w_{1k} & \cdots & w_{nk} \end{bmatrix}$$

第三步：计算不同冲突主体的理想解和负理想解，进而得到各方案相对于各冲突主体理想解的接近度矩阵。

冲突主体的理想解是指该解集中的所有值都满足其自身目标最大化的要求，即该冲突主体的期望最优方案；而一个冲突主体的负理想解是指该解集中的所有值都与其自身目标最大化的要求相悖，即该冲突主体的期望最差方案。设计主体 N_l 的理想解表示为：

$$x_1^* = \{(\max x_j \mid j \in J), (\min x_j \mid j \in J')\} = \{x_{l1}^*, x_{l2}^*, \cdots, x_{lk}^*\} \qquad (6\text{-}22)$$

设计主体 N_l 的负理想解表示为：

$$x_l^- = \{(\min x_j \mid j \in J), (\max x_j \mid j \in J')\} = \{x_{l1}^-, x_{l2}^-, \cdots, x_{lk}^-\} \qquad (6\text{-}23)$$

式中，J 为值越大越好的集，J' 为值越小越好的集。

然后，计算距离，距离说明了方案与理想解和负理想解的接近程度。每个方案到理想解的距离计算公式如下：

$$D_{li}^* = \sqrt{\sum_{j=1}^{k} \left(w_{lj} \frac{x_{ij} - x_{lj}^*}{x_{lj}^* - x_{lj}^-} \right)^2} \quad i = 1, \cdots, m \qquad (6\text{-}24)$$

每个方案到负理想解的距离计算公式如下：

$$D_{li}^- = \sqrt{\sum_{j=1}^{k} \left(w_{lj} \frac{x_{ij} - x_{lj}^-}{x_{lj}^* - x_{lj}^-} \right)^2} \quad i = 1, \cdots, m \qquad (6\text{-}25)$$

根据与正负理想解的距离，可以计算出设计主体 D_l 的解与理想解的相对接近度。$\text{RD}_l(x_i)$ 称为备选方案 x_i 与设计主体 D_l 的理想解的相对接近度，计算公式如下：

$$\text{RD}_l(x_i) = \frac{D_{li}^-}{D_{li}^- + D_{li}^*}, 0 < \text{RD}_l(x_i) < 1; \ i = 1, \cdots, m; l = 1, \cdots, n \qquad (6\text{-}26)$$

n 个冲突的设计主体的相对接近度矩阵为：

$$\begin{bmatrix} \text{RD}_{11}^* & \cdots & \text{RD}_{1k}^* \\ \vdots & & \vdots \\ \text{RD}_{n1}^* & \cdots & \text{RD}_{nk}^* \end{bmatrix}$$

第四步：根据设计主体的权重差异，对相对接近度矩阵加权处理，得到加权总接近度，用以生成结果。

对某一方案，称某一设计主体的接近度与其他所有设计主体的接近度的一致性程度为该设计主体的平均接近度，计算公式如下：

$$D_{li} = \frac{1}{n-1} \sum_{j=1, \, j \neq i}^{n} \text{RD}_j(x_i) \qquad (6\text{-}27)$$

设计主体 N_l 与理想解的相对接近度与其他所有设计主体的相对接近度的和

称为该方案的总体接近度 D_i^*，计算公式如下：

$$D_i^* = \sum_{l=1}^{n} D_{li}^*$$（6-28）

其值越大，方案 x_i 越接近权重不同的群体冲突的设计主体都满意的建议，最大值 D_i^* 对应的方案 x_i 就是所有设计主体最具一致性的方案。

第五步：计算共识度阈值，若达到阈值，则生成候选方案；若未达到阈值，则决策失败。

该冲突消解策略本质上是一种对已有方案进行筛选的过程，在该过程中，冲突主体在整体目标最大化的引导下选择全体"让步最小"，即"收益最大"的建议方案，并根据提出的共识度的度量方法，判断最终选出的优化方案是否满足群体的基本共识。在已有的对冲突本质和根源分析的基础上，该算法在冲突的表现层对冲突进行消解，可以快速得到具有共识的解。

4. 螺旋输送机设计冲突消解实例

以螺旋输送机设计为例，有四个设计主体在方案确定时产生冲突，四个设计主体根据自己的学科知识和偏好知识，对设计方案具有如表 6-4 所示冲突的提议方案。

已有提议方案满足各学科设计的约束限制，即已有提议方案都满足基本的设计要求。这四个冲突主体的权重分别为 $\alpha_{CD1} = 0.3, \alpha_{CD2} = 0.2, \alpha_{CD3} = 0.3, \alpha_{CD4} = 0.2$。

表 6-4 冲突的提议方案

冲突设计参数	冲突设计主体			
	CD1	CD2	CD3	CD4
驱动轴直径 D_1 / mm	780	800	800	820
筒体内径 D / mm	800	820	820	840
螺旋轴轴径 D_2 / mm	195	240	280	205
叶片节距 P / mm	620	600	700	650
液压泵排量 q / (mL/r)	500	450	450	500
电机转速 n_v / (r/min)	1450	1500	1450	1500
液压马达排量 V_g / (cm³/r)	160	180	170	180
减速机减速比 i	21	18	21	20

根据收集到的属性值信息，可以得到决策矩阵 X：

$$X = \begin{bmatrix} 780 & 800 & 195 & 620 & 500 & 1450 & 160 & 21 \\ 800 & 820 & 240 & 600 & 450 & 1500 & 180 & 18 \\ 800 & 820 & 280 & 700 & 450 & 1450 & 170 & 21 \\ 820 & 840 & 205 & 650 & 500 & 1500 & 180 & 20 \end{bmatrix}$$

对矩阵进行规范化处理，获得规范化的矩阵 $\boldsymbol{X}'$：

$$\boldsymbol{X}'=\begin{bmatrix} 0.2461 & 0.2439 & 0.2120 & 0.2632 & 0.2632 & 0.2458 & 0.2319 & 0.2625 \\ 0.2492 & 0.2500 & 0.2609 & 0.2335 & 0.2368 & 0.2542 & 0.2909 & 0.2250 \\ 0.2492 & 0.2500 & 0.3043 & 0.2724 & 0.2368 & 0.2458 & 0.2464 & 0.2625 \\ 0.2555 & 0.2561 & 0.2228 & 0.2529 & 0.2632 & 0.2542 & 0.2609 & 0.2500 \end{bmatrix}$$

四个冲突的设计主体对方案属性的加权如下：

$$\boldsymbol{w}^{\mathrm{CD1}}=(0.15, 0.15, 0.05, 0.15, 0.1, 0.15, 0.1, 0.15)^{\mathrm{T}}$$
$$\boldsymbol{w}^{\mathrm{CD2}}=(0.2, 0.2, 0.1, 0.05, 0.1, 0.15, 0.15, 0.05)^{\mathrm{T}}$$
$$\boldsymbol{w}^{\mathrm{CD3}}=(0.2, 0.2, 0.15, 0.15, 0.05, 0.05, 0.05, 0.15)^{\mathrm{T}}$$
$$\boldsymbol{w}^{\mathrm{CD4}}=(0.25, 0.25, 0.05, 0.05, 0.1, 0.1, 0.1, 0.1)^{\mathrm{T}}$$

根据给出的规范化矩阵和设计主体对方案属性的加权，可以获得各设计主体的规范化加权矩阵，如图 6-22 所示。

```
命令行窗口

Y1 =

    0.0369    0.0366    0.0106    0.0362    0.0263    0.0369    0.0232    0.0394
    0.0374    0.0375    0.0130    0.0350    0.0237    0.0381    0.0261    0.0338
    0.0374    0.0375    0.0152    0.0409    0.0237    0.0369    0.0246    0.0394
    0.0383    0.0384    0.0111    0.0379    0.0263    0.0381    0.0261    0.0375


Y2 =

    0.0492    0.0488    0.0212    0.0121    0.0263    0.0369    0.0348    0.0131
    0.0498    0.0500    0.0261    0.0117    0.0237    0.0381    0.0391    0.0113
    0.0498    0.0500    0.0304    0.0136    0.0237    0.0369    0.0370    0.0131
    0.0511    0.0512    0.0223    0.0126    0.0263    0.0381    0.0391    0.0125


Y3 =

    0.0492    0.0488    0.0318    0.0362    0.0132    0.0123    0.0116    0.0394
    0.0498    0.0500    0.0391    0.0350    0.0118    0.0127    0.0130    0.0338
    0.0498    0.0500    0.0456    0.0409    0.0118    0.0123    0.0123    0.0394
    0.0511    0.0512    0.0334    0.0379    0.0132    0.0127    0.0130    0.0375


Y4 =

    0.0615    0.0610    0.0106    0.0121    0.0263    0.0246    0.0232    0.0263
    0.0623    0.0625    0.0130    0.0117    0.0237    0.0254    0.0261    0.0225
    0.0623    0.0625    0.0152    0.0136    0.0237    0.0246    0.0246    0.0263
    0.0639    0.0640    0.0111    0.0126    0.0263    0.0254    0.0261    0.0250
```

图 6-22　各设计主体的规范化加权矩阵

求得各冲突设计主体的正理想解和负理想解如下：

$$X_{CD1}^+ = (0.0383, 0.0384, 0.0152, 0.0409, 0.0263, 0.0381, 0.0261, 0.0394)^T$$

$$X_{CD1}^- = (0.0369, 0.0366, 0.0106, 0.0350, 0.0237, 0.0369, 0.0232, 0.0338)^T$$

$$X_{CD2}^+ = (0.0511, 0.0512, 0.0304, 0.0136, 0.0263, 0.0381, 0.0391, 0.0131)^T$$

$$X_{CD2}^- = (0.0492, 0.0488, 0.0212, 0.0117, 0.0237, 0.0369, 0.0348, 0.0113)^T$$

$$X_{CD3}^+ = (0.0511, 0.0512, 0.0456, 0.0409, 0.0132, 0.0127, 0.0130, 0.0394)^T$$

$$X_{CD3}^- = (0.0492, 0.0488, 0.0318, 0.0350, 0.0118, 0.0123, 0.0116, 0.0338)^T$$

$$X_{CD4}^+ = (0.0639, 0.0640, 0.0152, 0.0136, 0.0263, 0.0254, 0.0261, 0.0263)^T$$

$$X_{CD4}^- = (0.0615, 0.0640, 0.0106, 0.0117, 0.0237, 0.0246, 0.0232, 0.0225)^T$$

经过计算，可以得到相对接近度矩阵 **RD**：

$$\mathbf{RD} = \begin{bmatrix} 0.3432 & 0.1343 & 0.2543 & 0.5392 \\ 0.1270 & 0.3456 & 0.5432 & 0.5322 \\ 0.2354 & 0.5437 & 0.4563 & 0.5255 \\ 0.4563 & 0.4653 & 0.4753 & 0.54664 \end{bmatrix}$$

做归一化处理，得到规范后的相对接近度矩阵 **RD′**：

$$\mathbf{RD'} = \begin{bmatrix} 0.2954 & 0.0902 & 0.1471 & 0.2516 \\ 0.1093 & 0.2321 & 0.3142 & 0.2483 \\ 0.2026 & 0.3652 & 0.2639 & 0.2452 \\ 0.3927 & 0.3125 & 0.2749 & 0.2549 \end{bmatrix}$$

从而可以计算冲突态势下的四个设计主体对不同方案的总体相对接近度分别是 [0.7842 0.9039 1.0768 1.2350]，因此可以判断方案四为理论最优。收集四个设计主体对方案四的偏好矩阵：

$$P_1 = \begin{bmatrix} 0.6 & 0.6 & 0.9 & 0.8 & 0.9 & 0.8 & 0.6 & 0.9 \\ 0.7 & 0.6 & 0.9 & 0.8 & 0.8 & 0.9 & 0.9 & 0.8 \\ 0.8 & 0.7 & 0.5 & 0.8 & 0.8 & 0.9 & 0.9 & 0.9 \\ 0.9 & 1.0 & 1.0 & 0.9 & 0.9 & 0.8 & 0.9 & 1.0 \end{bmatrix}$$

根据冲突中的共识度计算方法，可以计算出共识度为 0.86。下一步判断 0.86 是否大于设置的共识度阈值。当共识度大于阈值时，则认为该方案符合当前冲突态势下对冲突消解的要求；否则，需要做进一步的冲突消解工作。

6.5 产品自适应在线交互设计平台

6.5.1 工作空间

工作空间是自适应设计平台可以存放文件及显示主页页面，呈树形结构展示已存在的文件，左侧显示树形文件结构，右侧显示文件夹下的文件列表，列表显示多个属性信息，可以非常直观地查看列表信息。

　　用户登录平台后，可以点击左侧菜单"工作空间"，打开工作空间页面，就可以在右侧展示工作空间中的文件，还可以进行新建结构、上传文件等操作，如图 6-23 所示。

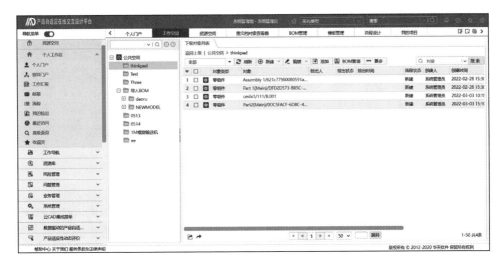

图 6-23　"工作空间"界面

6.5.2　资源空间

　　资源空间是专门为自适应设计平台开发的存储资源文件的模块，可以在该空间直接查看已经存储的资源型文件，并在页面上列表展示。

　　用户进入平台，点击资源空间进入页面，可以查看文件，上传新的资源等，如图 6-24 所示。

6.5.3　可视化浏览

　　在产品设计和评审阶段，平台的三维模型轻量化协同浏览工具可提供模型的在线浏览功能，实现 CATIA、SolidWorks、SETP、UGNX 等主流 CAD 数模的在线浏览。三维模型轻量化协同浏览工具支持模型的在线轻量化转换，压缩比高，转换效率高。转换完成后，用户可以在平台中浏览模型并执行相关操作，还可以看到模型的属性信息、装配信息等。

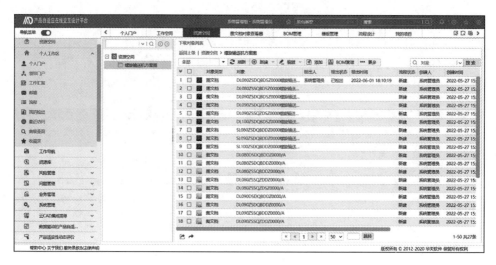

图 6-24   "资源空间"界面

通过平台的工作空间，选择待查看的图文档数据，点击该数据进入图文档对象查看器。点击可视化，可以在线转换文件并查看，如图 6-25、图 6-26 所示。

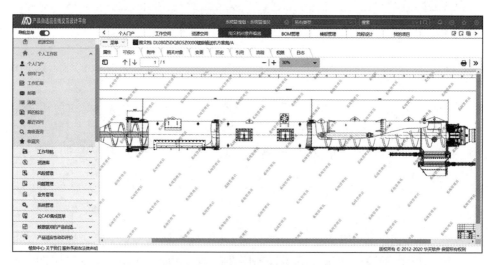

图 6-25   在线查看 PDF 文件

6.5.4   三维模型智能搜索

在产品的设计流程中，平台的在线三维模型智能搜索工具支持搜索可复用的模型，提高设计效率。在平台中选择一个图文档数据，通过该数据关联的模型文件与平台数据库中的模型文件进行比对，匹配出相似度较高的模型，在平台中以列表的形式显示，用户可从列表中选择相应的数据下载复用。

图 6-26　在线查看三维模型

进入平台，选择图文档数据，点击右键菜单中的"三维搜索"，进行三维模型比对和搜索，如图 6-27 所示。

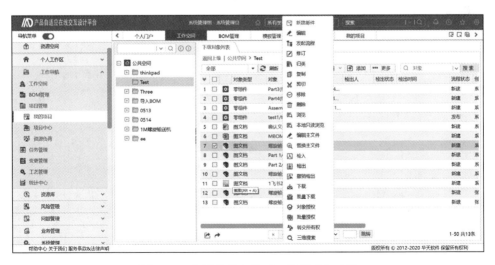

图 6-27　右键菜单中的"三维搜索"功能

模型比对结束后，平台弹出匹配结果列表页，如图 6-28 所示，展示相似的模型名称、匹配度等信息，用户可以选择要使用的模型，下载模型文件进行复用。

图 6-28　三维搜索匹配结果界面

6.5.5　BOM 管理

在线建模完成后，平台可以获取模型的组成结构，展示多个下级组件。在平台的 BOM 管理中可以看到 BOM 组成结构，如图 6-29、图 6-30 所示。

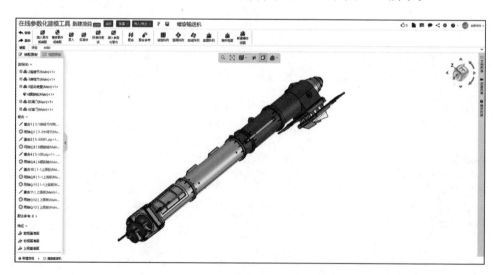

图 6-29　云平台中螺旋输送机的模型

图 6-30 BOM 管理中螺旋输送机的装配 BOM 结构界面

6.5.6 项目管理

登录平台，进入项目管理页面（见图 6-31），左侧树结构可以查看"我负责的项目""我创建的项目""我参与的项目""我关注的项目""已结束的项目"等分类，用户可以进行新建项目、编辑相关信息等操作，可查看相关项目管理信息和项目进度等。

图 6-31 项目管理页面

用户可以点击资源负荷菜单，进入资源页面，通过查询条件，查看相应的项目资源负荷，通过颜色区分计划进行状态等（见图 6-32）。

6.5.7 在线建模

通过平台中集成的云 CAD 模块（见图 6-33），点击创建项目，进入项目管理列表页，选择想要操作的项目，点击打开项目，进入在线建模页面，即可进行模型的在线浏览、在线协同设计，通过平台直接使用在线建模服务（见图 6-34、图 6-35）。

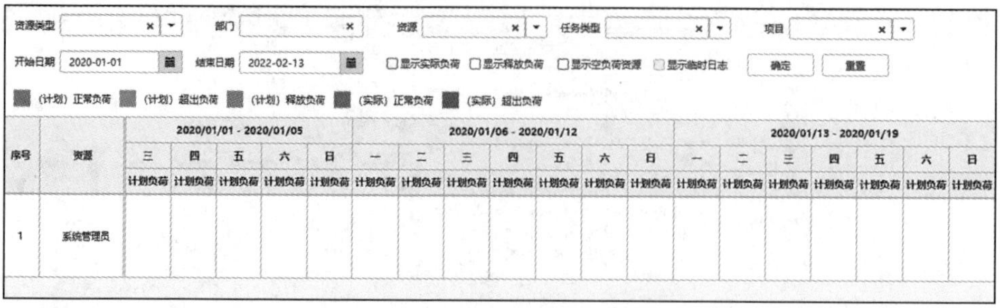

| 资源类型 | ✕ ▼ | 部门 | ✕ | 资源 | ✕ ▼ | 任务类型 | ✕ ▼ | 项目 | ✕ ▼ |

开始日期 2020-01-01 ▦　结束日期 2022-02-13 ▦　☐ 显示实际负荷　☐ 显示释放负荷　☐ 显示空负荷资源　☐ 显示临时日志　　确定　　重置

■（计划）正常负荷　■（计划）超出负荷　■（计划）释放负荷　■（实际）正常负荷　■（实际）超出负荷

序号	资源	2020/01/01 - 2020/01/05					2020/01/06 - 2020/01/12							2020/01/13 - 2020/01/19					
		三	四	五	六	日	一	二	三	四	五	六	日	一	二	三	四	五	六	日
		计划负荷	计划负荷	计划负荷	计划负荷	计划负荷	计划负荷	计划负荷	计划负荷	计划负荷	计划负荷	计划负荷	计划负荷	计划负荷	计划负荷	计划负荷	计划负荷	计划负荷	计划负荷
1	系统管理员																		

图 6-32　根据条件查询资源负荷信息

⟳ 刷新　＋ 新建　✎ 编辑　🗑 删除　打开项目　查看版本　检入　检出　撤销检出　发布　修订　BOM管理

∀	☐		项目名称	用户名	应用授权ID	应用授权Secret	项目ID	文档ID	版本	当前版次	流程状态
1	☐	⚙	分隔符	大富大贵	937201d9095...	60b436e22cd...	61c17ebe4105e700be80e85f	61c17ebe4105e700be80e860	A	1	新建
2	☐	⚙	0819测试	华天2	937201d9095...	60b436e22cd...	611dcfeff026ce14361b092e	611dcfeff026ce14361b092f	A	1	新建
3	☐	⚙	0810测试1	华天	937201d9095...	60b436e22cd...	6111e72efca69c2c3e2b6baf	6111e72efca69c2c3e2b6bb0	A	2	新建
4	☐	⚙	0810测试	华天	937201d9095...	60b436e22cd...	6111d00efca69c2c3e2b5e95	6111d00efca69c2c3e2b5e96	B	3	新建
5	☐	⚙	0809测试3	华天2	937201d9095...	60b436e22cd...	61110f72fca69c2c3e2b5b12	61110f72fca69c2c3e2b5b13	A	1	新建
6	☐	⚙	0809测试2	华天2	937201d9095...	60b436e22cd...	61110ef2fca69c2c3e2b5b04	61110ef2fca69c2c3e2b5b05	A	1	新建
7	☐	⚙	华天测试1	华天	937201d9095...	60b436e22cd...	610a4f14fca69c2c3e2b3807	610a4f14fca69c2c3e2b3808	B	2	新建
8	☐	⚙	0731测试	华天	937201d9095...	60b436e22cd...	6104ad4afca69c2c3e2b0cd2	6104ad4afca69c2c3e2b0cd3	A	1	新建
9	☐	⚙	华天集成测试	华天	937201d9095...	60b436e22cd...	6102682bfca69c2c3e2b03bd	6102682bfca69c2c3e2b03be	C	1	新建
10	☐	⚙	0729测试1	华天02	937201d9095...	60b436e22cd...	6102545efca69c2c3e2ae79c	6102545efca69c2c3e2ae79d	A	2	新建
11	☐	⚙	0729测试	华天02	937201d9095...	60b436e22cd...	61023ed5fca69c2c3e2ac168	61023ed5fca69c2c3e2ac169	A	1	新建
12	☐	⚙	0728测试1	华天01	937201d9095...	60b436e22cd...	61010b0cfca69c2c3e2a1c17	61010b0cfca69c2c3e2a1c18	A	1	新建
13	☐	⚙	0728测试1	华天01	937201d9095...	60b436e22cd...	6100e940fca69c2c3e298aad	6100e940fca69c2c3e298aae	A	1	新建
14	☐	⚙	0727测试	华天01	937201d9095...	60b436e22cd...	60ff594d843d9e40125820a8	6076b7ea5093081efb56c6a6	B	1	新建
15	☐	⚙	0726测试2	华天01	937201d9095...	60b436e22cd...	60fe8695843d9e4012581026	6076b7ea5093081efb56c6a6	A	2	新建

图 6-33　云 CAD 模块集成信息

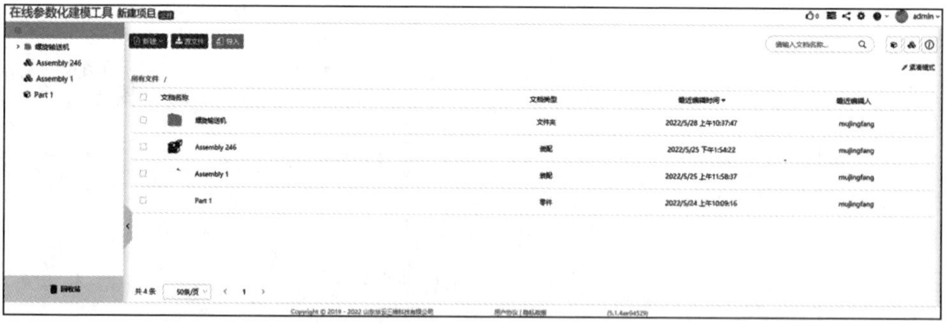

在线参数化建模工具　新建项目		

> 螺旋输送机
  ⚙ Assembly 246
  ⚙ Assembly 1
  ⚙ Part 1

☐	文档名称	文档类型	最近编辑时间	最近编辑人
☐	螺旋输送机	文件夹	2022/5/28 上午10:37:47	mujingfang
☐	Assembly 246	装配	2022/5/25 下午1:54:22	mujingfang
☐	Assembly 1	装配	2022/5/25 上午11:58:37	mujingfang
☐	Part 1	零件	2022/5/24 上午10:09:16	mujingfang

共 4 条　50条/页　＜ 1 ＞

图 6-34　在线建模操作界面

6.5.8　流程审批管理

　　平台支持多模板分类的审批流程，包括"风险流程""普通流程""问题管理流程""项目任务流程""研发项目流程"等。针对信息审核的模块，用户可以自行设计审核流程，保存之后，可以发起相应的流程，选择对应的流程名称，申请之后可以到相应的审核人页面进行审核（见图 6-36～图 6-39）。

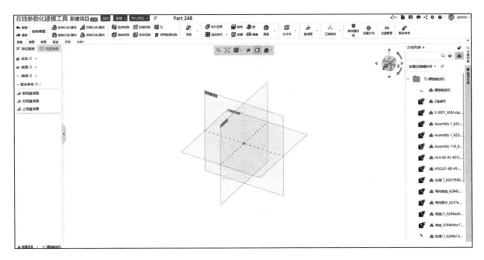

图 6-35　模型在线浏览

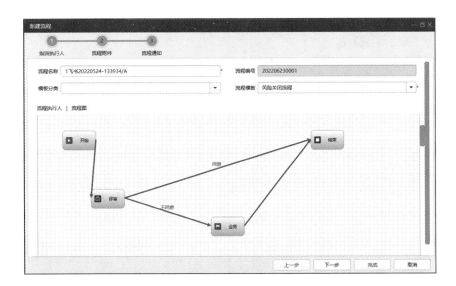

图 6-36　选择流程

图 6-37　新建流程

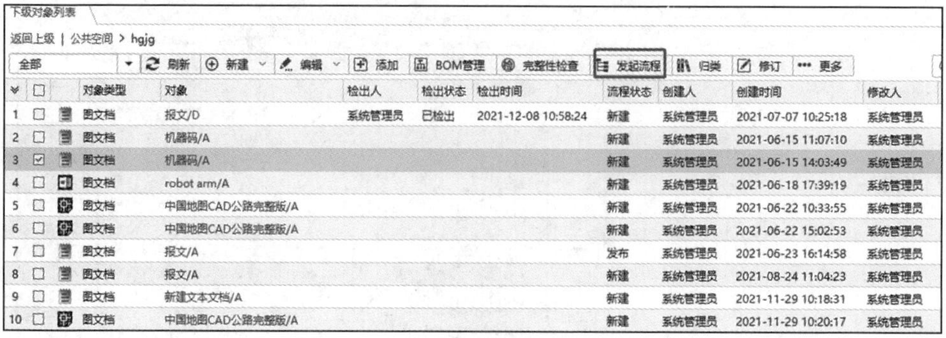

图 6-38 发起流程

图 6-39 流程审批

6.5.9 业务建模

平台的数据模型由 Entity 和 Link 两大类型对象组成，通常统称为对象类型，可以应用或扩展到任何应用的子系统中。所有对象类型都是字段类型的集合。此外，Entity 类型和 Link 类型都有自己特殊的属性，以确定各自的代表性和行为。

数据模型连接到具体的数据表是由数据结构定义的。每个对象类型对应一个数据表，每个字段类型对应数据表中的一个表列。由于数据模型类型和数据库表 / 列的名称相同，因此按同一名称的对象类型执行相同操作的规则来执行。

平台的业务建模分为两大类：基类型（Entity）和对象之间的关系类型（Link）。基类型中包含实体类型中最基本的对象属性，所有的实体类型都应当继承自基类型。对象之间的关系类型包含关系类型中最基本的对象属性，所有的关系类型都应继承自对象之间的关系类型。业务建模主界面如图 6-40 所示。

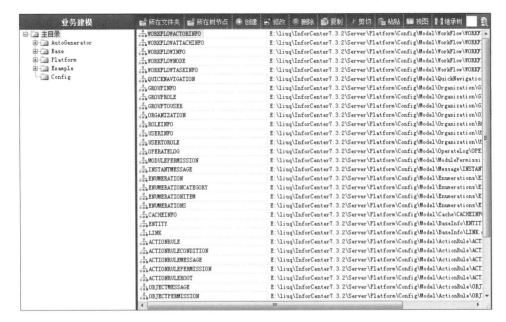

图 6-40 业务建模主界面

1. 新建对象

1）功能介绍：创建一个实体对象或关系对象。

2）功能使用：在配置文件目录树区域选择一个文件夹，点击工具栏区域的创建按钮（或在配置文件展示区域点击右键，选择创建），会弹出新建对话框（见图 6-41）。

2. 查看对象继承关系

1）功能介绍：查看业务建模对象的继承关系。

2）功能使用：在配置文件目录树区域选择一个文件夹，点击工具栏区域的继承树按钮（或

图 6-41 新建对话框

在配置文件展示区域选中某个对象，点击右键，选择继承树），会弹出继承树显示窗口（见图 6-42），该窗口会显示所有节点的继承关系，当前节点是树上的选中节点。

3. 业务建模信息窗口

1）功能介绍：维护与业务建模相关的基本信息，是业务建模信息窗口的第一个标签页。

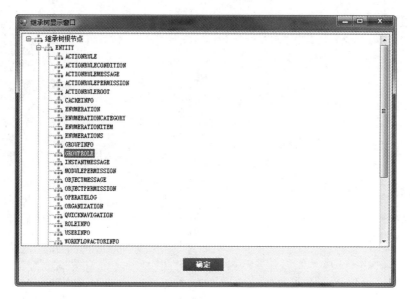

图 6-42　继承树显示窗口

2）功能使用：双击配置文件展示区域的某个文件，或者选中文件，点击工具栏的修改按钮，会弹出业务建模主面板（见图 6-43）。

图 6-43　业务建模主面板

4. 实体对象属性信息

1）功能介绍：用于维护实体对象属性，可以添加、修改、删除相应的属性，是业务建模信息窗口的第二个标签页。

2）功能使用：选择（或新建）实体对象，打开业务建模信息编辑窗口，显示实体建模主界面（见图 6-44）。

图 6-44　实体建模主界面

5. 关系对象属性信息

1）功能介绍：用于维护关系对象属性，可以添加、修改、删除相应的属性。

2）功能使用：选择（或新建）关系对象，打开业务建模信息编辑窗口，显示关系建模主界面（见图 6-45）。

关系建模主界面用于显示与关系对象关联的属性信息，与实体对象属性基本相同。

图 6-45　关系建模主界面

第 7 章

产品自适应在线设计技术平台应用

7.1 赋能工具

结合国家重点研发计划网络协同制造和智能工厂专项产品自适应在线设计技术平台研发项目的研究成果，通过产品自适应在线设计技术平台实现螺旋输送机的自适应设计。本章结合螺旋输送机传统的设计流程，参考产品自适应设计模式图，构建该产品的自适应设计模式，具体如图 7-1 所示。

模式图结构主体为一个数据支撑（驱动）基座和七个设计阶段层；左侧为自适应评价、自适应决策、在线交互协同设计管控和设计知识/模型智能推送功能模块；右侧为支持七个设计阶段层运行的定制工具模块及产品模型成熟度自适应评价模块。七个设计阶段层的差异显示出产品设计过程中不同设计阶段层能够实现设计的协同性及反馈，从而提高设计效率，也显示出螺旋输送机设计的主要流程及设计阶段层中主要设计任务的次序。数据支撑（驱动）基座采集存储了大量螺旋输送机产品在不同业务系统中的多元异构数据，如工程地质数据、招标文件、制造数据、设计数据、环境数据、仿真数据、运维服务数据、用户特殊需求等，为驱动七个产品设计阶段层运行提供数据及知识服务。底部的设计工具集则为螺旋输送机产品自适应设计模式提供基础功能支持，工具集之间的功能存在交互和支撑关系，共同构成产品自适应在线设计技术平台。

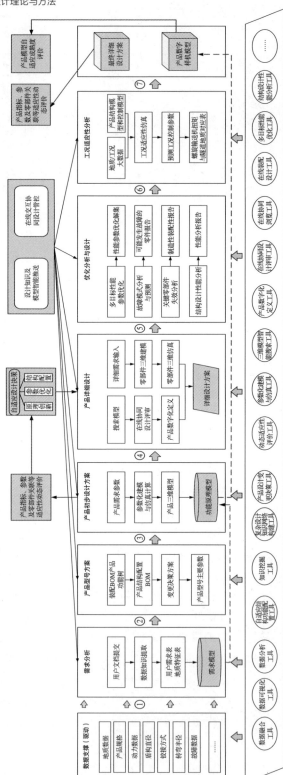

图 7-1 螺旋输送机的自适应设计模式

产品自适应在线设计技术平台的基本架构如图 7-2 所示。

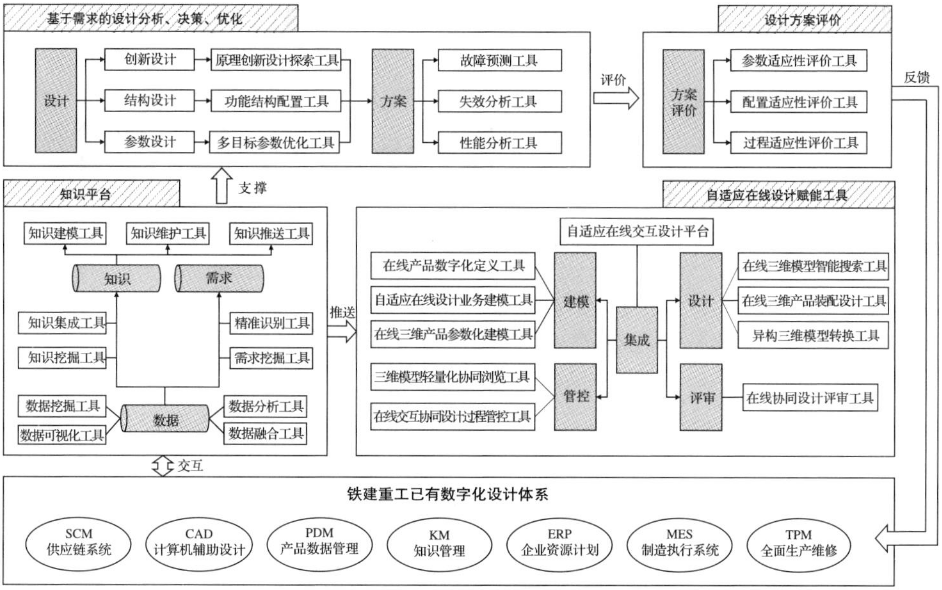

图 7-2　产品自适应在线设计技术平台的基本架构

产品自适应在线设计技术平台的功能是综合多个产品设计工具子功能的基础上集成实现的。下面对产品自适应在线设计技术平台中具备典型特征的产品设计工具进行功能介绍和效果分析。

1. 设计关联知识挖掘工具

设计关联知识挖掘工具用于产品优化设计前，通过对设计关联数据进行聚类分析和知识抽取，挖掘设计知识，发现产品缺陷，为技术人员进行产品优化设计和运行维护提供决策支持。该工具由聚类分析和知识抽取两部分构成，可以实现设计关联数据聚类和设计知识挖掘功能。

1）聚类分析。通过 K-means/ 谱聚类算法实现对关联数据的聚类功能。例如，针对盾构机故障文本数据进行聚类，可实现故障文本初步分类，对聚类结果进行分析，发现一定的故障规律，找出常见故障零件和高发故障类型。关联数据聚类界面如图 7-3 所示。

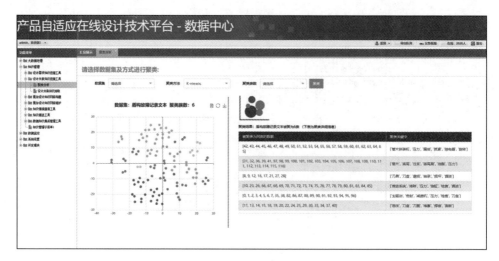

图 7-3　关联数据聚类界面

2）知识抽取。通过对设计关联数据进行实体与关系联合抽取实现知识抽取，即设计知识挖掘。例如，针对盾构机故障文本数据进行知识抽取，可获得故障现象、改进分析和解决方法等知识，其中对于产品设计优化有利用价值的知识称为设计知识。知识抽取界面如图 7-4 所示。

图 7-4　知识抽取界面

通过该工具对螺旋输送机故障数据进行聚类分析，有助于发现螺旋输送机的故障区域和分布规律，找出高故障率部件，为其设备运维、设计改进提供聚焦点。通过知识抽取，可以从螺旋输送机关联数据中挖掘隐含的知识，为螺旋输送机故障分析与处理、产品设计与改进提供支持。

2. 设计需求知识挖掘工具

主要实现对需求文档中需求知识的分析挖掘和存储，生成结构化存储的设计需求，给出历史产品库中相似度最高的产品样例，为后续的产品设计提供参考。该工具通过模式匹配的方法对需求文档进行自动化的知识提取，帮助设计人员节约阅读冗长需求文档的时间和精力；通过对需求知识进行分析，寻找产品库中需求相似度最高的历史产品作为设计参考，通过设计重用提高设计效率。

设计需求知识挖掘工具对需求数据进行分析，实现基于需求数据分析的需求知识挖掘，包括需求文档的需求识别提取、结构化存储与相似产品查询。如图7-5所示，选择文件，选择设计任务书或技术规格书；点击需求查询按钮，进行需求查询；选择要查看的文件名称、需求种类，进行需求查询，可查询数据库中存储的需求知识，同时搜索产品库中相似度最高的三例产品。

图 7-5　设计需求知识挖掘界面

该工具可解决螺旋输送机产品设计中设计需求文档难以高效阅读、设计需求难以结构化提取和存储、设计知识难以挖掘等问题，能够提高设计效率，加快设计过程，帮助设计人员节省时间和精力。通过实现设计重用，将更多的资源投入对用户个性化需求的发掘中，实现小批量产品规模化定制设计，以提高用户对产品的满意度，提升企业市场竞争优势。

3. 知识推送工具

知识推送工具主要由知识推送主页、知识管理和映射关系管理三部分组成。该工具根据当前设计情境信息，筛选与当前情境最符合的知识，形成推送知识列表；在设计过程中为设计人员提供所需设计知识，减少设计人员查阅知识所需时间，以简化设计过程、缩短设计周期、提高设计效率、减少设计成本、增加经济效益。

1）知识推送主页。知识推送主页主要包括知识推送列表和最近访问知识统计。根据当前设计情境，获得知识推送列表并进行展示，设计人员可按需浏览列表中的知识，辅助完成产品设计。最近访问知识统计展示最近访问知识，以供设计人员快速重复使用知识。知识推送主页界面如图7-6所示。

图7-6　知识推送主页界面

2）知识管理。知识管理模块管理知识库中的知识，通过知识评价功能对已使用知识进行评分，根据知识评价确定知识质量，进行知识管理维护，并实现知识新增、删除、修改、查找、评价，以及映射关系新增等功能。知识管理界面如图7-7所示。

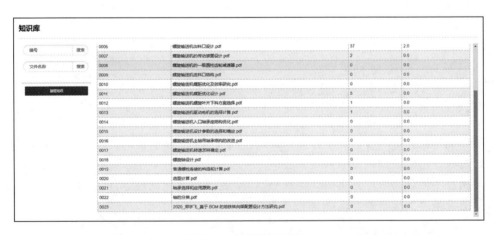

图7-7　知识管理界面

3）映射关系管理。映射关系管理模块管理用户知识模型和知识与知识模型的映射关系，为知识匹配提供参考依据。映射关系管理模块实现了用户知识模型新增、删除，以及知识与知识模型映射关系的修改、删除等功能。映射关系管理界面如图 7-8 所示。

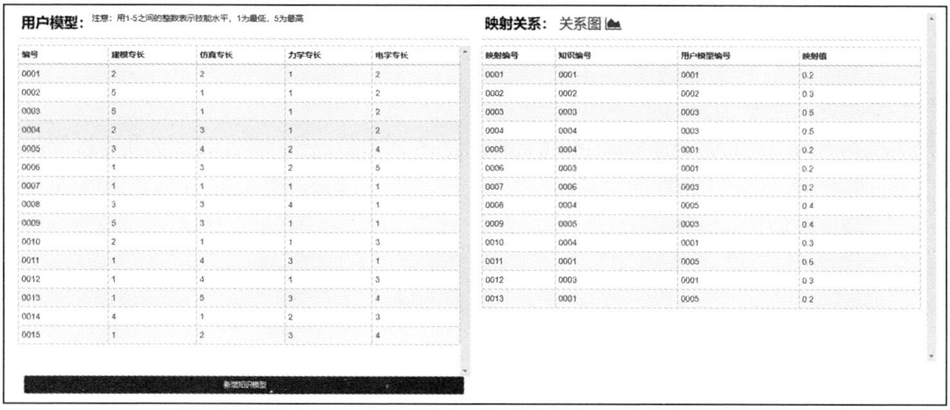

用户模型：注意：用1-5之间的整数表示技能水平，1为最低，5为最高

编号	建模专长	仿真专长	力学专长	电学专长
0001	2	2	1	2
0002	5	1	1	2
0003	5	1	1	2
0004	2	3	1	2
0005	3	4	2	4
0006	1	3	2	5
0007	1	1	1	1
0008	3	3	4	1
0009	5	3	1	1
0010	2	1	1	3
0011	1	4	3	1
0012	1	4	1	3
0013	1	5	3	4
0014	4	1	2	3
0015	1	2	3	4

新增知识模型

映射关系：关系图

映射编号	知识编号	用户模型编号	映射值
0001	0001	0001	0.2
0002	0002	0002	0.3
0003	0003	0003	0.5
0004	0004	0003	0.5
0005	0004	0001	0.2
0006	0003	0001	0.2
0007	0006	0003	0.2
0008	0004	0005	0.4
0009	0005	0003	0.4
0010	0004	0001	0.3
0011	0001	0005	0.5
0012	0003	0001	0.3
0013	0001	0005	0.2

图 7-8　映射关系管理界面

4. 数据知识集成管理系统

数据知识集成管理系统用于对需求、设计、制造、运维等全业务领域的多源异构数据资源及产品设计知识进行封装，构建索引并进行数据与知识储存，最终实现数据与知识的集中管控。大数据处理与知识管理平台作为支持产品自适应设计的数据与知识源，知识集成管理工具支持用户通过大数据处理与知识管理平台进行数据与知识访问。

1）数据存储。数据存储界面以表格形式呈现，展示所有已录入的可供选择的数据，包括需求数据、故障数据、运维数据等。可通过左侧新增数据跳转到新增需求数据界面，同时可通过右侧操作栏按钮进行编辑和删除操作。数据管理界面、新增数据界面，编辑数据界面如图 7-9～图 7-11 所示。

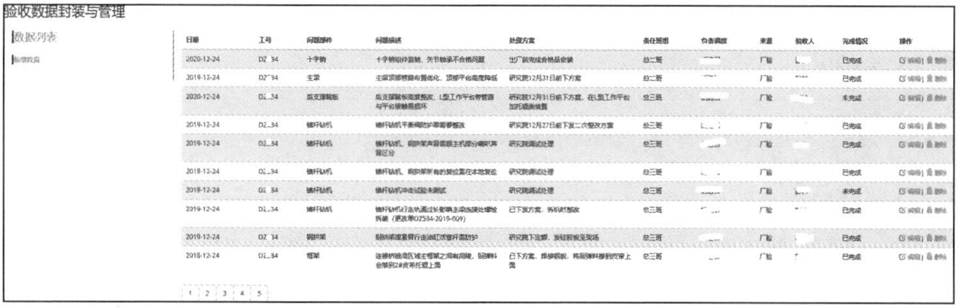

图 7-9　数据管理界面

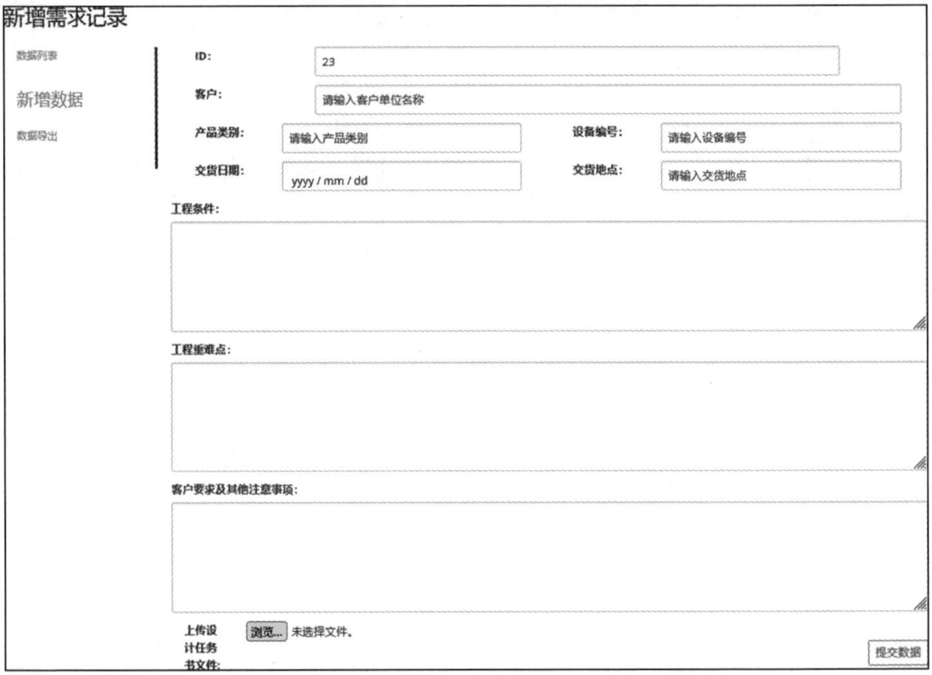

图 7-10　新增数据界面

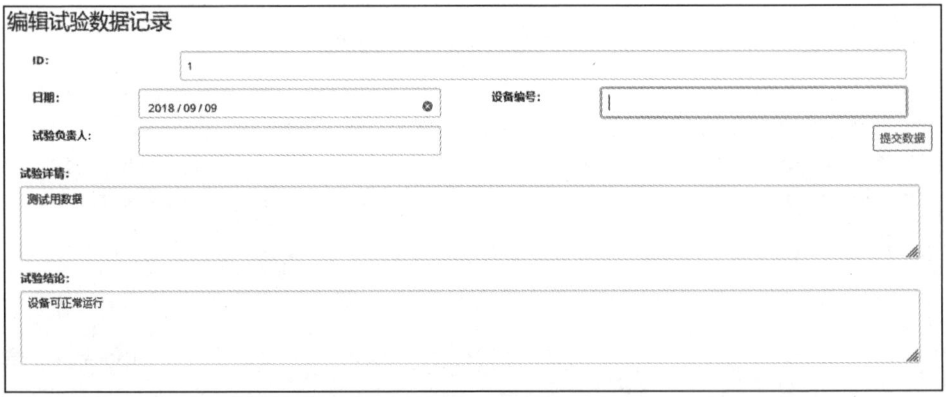

图 7-11　编辑数据界面

2）数据统计。数据统计针对录入的需求数据进行统计与可视化，包括需求数据来源统计图与需求数据时间序列数量分析折线图，可通过界面上方的"起始时间"与"终止时间"输入需要统计的数据时间区间。需求数据来源统计图包括设备类别和需求机构两个维度，分别以嵌套的饼图和环形图展示。需求数据时间

序列数量分析折线图以年份为标准统计所有需求数据的分布情况。数据统计界面
如图 7-12、图 7-13 所示。

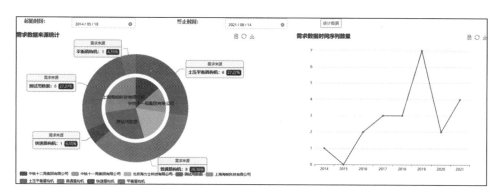

图 7-12　数据统计界面（需求数据）

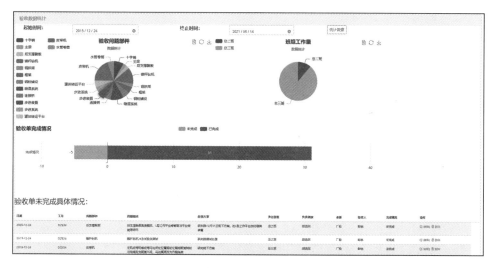

图 7-13　数据统计界面（验收数据）

3）数据索引。数据索引包括全局模糊查询与高级查询两部分，如图 7-14 所
示。全局模糊查询仅需输入需要检索的数据的模糊关键词，点击模糊查询按钮，
工具将据此在全业务领域数据中搜索符合的条目并展示。高级查询适用于用户有
明确需要查询的数据条目特点，如数据类别、查询时限、负责人等。输入数据条
目中精确包含的关键词，选择各类选项后点击高级查询按钮，即可得到符合条件
的数据条目。

全局模糊查询						
查询关键词:	请输入查询关键词		模糊查询			
高级查询(与模糊查询不兼容)						
精确关键词:	请输入查询关键词					
数据类别:	□需求数据 □制造数据 □运维数据 □试验数据		查询时期:	全部数据 ⌄	负责人:	暂无　高级查询
查询结果						

图 7-14　数据索引界面

4）知识管理。知识管理功能支持用户使用 utf-8 编码形式的 csv 格式文件进行设计知识的录入，文件以知识图谱三元组的形式存储即可。文件上传完毕后点击"提交数据"按钮，便可以由系统自动完成文件知识录入以及对知识文件的简单封装，如提取知识类别、知识关键词等。用户录入知识完毕后，可在该界面查看知识图谱。该界面由两部分组成，用户在上方选择需要查看的文件，点击"查看"按钮后，下方会展示出完整的知识图谱，如图 7-15 所示。

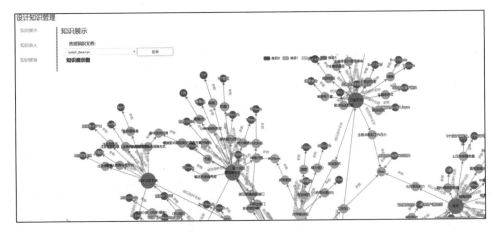

图 7-15　知识图谱展示界面

知识管理界面包括知识文件细则及文件库，由左右两部分构成。用户可使用左侧知识文件库查看所有知识文件的更新日期、知识类别、知识关键词等信息，也可以通过"查看""删除"等按钮进行相关操作。右侧部分可以对特定的知识文件中的每个条目进行编辑及删除操作，以便用户管理知识文件细则。知识管理界面如图 7-16 所示。

用户通过数据知识集成管理工具可以从全业务领域的多种数据类别中选择希望进行操作的数据，并进入具体页面，如使用数据统计功能对录入的多项数据进行统计及可视化；通过输入模糊搜索关键词或精确的高级搜索方式利用数据索引功能检索数据条目。用户针对自身的具体需求，可选择已分类的设计知识，同样可以进行具体编辑操作。

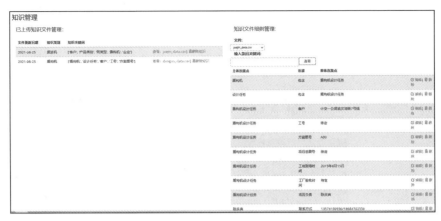

图 7-16　知识管理界面

5.复杂设计知识网络构建工具

复杂设计知识网络构建工具主要由设计知识三元组导入和设计知识网络构建两部分组成。该工具通过上传 csv 或 json 特定格式的设计知识三元组文件,以知识图谱的知识表示形式构建复杂设计知识网络并提供可视化展示,实现设计知识统一表达、高效组织,便于设计知识的管理和应用。

1)设计知识三元组导入。根据设计关联知识挖掘工具获得的复杂设计知识网络所属领域为知识网络命名,然后选择设计知识三元组数据,数据按照指定的 csv 或 json 文件格式存储,点击确定,将设计知识导入复杂设计知识网络构建系统。导入页面如图 7-17 所示。

图 7-17　复杂设计知识三元组导入页面

2）设计知识网络构建。产品设计知识的统一表达、高效组织与动态维护是设计知识能否有效重用并发挥价值的关键所在。该工具采用知识封装技术，将规则、模型、工具等异构多粒度的设计知识进行统一表达，基于知识图谱组织设计知识，形成复杂设计知识网络。以盾构机为例构建的复杂设计知识网络如图 7-18 所示。

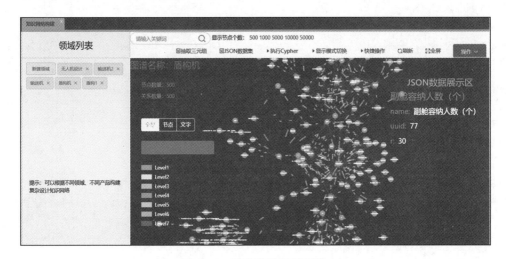

图 7-18　复杂设计知识网络

6. 复杂设计知识网络维护工具

复杂设计知识网络维护工具主要由知识网络的关系补齐维护、Cypher 语句或检索维护、节点关系手动维护三部分构成。通过研究动态维护触发机制、评判准则与控制策略，一方面基于实体融合技术解决复杂设计知识网络中新知识的增加与实体链接关系的发现，另一方面通过实体解析技术解决设计知识实体间的歧义识别与链接冲突监测，最终通过关系补齐解决复杂设计知识网络的维护及手动维护和 Cypher 语句维护。

1）知识网络的关系补齐维护。当某领域有新设计知识需要融合进该领域的知识网络时，通过识别实体歧义和关系冲突完成关系补齐维护。需要有该领域知识网络的更新和补充文档，上传文档为有一定格式要求的 csv 文件或 json 文件。在知识网络维护界面（见图 7-19），点击右侧"操作"按钮，在上传文件窗口的图谱领域输入"盾构机"，选择 csv 或 json 文件"盾构机更新和补充文档"，点击"确定"，等待知识网络完成新知识融合，补齐关系。

图 7-19　复杂设计知识网络的关系补齐维护

2）知识网络 Cypher 语句或检索维护。通过 Cypher 语句，可快速增、删、改、查节点关系，或使用搜索工具检索节点关系。如图 7-20、图 7-21 所示，点击领域列表里的"盾构机"，可视化区域显示该领域的知识网络；在可视化区域左上角检索框输入检索节点或关系，点击"检索"，即可返回检索结果；点击可视化区域上方"执行 Cypher"按钮，在输入框内输入 Cypher 语句，点击"执行"，即可完成 Cypher 方式对知识网络的维护。

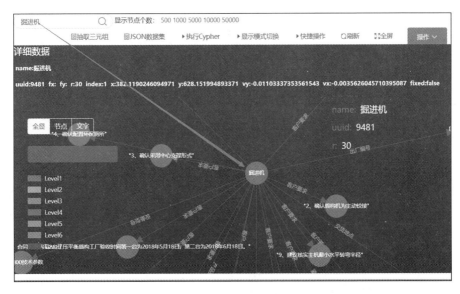

图 7-20　知识网络检索维护

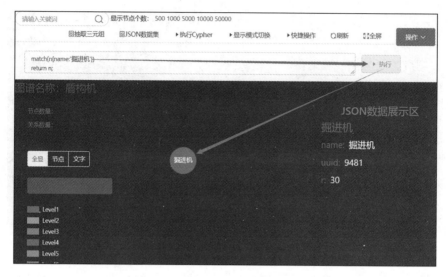

图 7-21　知识网络 Cypher 语句维护

　　3）知识网络的节点关系手动维护。对知识网络中错误的节点或关系进行编辑、删除、添加等操作。如图 7-22、图 7-23 所示，点击领域列表里的"盾构机"，可视化区域点击节点，对节点进行编辑，可删除或建立与其他节点的关系；将鼠标移至关系线的文字上，可以对关系进行编辑或删除操作。

图 7-22　节点编辑

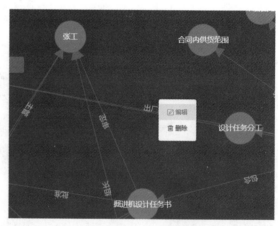

图 7-23　关系编辑

7. 产品设计属性关联建模及变更决策工具

　　产品设计属性关联建模及变更决策工具主要包括三个功能模块：产品设计信息存储与管理、产品设计信息模型的可视化、产品设计变更分析及决策，主要基

于数据集成管理和知识集成管理工具实现对设计信息的管理和对设计方案的初步
分析。

1）产品设计信息存储与管理。该模块主要包括产品功能信息的管理、BOM
信息的管理、参数信息的管理，以及功能 – 参数 – 结构三个设计信息域的跨域关
联信息管理。可实现相关信息的增、删、减等操作，其中参数关联信息复杂，该
模块还能实现函数关联和条件关联的键入功能，如图 7-24、图 7-25 所示。

图 7-24　参数及关联约束信息修改界面

图 7-25　结构信息管理界面

2）产品设计信息模型的可视化。该模块通过设计信息的键入和管理，可自动生成产品设计信息的多层网络模型结构，帮助设计人员及时获取设计信息。该模块可通过功能、结构、参数及之间的跨域信息管理实现模型的自动构建，模型包括产品功能树、结构树和参数关联网络。可视化的多层网络模型结构可辅助设计人员，寻找相关的关联约束信息，提高设计效率，如图 7-26、图 7-27 所示。

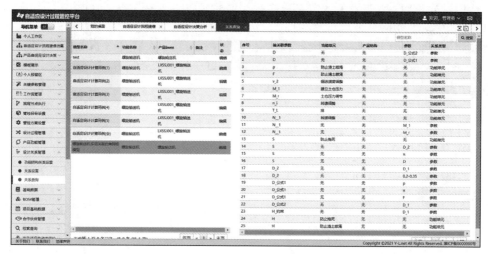

图 7-26　产品设计信息综合管理界面

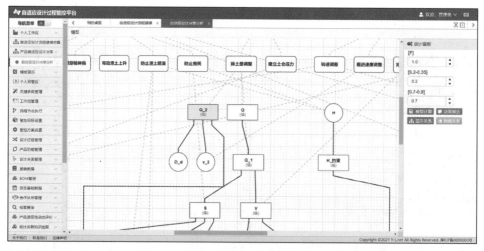

图 7-27　产品设计信息模型可视化界面

3）产品设计变更分析及决策。该模块通过参数网络模型内存储的相关设计信息，可实现参数的自动化计算，确定超出阈值的参数变更影响范围，基于代价信息实现变更方案的决策。

　　在该功能模块中，设计人员可根据具体的参数设计需求，对初始变更参数的参数编号、参数值和参数单位进行选择和输入，如图 7-28 所示。初始变更信息输入后，通过后台的参数变更代价的自动化计算及变更方案决策过程可实现参数变更方案的自动推荐，并实现参数修改方案可视化。输入变更参数为最大颗粒粒径 H 参数，输入变更量为 120mm，可自动化生成参数的变更方案，需要变更的参数被标注为红色，被影响的产品功能结构则被填充为灰色，如图 7-29 所示，最终实现变更方案决策结果的可视化。

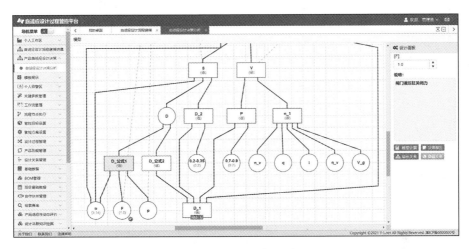

图 7-28　产品变更参数信息输入界面

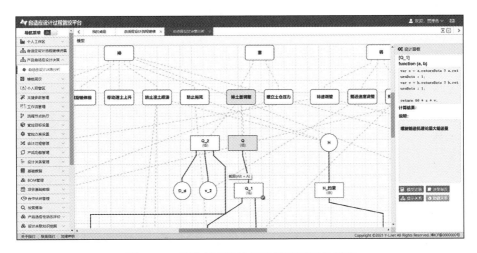

图 7-29　产品变更设计信息模型可视化界面

8. 参数适应性评价工具

参数适应性评价工具由数据建模、依赖性分析、相关性分析、神经网络训练及预测、关键参数识别和产品适应性计算六个部分构成。该工具实现设计方案参数层面的适应性评价。

1）数据建模阶段。需要上传整理好的产品指标、设计参数历史数据，以及待评价的参数方案信息，以支持参数标准模型的构建和方案的参数适应性评价。数据格式如图 7-30 所示。

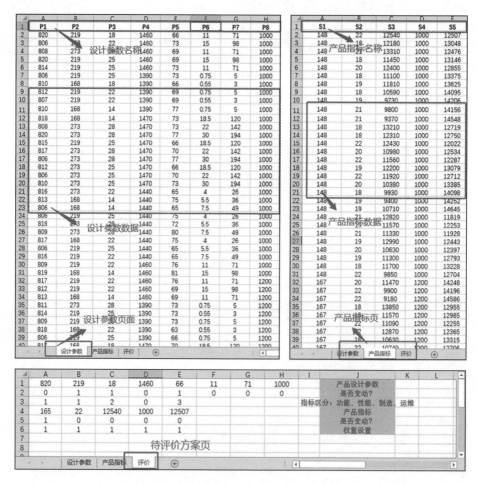

图 7-30　参数适应性评价——数据输入格式

2）依赖性分析阶段。利用已上传的数据，分析得出产品指标对设计参数的依赖关系，为关键参数识别提供依据，如图 7-31 所示。

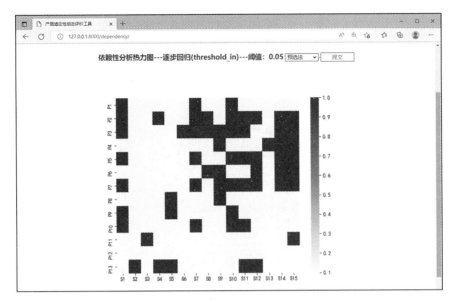

图 7-31 依赖性分析界面

3）相关性分析阶段。利用已上传的数据，分析得出产品指标和设计参数的相关关系，并利用该相关关系进行层次聚类，为关键参数识别划定范围，如图 7-32 所示。

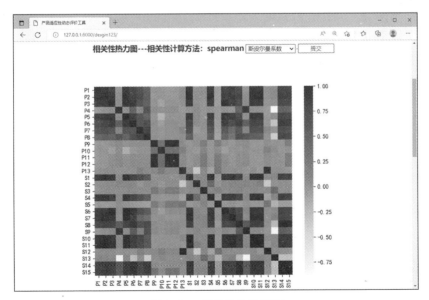

图 7-32 相关性分析界面

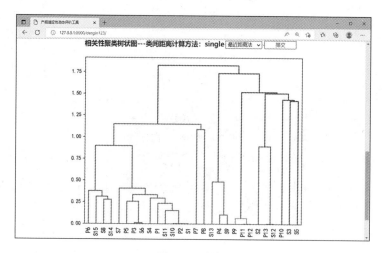

图 7-32 （续）

4）神经网络训练及预测阶段。利用已上传的产品指标和设计参数进行神经网络训练（后台自动完成），实现标准模型预测网络的构建，如图 7-33 所示。

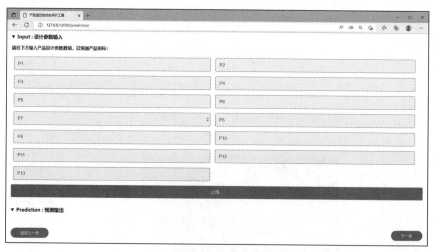

图 7-33　标准模型预测网络的构建

5）关键参数识别阶段。在聚类树状图的基础上，结合产品指标对设计参数的依赖关系完成关键参数的识别，为标准模型的构建奠定基础，如图 7-34 所示。

6）产品适应性计算阶段。根据关键参数识别的情况与待评价方案信息，利用预测网络生成标准模型，通过待评价方案与标准模型的对比分析，最终得到参数层面的适应性评价结果（雷达图），以及总体的适应性，如图 7-35 所示。

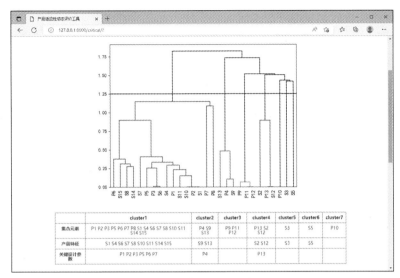

图 7-34　关键参数识别界面

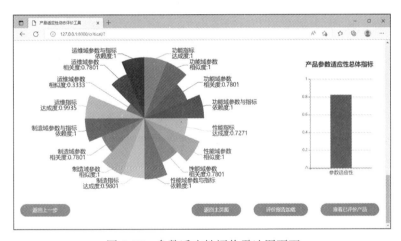

图 7-35　参数适应性评价雷达图页面

9. 配置适应性评价工具

配置适应性评价工具由数据导入和模块化与适应性评价两部分构成。该工具实现设计方案配置层面的适应性评价。

1）数据导入阶段。需要上传整理好的产品指标、产品指标与零部件关系定义表，以及待评价的配置方案信息，以支持配置标准模型的构建和方案的配置适应性评价。数据格式如图 7-36 所示。

2）模块化与适应性评价阶段。进行产品指标间的相关性分析，以热力图展示；结合产品指标与零部件关系定义表，将产品指标相关性映射到零部件上，得到零部件相关性热力图，并以此为依据进行聚类分析，得到零部件聚类树状图；然后选定阈值进行模块划分，构建配置层面的标准模型，通过待评价方案与标准模型的对比分析，最终得到配置层面的适应性评价结果（雷达图），以及总体的适应性，如图 7-36 所示。

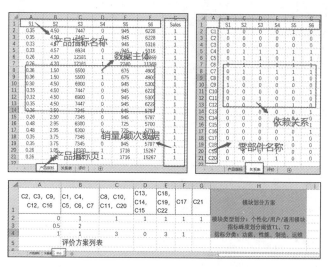

图 7-36 配置适应性评价——数据输入格式

参数适应性评价工具和配置适应性评价工具可快速实现螺旋输送机产品设计方案的适应性评价，该评价在产品参数、配置、方案三个层面分别考虑功能域、性能域、制造域和运维域的适应性，更加全面地概括了设计方案的适应性，提高了设计决策效率。另外，评价结果指出的设计方案适应性不足之处，也能够为后续的设计优化提供参考。

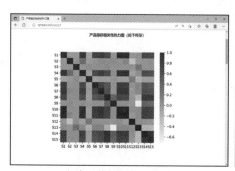

a）产品指标相关性分析

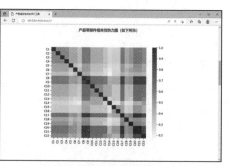

b）零部件相关性分析

图 7-37 配置适应性评价过程

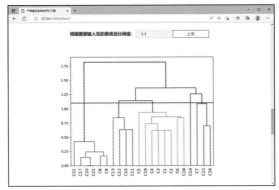

c）配置层面标准模型构建

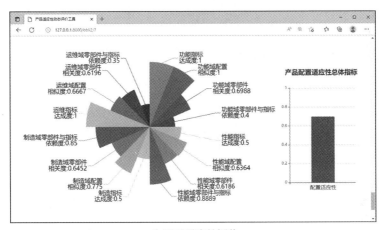

d）配置适应性评价

图 7-37 （续）

10. 制造性 / 装配性分析子工具 DFMA

该工具主要由方案配置和分析报告两部分组成。通过导入零件（装配）模型，对制造性 / 装配性的检查方案进行配置，基于配置的规则，对零件进行制造性 / 装配性分析，并输出评价分析报告。其步骤如下。

1）规则配置初始化。用 Creo4.0 打开螺旋输送机装配体，在工具栏打开 DFMA 工具，在主界面分别配置装配性和制造性规则，新增方案后添加筛选对应的规则，如图 7-38 所示。

2）制造性 / 装配性分析。在左侧零件结构树中选中某个零件，分析类型选择制造性分析，点击"运行分析"按钮，查看制造性分析的结果，如图 7-39 所示。

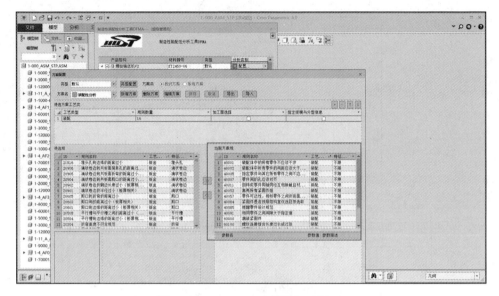

图 7-38　DFMA——规则配置界面

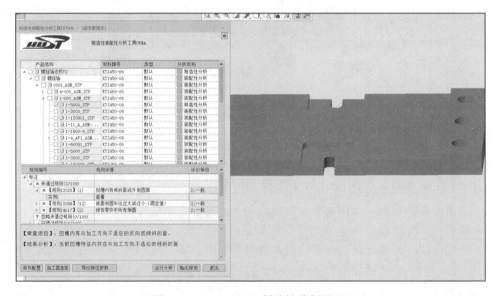

图 7-39　DFMA——制造性分析界面

接着，在左侧零件结构树中选中某装配体，分析类型选择装配性分析，点击"运行分析"按钮，查看装配性分析的结果，如图 7-40 所示。

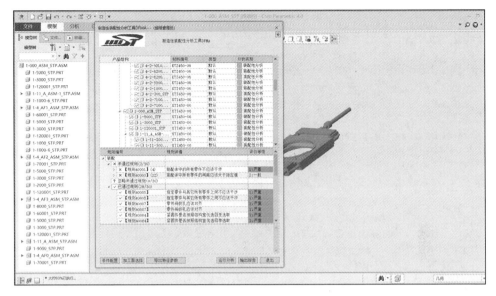

图 7-40　DFMA——装配性分析界面

该工具可实现螺旋输送机产品设计过程中对零件或装配体进行制造性 / 装配性检查的功能，从而对螺旋输送机的设计进行优化，避免后期制造 / 装配流程由设计缺陷导致的不可制造和装配的问题，从而缩短产品的设计周期。

11. 动态装配维护分析工具 DASM

该工具主要由装配工序规划、装配仿真、结果输出三部分组成。通过导入装配体三维模型，对装配过程进行定义，并进行装配仿真，输出装配 / 拆卸的仿真动画和干涉检查报告。

1）装配工序规划。在动态装配维护分析工具中，点击菜单中的"产品管理"，点击"引入"按钮，将螺旋输送机部件防涌门装配体导入；点击"工艺过程"选项卡，添加装配步骤如下：在"工艺过程"选项卡点击"编辑"按钮，编辑参与每步装配的零部件，在装配流程图中定义装配的顺序，通过"关联"按钮将装配步骤按次序连接，如图 7-41 所示。

2）装配仿真。选中某装配步骤，点击"活动"按钮，定义装配活动；用鼠标选中要装配的零部件，根据装配的运动方向选择螺旋、牵引、径向或轨迹运动，并定义装配的运动距离，如图 7-42 所示。

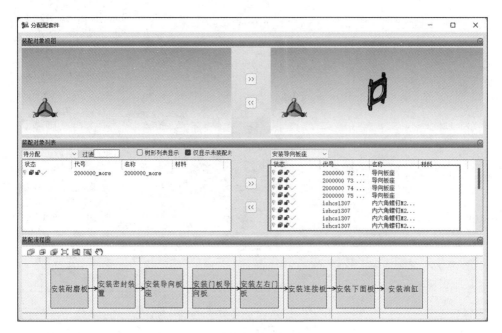

图 7-41　DASM——装配工序规划界面

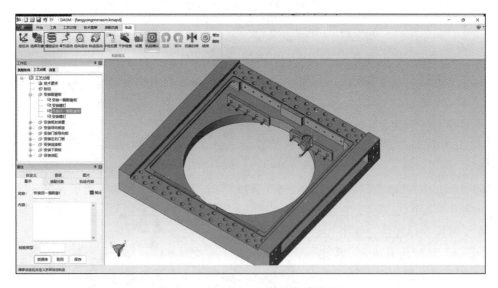

图 7-42　DASM——装配仿真界面

3）结果输出。点击"输出动画"按钮，即可输出仿真动画；点击"输出干涉报告"，即可保存干涉检查的结果，如图 7-43、图 7-44 所示。

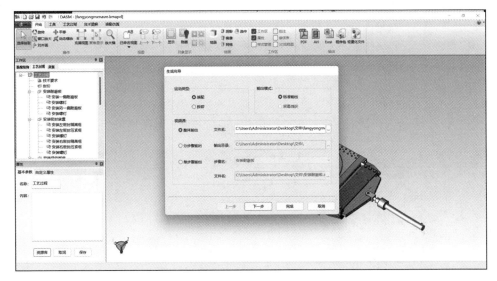

图 7-43　DASM——装配／拆卸动画输出界面

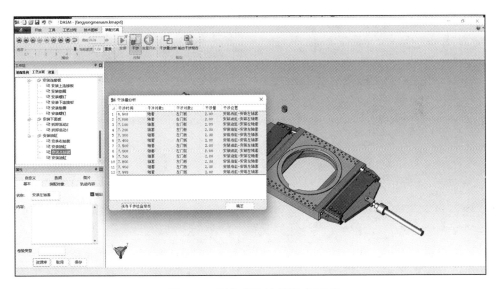

图 7-44　干涉检查结果输出界面

　　该工具可实现螺旋输送机产品设计中动态装配过程的仿真，并对动态过程进行干涉检查，还具有输出拆装动画等功能，从而实现螺旋输送机设计过程中动态装配维护过程的分析。

12. 工艺知识库

工艺知识库工具主要由工艺资源服务模块和工艺知识规则管理器两部分组成；通过工艺资源服务模块收集制造性知识，在本地的工艺知识规则管理器中将收集的规则实例化，为 DFMA 工具提供了坚实的数据基础。

1）工艺资源服务模块。打开工艺资源服务系统首页，在知识中选择某项已审核知识，打开查看详情新增方案后添加筛选对应的规则，如图 7-45、图 7-46 所示。

图 7-45　工艺知识库——工艺资源服务系统首页

图 7-46　工艺知识库——工艺资源服务系统知识详情页

2）工艺知识规则管理器。打开本地的工艺知识规则管理器，点击"新增"按钮，将知识详情页的对应内容填入本地编辑器中，点击"保存"，完成本地规则的添加。将在线收集的知识写入本地的数据库中，如图 7-47 所示。

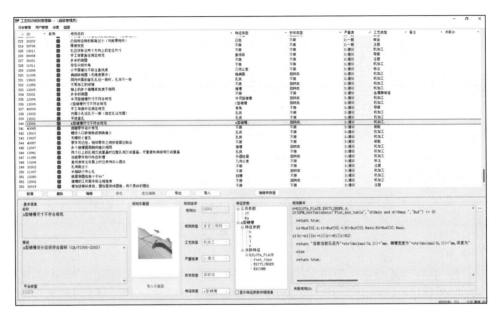

图 7-47　工艺知识规则管理器界面

该工具通过工艺资源服务系统，利用众包的思想，使本地的工艺知识规则流动起来，结合工艺知识规则管理器，将收集的知识实例化，提供给 DFMA 工具进行配置，为产品的结构设计性能分析提供了坚实的工艺数据基础。

13. 产品全生命周期综合设计分析工具

产品全生命周期综合设计分析工具由制造成本估算和综合设计分析两部分构成，前者包括信息预处理模块、工艺决策模块和成本计算分析模块，后者包括成本知识库管理模块、制造信息管理模块、装配信息管理模块、维护信息管理模块、周期成本计算及设计建议导出模块。该工具通过对零件的特征识别结果进行解析，得到特征信息，并对工艺进行决策，估算零件的制造成本，结合制造、装配、维护信息，获得产品全生命周期的成本分布情况，显示和输出综合设计分析报告。

1）制造成本估算。打开制造成本估算界面，通过零件特征识别结果和毛坯设置，进行推理优化，计算产品制造成本，显示零件的制造成本估算结果。点击"导出成本结果"，即可输出零件的制造成本信息，如图 7-48 所示。

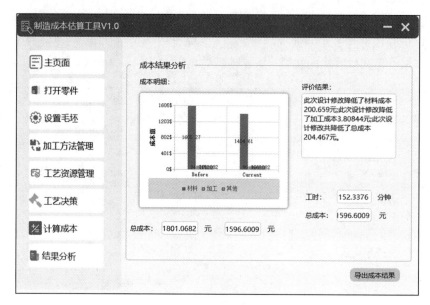

图 7-48　制造成本估算界面

2）综合设计分析。打开综合设计分析工具，分别导入成本知识库和制造、装配、维护信息，通过列表的方式显示，之后可对对应信息进行查阅、保存、增删改等操作，也可重新构建。导入装配信息后的结果如图 7-49 所示。

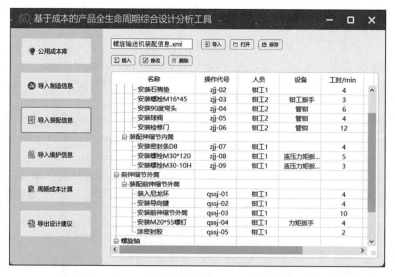

图 7-49　综合设计分析工具——装配信息管理界面

进入周期成本计算模块，后台将自动计算产品全生命周期成本信息，以条形图和扇形图的方式显示，并展示各周期和全周期成本排名前十的零件。点击"导出设计建议"，可根据周期成本计算结果导出设计建议，为设计人员进行设计修改提供建议。周期成本显示结果如图 7-50 所示。

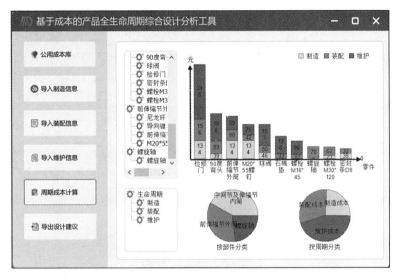

图 7-50　综合设计分析工具——周期成本计算显示界面

产品全生命周期综合设计分析工具可以通过导入对应的数据和信息，计算产品全生命周期的综合成本分布，获得制造、装配、维护成本集中的重点零部件，帮助设计人员快速发现零件结构和制造、装配、维护方案中的问题，提高产品设计的针对性和效率，实现产品设计的快速迭代。

14. 运维数据驱动的故障模式分析与预测工具

运维数据驱动的故障模式分析与预测工具用于在产品设计结束后，根据产品设计过程中的相关条件，预测产品在之后运维过程中部件出现故障模式的情况。该工具通过数据管理能够对故障记录数据进行添加、查看等管理操作，对故障记录数据进行分类等预处理，通过 FP-grow 算法对故障记录数据中的相关因素进行关联挖掘，从而得到故障记录相关因素的关联关系；通过选择设计过程中的相关需求条件，预测产品部件可能发生故障模式的情况。

1）故障建模功能。对产品的故障数据进行管理和表格化显示，能够将故障文本数据以 csv 文件的形式导入，能够查看目前数据库中现有数据数量，并以表格的形式显示存储的故障文本内容，如图 7-51 所示。

图 7-51　故障建模功能界面

2）故障分类功能。针对故障文本数据中的故障部件信息，将故障部件按照所属的系统进行分类，建立产品故障部件之间的关联图，并进行可视化显示，如图 7-52 所示。

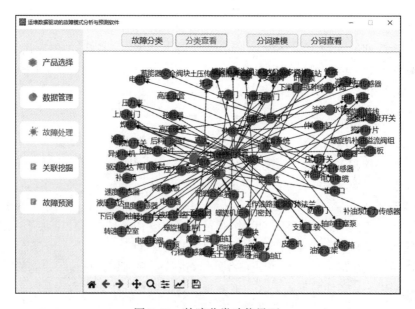

图 7-52　故障分类功能界面

3）故障预测功能。包括前期关联挖掘和后续故障预测。关联挖掘主要是通过 FP-grow 算法对故障文本数据中的相关因素进行关联挖掘，得到相关频繁项信息；故障预测则通过选择设计过程中的相关因素条件，基于频繁项的统计信息，计算不同部件发生故障的频率，从而预测产品在运维过程中可能出现的部件故障模式。如图 7-53 所示。

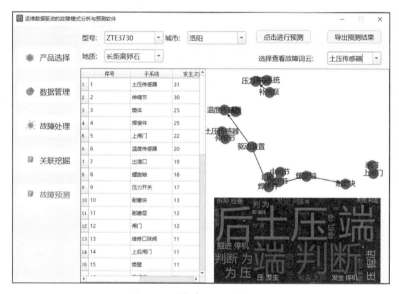

图 7-53　故障预测功能界面

该工具可以实现在螺旋输送机设计过程中对之后运维时出现故障的预测，通过后续的分析为设计人员决定是否进行部件改进提供帮助，从而减少产品部件在后续运维阶段的故障发生次数。

15. 机电产品失效模式模糊效应分析工具

机电产品失效模式模糊效应分析工具用于在产品设计结束后，对产品可能存在的失效模式进一步分析。该工具通过对产品不同部件的功能和失效情况进行添加、删减和编辑操作，根据功能分析模块和失效分析模块的结果，对当前失效的原因及可能产生的后果进行影响建模；针对严重度、发生概率和探测度，对不同部件的风险进行评价；根据使用者的评价意见，采用模糊理论和灰色关联分析将其转换为清晰的数值并计算最终的风险值，最后为设计者提供不同部件的失效模式风险排序表。

1）功能分析模块。使用者对产品整体功能进行分解，并分配到产品的不同部件中，通过产品结构 - 功能树的形式显示不同部件的功能和相互的上下级关系，如图 7-54 所示。

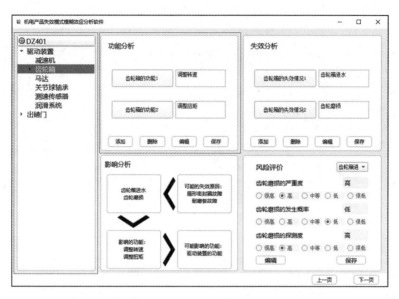

图 7-54　功能分析模块界面

2）失效分析模块。使用者根据产品部件结构和功能分析的结果，进行失效情况的选择，同一部件可能存在不同的失效情况，如图 7-55 所示。

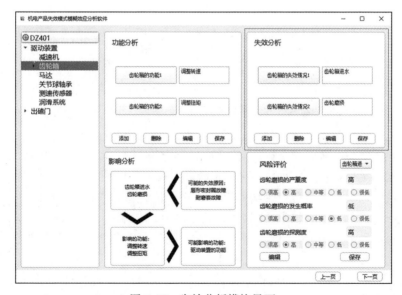

图 7-55　失效分析模块界面

3）影响分析及风险值排序。根据产品功能分析和失效分析的结果，建立产品部件的失效情况、影响的功能、失效原因和与影响下一级部件的功能之间的关联关系；同时对产品失效情况的严重度、发生概率和探测度等指标进行评价。根据指标的评价等级，采用模糊理论和灰色关联分析计算最终的风险值，并导出相关风险值的排序，如图 7-56、图 7-57 所示。

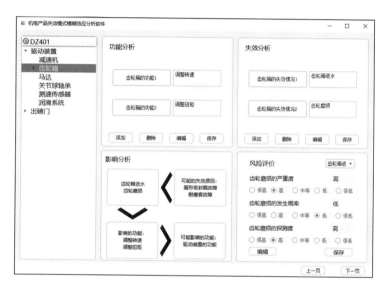

图 7-56　影响分析模块界面

图 7-57　不同部件的失效模式风险排序表

该工具可以实现螺旋输送机产品设计中的失效模式分析，帮助设计人员对产品部件的失效模式进行分析，计算部件失效模式的风险值，反馈高失效风险的部件给设计人员，从而为设计人员评价设计方案提供支持。

16. 产品功能结构自适应配置设计工具

产品功能结构自适应配置设计工具用于在产品设计需求处理完成后，处理产品功能结构方案配置生产和产品功能结构方案改进问题。该工具由产品功能结构单元自适应划分、产品功能结构约束模糊自适应匹配和产品递归化动态功能结构配置求解三部分构成。根据输入的产品功能结构单元划分方案，以及产品功能结构约束规则，提出产品功能结构配置建议与方案，生成产品功能结构配置方案。

1）产品功能结构单元自适应划分。选择产品类型，自主添加对应产品所需的功能，建立产品功能模型，如图 7-58 所示。

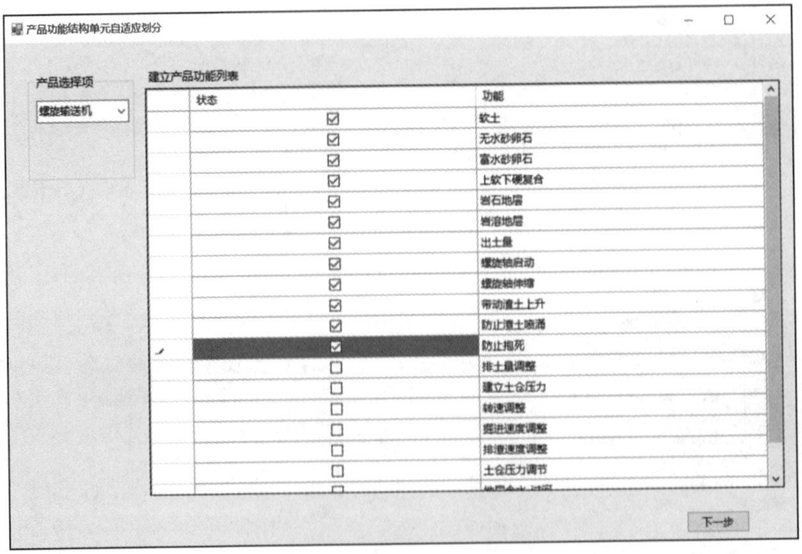

图 7-58　建立产品功能界面

系统根据用户的功能需求自动推荐对应产品所需的零部件表单，通过产品结构单元与功能关联，添加关联关系评价，自动生成产品功能结构单元划分方案，如图 7-59 所示。

2）产品功能结构约束模糊自适应匹配。在产品功能结构单元自适应划分的基础上，通过输入功能需求信息，如关联结构设计参数和参数范围，建立产品功能结构参数规则表，实现产品功能结构约束模糊自适应匹配，如图 7-60 所示。

图 7-59　产品结构单元与功能的关联关系评价界面

功能需求	等级	模块	参数	值
上软下硬复合	硬度适中	螺旋轴	螺旋轴型式	单螺旋，双螺旋
上软下硬复合	硬度适中	驱动装置	驱动型式	有轴式，无轴式
上软下硬复合	硬度适中	驱动装置	驱动组数	1，2，3，4，5，6
上软下硬复合	硬度适中	土压传感器	土压传感器数量（个）	1，2，3，4，5，6
软土	中硬黏土，0.55-0.65	螺旋轴	螺旋轴型式	单螺旋
软土	中硬黏土，0.55-0.65	驱动装置	驱动型式	有轴式，无轴式
软土	中硬黏土，0.55-0.65	驱动装置	驱动组数	1
软土	中硬黏土，0.55-0.65	土压传感器	土压传感器数量（个）	2
上软下硬复合	硬度适中	螺旋轴	螺旋轴型式	单螺旋
上软下硬复合	硬度适中	驱动装置	驱动型式	有轴式，无轴式
上软下硬复合	硬度适中	驱动装置	驱动组数	1
上软下硬复合	硬度适中	土压传感器	土压传感器数量（个）	1
岩石地层	硬度高	固定装置	铰接形式	被动铰接，主动铰接
岩石地层	硬度高	土压传感器保护套	土压传感器数量（个）	有，无
岩石地层	硬度高	螺旋轴	螺旋轴型式	单螺旋
岩石地层	硬度高	驱动装置	驱动型式	有轴式，无轴式
岩石地层	硬度高	驱动装置	驱动组数	1
地层含水-过河	水流量中	密封条	密封	3道唇型密封
地层含水-过江	水流量中	密封条	密封	3道唇型密封
防止涌土喷涌	强	防涌门	防涌门形式	闸板式，内开式

图 7-60　产品功能结构参数规则表界面

　　3）产品递归化动态功能结构配置求解。在产品功能结构单元自适应划分和产品功能结构约束模糊自适应匹配的基础上，用户选择已有的产品功能结构约束模糊自适应匹配方案，输入功能的需求信息，如图 7-61 所示。

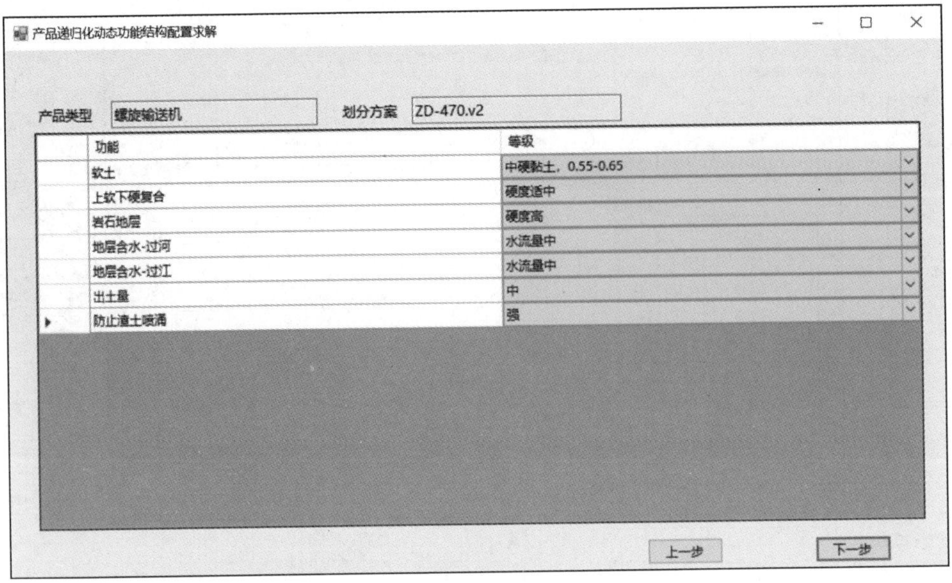

图 7-61　产品功能需求信息界面

　　系统根据需求约束值自动推荐结构约束选择列表，并根据用户选择的规则划分方案及零部件参数的约束范围，输出功能结构配置方案求解结果（配置计算结果以 word 文档形式保存），如图 7-62 所示。

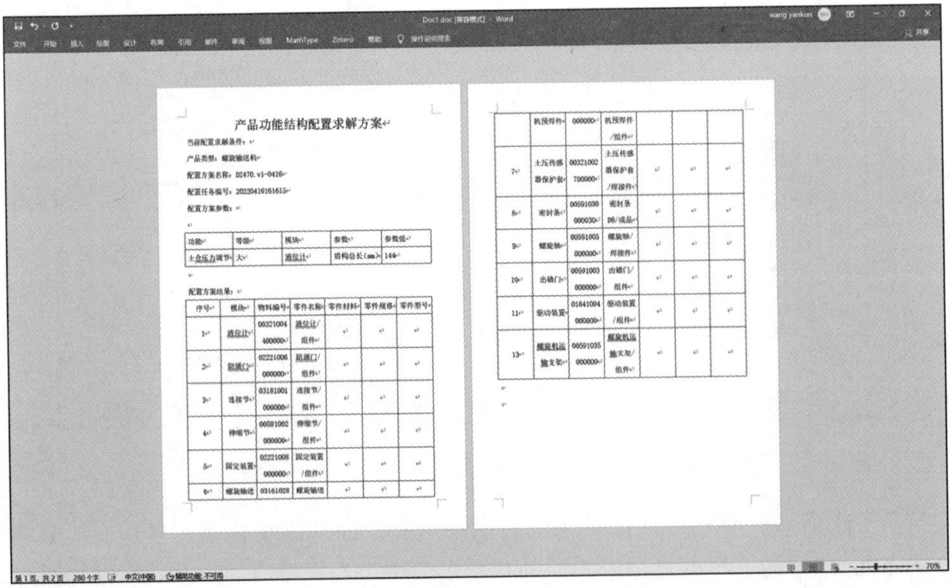

图 7-62　产品功能结构配置方案求解结果

通过该工具，用户可以选择任意一款具体的产品，输入模糊的语义功能要求，系统将对产品的功能、结构进行约束匹配计算和配置推荐，计算符合用户要求的产品的具体结构和对应型号，输出功能结构配置方案求解结果。该工具可实现螺旋输送机产品设计中产品多域变关联功能配置建模和产品功能结构配置求解问题。

17. 产品多目标性能参数优化设计工具

产品多目标性能参数优化设计工具用于在产品初步参数计算处理完成或多学科建模处理完成后，处理产品多目标性能参数优化计算问题。该工具由产品设计变量与性能关联强度计算、参数不确定性分析模型等效简化、产品性能多目标参数优化求解三部分构成。用户选择产品类型，并在交互模式下分析产品设计变量与性能关联数据，对产品的设计目标进行管理，选择优化算法对用户需求的多目标参数进行优化求解，并生成求解方案报告。

1）产品设计变量与性能关联强度计算。选择需要优化的产品，选择产品对应的参数和性能指标，输入产品性能与设计变量的直接相互影响、综合相互影响、模糊相互影响的评价值，生成螺旋输送机性能 - 设计变量关联评价方案，如图 7-63 所示。

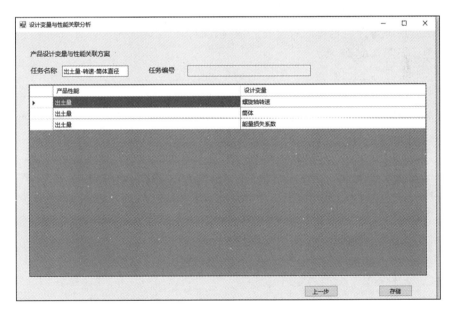

图 7-63　性能 - 设计变量关联评价方案界面

2）参数不确定性分析模型等效简化。选择产品性能与产品设计变量，将需要优化的产品性能与产品设计变量数据以 excel 格式上传，也可以手工输入数据，选择性能－设计变量关联评价方案，构建产品性能多目标参数设计优化等效简化模型，如图 7-64 所示。

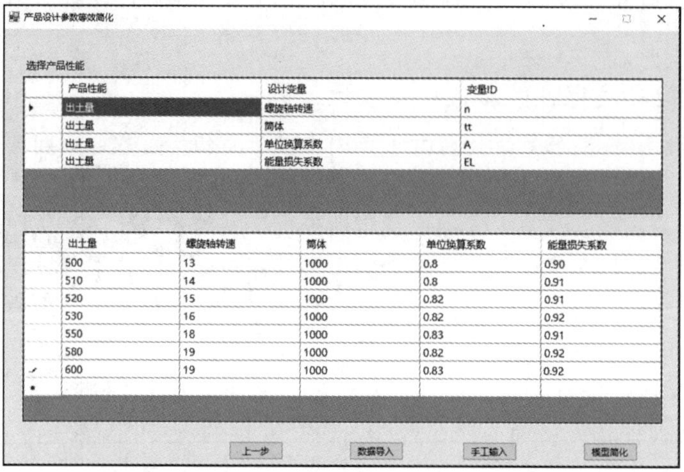

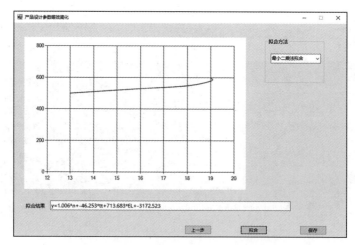

图 7-64　导入产品性能与产品设计变量数据界面

性能－设计变量关联关系由系统自动计算，得到拟合公式。选择关联关系拟合方法，系统将在后台自动对参数进行等效简化，从界面中可以查看简化后的函数模型，如图 7-65 所示。

图 7-65　参数设计优化等效简化模型界面

3）产品性能多目标参数优化求解。输入设计变量数值，选择多目标参数优化的启发式算法，并设置该算法的个体数目、遗传代数、代沟及种群适应度，如图 7-66 所示。

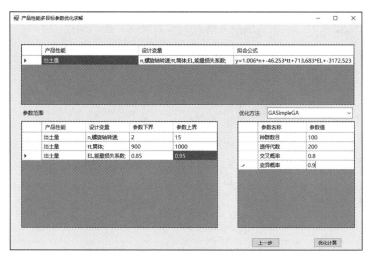

图 7-66 设计变量数值和遗传算法参数界面

系统将根据用户之前定好的性能、权重及设定的数据，求解多目标最优解集（方案求解结果以 word 文档形式保存），如图 7-67 所示。

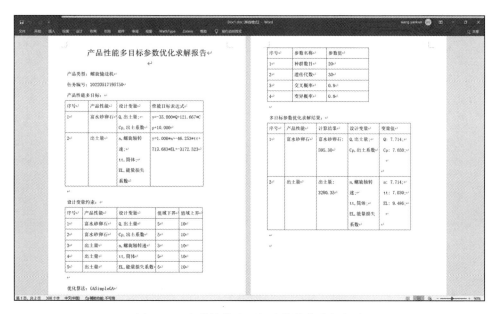

图 7-67 产品性能多目标参数优化求解报告

通过该工具，用户可以选择具体的产品，并在交互模式下分析产品设计变量与性能关联数据；对产品设计参数进行约束并等效简化，选择优化算法，得到符合用户需求的多目标参数的优化求解方案报告。该工具可实现螺旋输送机产品设计中多目标参数的优化求解问题，实现高效的参数设计优化，提高 20% 的设计优化效率。

18. 机电产品原理设计建模仿真工具软件

机电产品原理设计建模仿真工具软件用于在产品概要设计完成后，根据系统原理，基于 Modelica 语言，构建产品多领域耦合的系统功能样机模型，在此基础上通过模型虚拟仿真分析，产生仿真验证报告，为产品设计方案进一步改进提供理论支撑。通过对不同设计方案进行功能样机建模、仿真分析及评价，实现产品原理创新设计方案的探索及优化。

1）基于 Modelica 语言的复杂产品多领域统一建模功能。首先自顶向下，将产品复杂系统分解为最小建模单元的组件模型；然后根据设计理论知识，基于 Modelica 语言构建组件模型，形成设计知识组件模型库；最后根据产品的拓扑结构，通过组件模型的非因果连接，形成系统多领域耦合的功能样机模型。该工具软件具备组件模型的编码、封装，以及基于组件模型拖拽的系统模型构建功能，如图 7-68 所示。

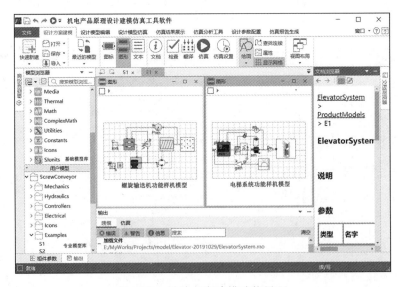

图 7-68   设计方案建模功能界面

2）设计模型仿真功能。该工具软件具备设计模型仿真功能，在模型仿真前进行相关仿真参数设置，如设置模型的仿真时间、仿真步长、仿真算法、精度等。仿真前的设置完成后，可对基于 Modelica 语言描述的模型进行翻译，产生平坦化的模型，最后进行模型的仿真，完成模型的求解计算，并生成仿真结果数据，如图 7-69 所示。

图 7-69　设计模型仿真功能界面

3）仿真结果展示功能。该工具软件支持对模型仿真结果进行可视化展示，支持模型仿真结果时域曲线的展示，以及三维实时动画的展示。模型仿真完成后，所有变量的仿真结果都会列在界面左侧。新建曲线窗口，选中相关变量，即可显示该变量随时间变化的曲线；新建动画窗口，即可显示三维动画，如图 7-70 所示。

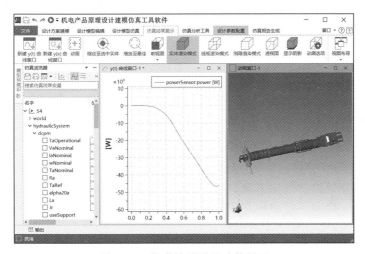

图 7-70　仿真结果展示功能界面

4）仿真报告生成功能。该工具软件具备按照指定模板生成模型仿真报告的功能，仿真报告指定的目录信息如图 7-71 所示。用户可在各栏中输入对应的相关信息，系统原理图和组件明细表可由软件自动生成，用户关心的变量仿真结果曲线可手动添加。

图 7-71　仿真报告生成功能界面

螺旋输送机系统复杂，涉及多个学科领域。该工具软件可解决螺旋输送机产品设计中多学科耦合难以建模的问题，实现螺旋输送机多领域耦合的功能样机模型快速构建，并通过功能样机模型仿真，对不同设计方案进行快速仿真验证，提高设计质量与效率；通过不同设计方案的仿真对比，实现原理创新方案的探索及优化。

19. 机电产品创新设计概念方案探索工具

机电产品创新设计概念方案探索工具由功能结构设计和发明问题求解两部分构成。通过对设计目标需求进行功能结构分解，利用发明问题解决原理库进行探索，提出产品原理创新设计方案。

1）功能结构设计。根据产品需求文档确定产品创新设计概念方案探索的总目标。在功能目标窗格输入确定的总目标名称，根据总目标填写对应的结构方案，对无法直接实现的结构方案进行分解，形成下一级功能目标与对应结构方案。对形成的功能结构方案利用设计矩阵进行判断，确定结构对功能的影响，如图 7-72、图 7-73 所示。

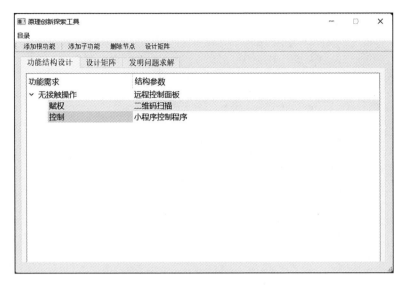

图 7-72　产品功能结构设计界面

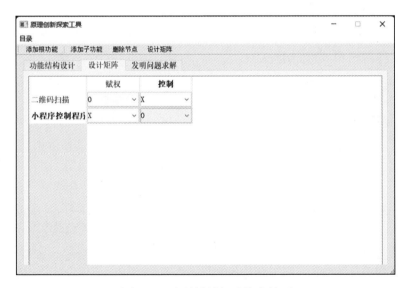

图 7-73　产品设计矩阵检查界面

2）发明问题求解。发明问题求解部分包括技术冲突求解、物理冲突求解、发明原理解析和矛盾解决记录，通过对设计冲突中的参数和问题类型进行判断选择，查询发明原理，得到解决问题的方法并记录，如图 7-74 所示。

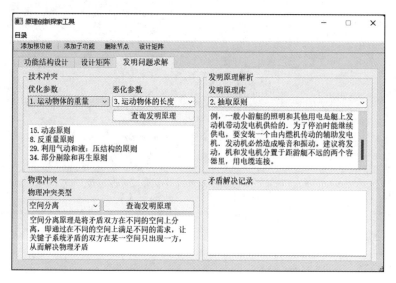

图 7-74　发明问题求解界面

螺旋输送机系统复杂，包含多个功能部件，该工具可以对螺旋输送机概念方案进行探索，实现功能添加和更新，以及原理创新设计概念方案的快速成型。

20. 异构三维模型转换工具

平台上的异构三维模型转换工具具备轻量化转换和精确转换等功能，支持 PRO/E、NX、CATIA、SolidWorks、Solidedge、Autodesk Inventor 等十种主流 CAD 数模的轻量化转换；支持 PRO/E、CATIA、SolidWorks、IGS、STEP 等五种主流 CAD 数模的精确转换。在设计流程中，通过转换其他格式的模型文件，处理跨格式模型读取浏览等问题，为提高设计效率及交互做铺垫。在平台中，通过该工具进行导入转换，轻量化转换后的模型支持用户浏览及测量、剖切等功能；精确转换后的模型支持用户对模型的几何编辑。

通过平台进入在线参数化建模工具，选择"导入"按钮，选择需转换的其他格式文件，进行精确转换，如图 7-75 所示。

转换完成打开后，用户可以浏览该模型，并重新对模型进行几何编辑及装配设计。

在产品设计过程中，该工具可实现不同软件间异构零部件的高效转换，为平台上的其他工具提供数据支持，提高了整体设计效率。

21. 在线三维产品装配设计工具

在线三维产品装配设计工具具备在线产品装配设计功能；可以实现零部件的

插入与更新，支持零部件的编辑；实现共轴、共线、重合、相切、垂直、距离、角度等多种配合类型，以支持产品高效的零部件配合。

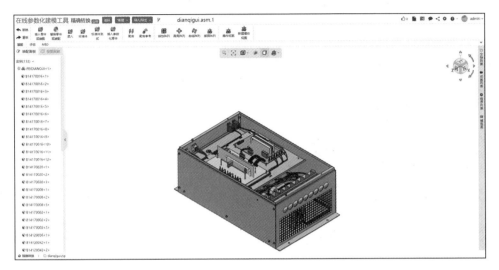

图 7-75　在线参数化建模模型界面

　　通过平台进入在线参数化建模工具，进入装配模型文档，点击"插入零件或装配"按钮，可进行零部件的插入，选择想进行装配设计的零部件，如图 7-76 所示。

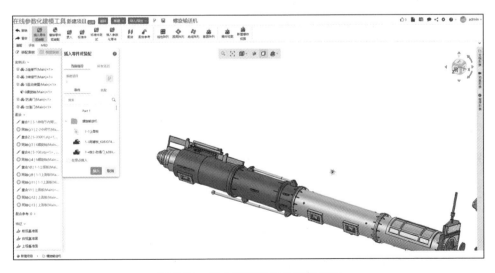

图 7-76　插入螺旋输送机零件界面

完成零部件的插入后，可以进行配合的创建，如图 7-77 所示。

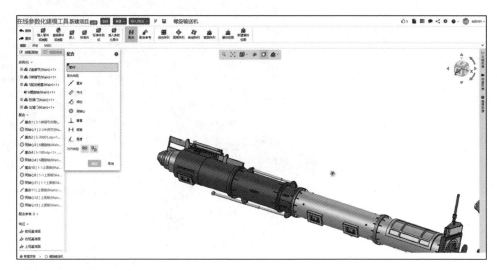

图 7-77　螺旋输送机零件配合界面

最终完成螺旋输送机的装配，如图 7-78 所示。

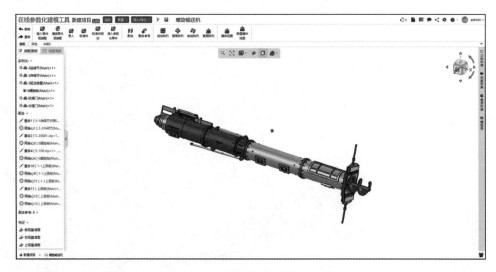

图 7-78　螺旋输送机的装配界面

该工具可实现产品的装配设计，创建多种配合关系，支持零部件的更新与编辑；方便设计人员进行装配设计和修改，提高了设计和装配效率。

22. 在线三维模型智能搜索工具

在产品的设计流程中，用户可以通过平台的在线三维模型智能搜索工具搜索可复用的模型，提高设计效率。在平台中选择一个图文档数据，通过该数据关联的模型文件，与平台数据库中的模型文件进行比对，匹配出相似度较高的模型，在平台中以列表的形式显示，用户可从列表中选择相应的数据下载复用。

进入平台，选择图文档数据，点击右键菜单中的"三维搜索"按钮，进行三维模型比对和搜索，如图 7-79 所示。

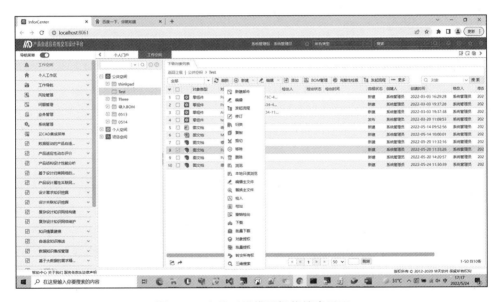

图 7-79　在线三维模型智能搜索界面

模型比对结束后，平台弹出比对结果列表页，展示相似的模型名称、匹配度等信息，用户可以选择要使用的模型，下载模型文件复用，如图 7-80 所示。

该工具可实现产品设计中相似零部件的复用，节省设计时间，提高整体设计效率，实现预期设计目标。

23. 三维模型轻量化协同浏览工具

在产品设计和评审阶段，平台的三维模型轻量化协同浏览工具可提供模型的在线浏览功能，实现 CATIA、SolidWorks、SETP、UGNX 等主流 CAD 数模的在线浏览。该工具支持模型的在线轻量化转换，压缩比高，转换效率高。转换完成后，用户可以在平台中浏览模型并执行相关操作，还可以看到模型的属性信息、装配信息等。

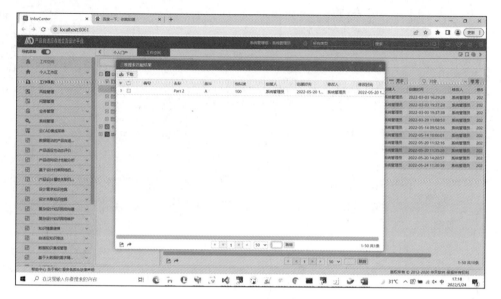

图 7-80   模型比对结果界面

通过平台的工作空间，选择待查看的图文档数据，点击该数据进入图文档对象查看器，如图 7-81 所示。

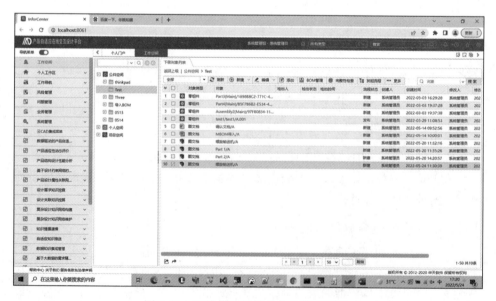

图 7-81   三维模型轻量化协同浏览界面

　　点击可视化菜单页，进入可视化页面，自动进行模型的轻量化转换。转换完成后，即可在该页面浏览模型数据，如图 7-82 所示。

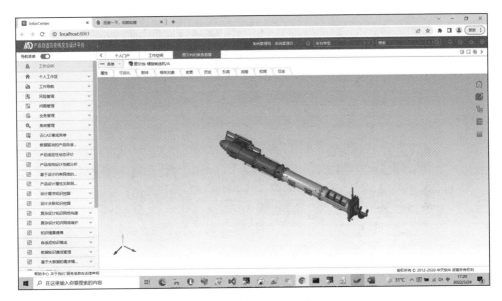

图 7-82　在线浏览模型数据界面

　　在产品设计和评审阶段，用户通过该工具可随时线上查看模型设计效果，掌握设计进度，获取评审意见等，提高了协同设计效率，节省了交互时间。

7.2　平台架构

7.2.1　基于微服务的平台架构总体设计

　　平台架构分为五层，即资源层、管控层、服务层、接口访问层和表现层（见图 7-83），各层之间通过解耦提高平台的扩展性和可维护性，可快速响应业务的变化，具有高并发、高稳定的特点。

　　1）资源层。采用关系型数据库与非关系型数据库（Nosql）相结合的方式，所有数据库实例均采用分布式部署。Mysql 负责所有数据的写操作，包括基础数据、生产数据及流程数据等。为提高平台的高并发性能，平台将热点数据表部署在不同的 Mysql 实例中。Elasticsearch 提供平台中对象信息的全文检索功能，如流程模板和资源的语义检索。Redis 作为缓存数据库，提供登录信息、热点数据的缓存功能。

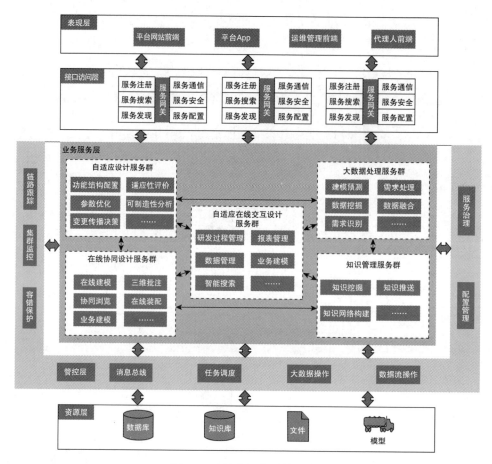

图 7-83　平台架构总体设计

2）管控层。采用 Hibernate 与 Mybatis 框架结合的方式实现对 Mysql 的基本操作，借助 Redis API 操作 Redis 缓存数据库，借助 ES API 操作 Elastic search 文档数据库。

3）服务层。采用 Spring Cloud 微服务框架，平台各个微服务向 Eureka 注册，平台展示层各个模块通过 Eureka 调用服务，同时各个服务之间也可以通过 Eureka 互相调用服务。各服务接口的调用采用 Restful 风格，数据传递采用 json 格式，使得用户对服务的调用是透明的，各服务之间具有完全的兼容性，各个模块之间松耦合，平台总体具有极强的扩展能力。

4）接口访问层。采用微服务中间件，提供负载均衡、熔断机制及统一配置中心等，服务间的异步调用采用 MQ，并借助开源的规则引擎与本课题开发的业务流程引擎，实现系统业务的高效运转。

5）表现层。采用 swagger 作为平台服务的可视化管理入口，通过 Highcharts 实现平台中众多数据的可视化功能，包括甘特图、直线图等，并借助 Vue 开发平台可视化界面。

在五层软件架构的基础上，平台采用模块化搭建方式，具有良好的对外接口，支持功能扩展，可集成流程建模、任务派发、资源管理等模块。

7.2.2　平台服务层详细设计

微服务架构是在 SOA（Service-Oriented Architecture，面向服务的架构）的基础上，提出的一套明确的架构准则。微服务架构的重点在于服务的划分、服务的负载均衡设计（服务的性能保障）及工具服务与平台的集成（服务的通信）。

1. 平台主要服务的划分

为实现服务的统一、有效管理，根据服务的功能特征，可以将平台服务划分为以下几类。

1）发现注册服务中心。复杂的微服务系统通常由众多服务构成。发现注册服务中心是众多服务实例的统一管理中心，提供各服务的状态监管、服务注册、服务调用等功能。平台采用 Eureka 作为发现注册服务中心。

2）网关服务。微服务系统一般以 API 接口的形式对外提供服务，但是为避免服务的直接暴露，需要通过网关层对 API 进行统一暴露。网关层的主要作用包括隔离内部敏感资源、监控服务状态、服务降级熔断及权限认证等。借助网关层的 URL 路径规则，用户通过官网地址及服务名，即可完成服务的调用，服务的更改对用户而言是透明的，用户不需要关注服务的具体调用细节。

3）统一配置中心。每个服务的部署均需要相应的配置文件。微服务架构中，由于服务的数量众多，同一服务会有多个实例，为统一各实例间的运行环境，必须对服务进行统一配置。平台采用 Spring Cloud Config 实现对服务的统一配置。配置服务启动后，会从远程仓库或本地仓库中读取相应的配置信息；之后在其他服务启动时，将主动调用配置服务获取配置信息；若配置信息被更改，配置服务将推送新的配置信息，以供其他服务进行热加载。

4）业务服务。微服务架构中，绝大部分服务都是业务服务，该类服务需要根据业务特点、访问量、重要程度等进行适当数量的备份、容灾。由于微服务架构的存在，可借助 docker 容器化部署，快速实现针对某一服务的扩容，及时应对高并发、高数据量的紧急状况。

5）UI 服务。负责平台的前端展示，与用户直接进行数据交流。可在前端实现用户操作的统计与限制，如增加防重复提交机制、埋点统计某项功能的使用情况、敏感信息验证等。

各类服务间的关系如图 7-84 所示。UI 服务、网关服务、业务服务及统一配置中心均向发现注册服务中心注册自身服务，以便实现平台服务的统一管理。统一配置中心对 UI 服务、网关服务及业务服务进行统一的服务配置，当配置信息更改后，统一配置中心主动向对应服务推送配置信息，实现服务的热部署。平台对服务进行详细划分，降低服务间耦合，增加可扩展性，以满足不同领域的用户对平台的要求。

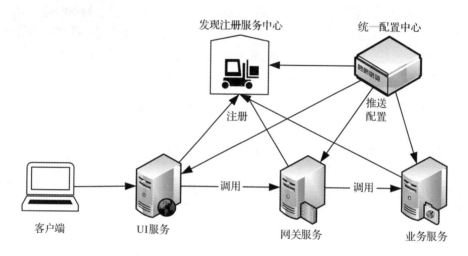

图 7-84   平台服务的关系图

2. 服务的负载均衡设计

在以 Spring Cloud 为核心的微服务架构中，采用 HTTP 协议进行服务间的通信，由于网络延迟、不稳定、阻塞等因素，往往导致系统因为某个服务的性能问题，出现大面积的功能失效。所以，在实际的生产环境中，各个微服务往往是分布式集群部署的，每个服务部署多个实例，服务之间的调用需要统一的协调，于是产生了服务的负载均衡问题。

由于平台采用前后端分离的技术框架，前端采用 Vue 开发，后端采用 Spring Boot 开发，导致 UI 服务无法与业务服务使用同一套负载均衡组件。因此，Nginx 作为反向代理服务器将客户端请求转发到对应的 UI 服务，UI 服务通过 Ribbon 调用具体的业务服务，以实现某些业务功能。

其中，Nginx 属于 4 层交换，Ribbon 属于 7 层交换，二者在转发请求时，都需要依据某种负载均衡策略，判断将请求转发到哪个具体的可用服务实例。

负载均衡中心维护着一个可用服务清单，借助心跳检测机制，可以实时更新服务的可用状态。使用 Nginx 进行负载均衡时，可用服务清单存放在 Nginx 服务器中；而使用 Ribbon 进行负载均衡时，所有的服务清单都存放在发现注册服务中心，由发现注册服务中心负责所有服务的状态维护与负载均衡。请求到来时，IPing 判断哪些服务器可用，ILoadBalancer 根据 IRule 的规则决定转发给哪个可用服务器。

3. 设计建模工具服务与平台的集成

在平台总体软件架构的基础上，本节以设计建模工具服务与平台的集成为例，详细论述如何使用服务在平台中实现具体的业务功能。在产品设计过程中，需要根据需求分析确定的产品技术参数，进行产品系统建模、参数化建模及仿真分析，获得产品性能，并反馈给决策系统，判断是否满足需求的技术参数和约束条件。由于仿真分析涉及机、电、液等不同的领域，因此根据仿真分析需要调用不同的工具进行建模和仿真分析。

基于微服务的平台架构如图 7-85 所示，将设计建模与仿真分析从自适应设计平台中分离，设计建模与仿真分析作为一个单独服务被平台调用。设计建模与仿真分析工具更新或替换时，不需要将平台下线，只需要下线设计建模与仿真分析工具服务，平台中的适应性动态评价等其他功能仍然可用。

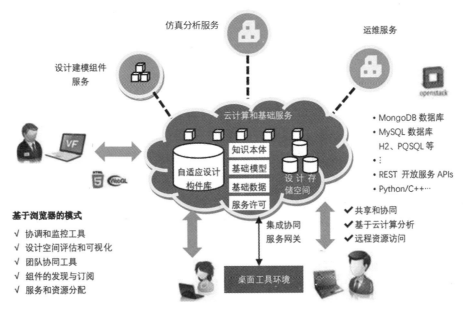

图 7-85　微服务的平台架构

采用该平台架构后，设计建模与仿真分析流程如下：设计人员下发指令后，平台根据设计建模与仿真分析流程算法服务的入参说明，将建模所需的各类信息（包括结构类型、技术参数、分析要求等信息）封装成 json 对象。平台通过发现注册服务中心找到流程优化服务，将封装好的 json 对象作为服务入参，调用流程优化服务。设计建模与仿真分析服务根据入参数据及分析目标要求，进行建模与仿真分析。分析完成后，服务将分析结果返回平台，平台根据服务的出参说明对返回结果进行解析，并将解析结果存储到数据库中，然后按照分析结果与技术要求的比较结果，确定进一步改进设计的流程。

7.2.3　平台接口设计规范

1. 平台接口的开放性

平台遵循开放标准规范体系，采用成熟开源技术框架，提供云环境下的软件开发、测试、部署工具，便于进行个性化软件的定制开发，以及将已有应用接入平台，实现快速的应用定制和技术扩展。平台提供支持用户或第三方定制开发的公共云开发工具、开发环境等。平台开放性接口设计主要体现在以下几个方面。

1）开放性技术标准。平台基于 Restful、OAuth、SAML、Open API、Docker、Git 等开放协议及标准，方便遵循协议的任何技术方接入支撑平台。在业务定制方面，提供基于 App Store 的运作方式，面向外部开放，允许第三方合作伙伴及用户在遵循平台 App 管理规范的基础上开发个性化 App，保证了平台的应用开放性。

2）开放性应用标准。为了支持未来应用的扩展，平台在遵循主流技术标准的基础上，在数据连接标准和业务标准方面，结合平台应用市场，分别参考并遵循 FMI、OSLC、STEP 等数据标准，以及遵循国标、国军标和航天领域的一系列标准规范，提供了良好的跨系统集成能力和连接能力。同时，平台提供通过流程服务的形式实现跨应用、跨系统的应用连接，保持了对遗留系统的继承，保证了对企业遗留应用的集成开放能力。

3）开放性业务定制。平台提供统一开发规范、开发指导和开发 API 商店，应用过程中可以根据需要开展个性化 App 的开发、测试，开发的个性化 App 经过平台统一审核后发布到 App Store，下载后可直接在生产环境下使用。同时，平台提供基于知识管理的推介管理，可以根据业务特点形成各具特色的定制化应用功能，为企业个性化应用提供了全新的定制和扩展能力。

2. 平台接口的可扩展性

业务应用的建设是一个循序渐进、不断扩充的过程，应充分考虑系统今后的硬件扩展、功能扩展、应用扩展、集成扩展等多层面的延伸，在保障平台先进性的同时，选择具有良好扩展性和升级能力的技术，以保证平台技术和业务的可扩展性，满足用户需求不断发展变化的要求。平台接口的可扩展性从以下几个方面进行设计。

1）组件化结构。采用全组件化结构设计，每个组件都被独立地实现，并通过标准接口联系在一起。每个功能组件在功能上具有很好的独立性，同时可根据用户需求灵活配置、组合，实现平滑升级扩容。

2）标准化接口。采用标准统一的 restful API 接口设计，所有功能实体间的数据交换及对其他模块的数据引用都通过标准接口完成，使多个组件对接时在开放性、稳定性、扩展性与集成性上有很好的适配空间。

3）分层架构设计。采用横向分层和纵向分割架构设计。横向分层是将层与层相互分离，每层的应用和服务采用独立的模块开发和部署，模块间采用标准化接口进行交互，新增功能模块分解到各层，以插件形式加入原系统，既不影响整体架构，也不影响本层功能提供，具备高模块化设计，保证了系统功能的可扩展性。纵向分割是将业务从可复用服务中分离出来，通过分布式服务框架调用。新增产品可以通过调用可复用的服务实现自身的业务逻辑，而对现有产品没有任何影响。可复用服务升级变更的时候，也可以通过提供多版本服务的方式对应用实现透明升级，不需要强制应用同步变更。

4）部署和升级的扩展性。系统采用的软件开发技术都属于主流成熟技术，系统可运行于通用的主流硬件平台上，不依赖特定的、专用的硬件设备或系统软件。系统配置（硬件系统、操作系统、数据库系统）的升级，一般情况下不会引起系统的修改和再次开发。

7.3 应用效果分析

本书将产品自适应在线设计技术与企业实际设计需求结合，围绕"基础理论研究—关键技术攻关—集成应用验证"三个层次展开研究。通过对数据驱动的产品自适应在线设计模式、方法与系统架构的相关分析，攻克了产品自适应设计、全业务链多源异构数据融合与知识管理、产品自适应在线交互设计等关键技术。

针对产品动态需求适应性差的问题，结合现代设计理论中的多种典型设计方法，提出了产品自适应设计概念，并阐述其基本内涵。从产品自适应、数据与知识自适应、设计求解方法自适应、设计过程自适应四个维度阐述产品自适应设计原理，并建立环境及制造大数据驱动的产品自适应设计模式及其理论框架。针对产品动态需求感知及设计过程传递问题，基于公理化设计、技术进化等理论，构建多层次闭环反馈产品自适应设计过程模型；针对产品需求波动向产品功能、结构的映射和数字实时感知问题，以及产品自适应设计实现问题，研究数据驱动的产品自适应在线设计集成方法，提出了自适应设计平台架构。上述的相关研究改善了企业原有的设计模式，为企业产品设计部门的转型升级提供了坚实基础。

针对制造企业内外部系统多源异构数据一致性差、可用性弱、共享率低等问题，采用大数据冲突消解与数据融合等技术，实现需求数据、设计数据、制造运维数据的处理与融合；针对全生命周期制造大数据无法直接驱动产品设计的问题，采用大数据分析与可视化、知识挖掘等技术，实现数据向设计知识的转换；针对设计知识组织、管理、维护困难等问题，基于知识图谱构建复杂设计知识网络，采用实体解析、链接推理、实体检测等技术实现设计知识网络的动态维护。通过对数据的融合与分析，使设计制造大数据在产品设计中发挥更大作用，进而实现数据驱动的产品自适应设计。

针对产品设计变更决策无法快速响应产品全生命周期需求变化的问题，基于制造、运维等过程数据和数字孪生模型，实现产品综合分析与故障诊断；针对概念设计中的相关问题，基于产品结构连接关系和功能关联关系模型，建立设计变更传播模型，通过设计变更传播网络的递归与多级抽象简化，实现产品设计变更自适应方案决策，同时建立产品功能配置模型，通过产品功能模块组合分解和变异进化等产品功能配置算法，实现产品自适应功能配置求解；针对详细设计中参数计算和优化问题，构建产品适应性多目标参数优化设计模型，采用智能算法实现产品性能适应性高效求解和参数；针对设计方案验证仿真的实际需求问题，采用公理化设计、多领域统一建模等理论方法，建立复杂产品工作原理多学科模型，实现产品创新设计方案探索、仿真验证与方案择优。通过对产品设计基本理论与方法的研究，集合新一代智能算法与设计制造大数据，实现了原有设计方法的升级，提高了产品设计效率，并有效保证了产品质量。

针对在线交互设计信息统一表达的需求，基于 MBD 技术，形成数据、模型和知识的在线产品数字化定义方法；针对三维模型异构的问题，采用自主知识产权的三维数据中间格式 svl，实现三维数据的转换；针对在线建模与装配的功能需求，开发基于网络的三维建模与装配工具；针对三维模型的轻量化、数据库的同步处理等问题，构建基于 Web 的多用户同步分布式设计环境，实现基于可视化的多主体在线交互协同设计；针对知识资源存量庞大、横跨专业领域的问题，采用基于多维度设计情境的知识自动推送方法，实现知识检索从"拉式"向"推式"的转变；针对设计过程协同管控困难，冲突消解不及时引起的设计效率低等问题，基于过程、组织、支持系统三大要素建立多主体在线协同设计模式，实现在线交互协同设计过程感知，同时，形成企业全业务链协同机制及冲突消解策略，建立闭环动态高效的自适应设计模式。最后，研发形成产品自适应在线交互设计平台，辅助提高企业自适应设计的协同交互能力和研发质量，实现了对整体设计资源的有效管理和对设计过程的适应性组织。

通过对上述关键技术的深入研究，创新了产品设计的模式，解决了实际设计过程中存在的诸多问题，并以中国铁建重工集团股份有限公司、杭州西奥电梯有限公司、北京机电工程研究所三家企业中的螺旋输送机、电梯、航天装备等典型复杂机械产品设计为例，开展了产品自适应设计理论的应用验证及效果分析。

1. 螺旋输送机设计应用效果分析

螺旋输送机是土压平衡盾构的重要组成部件（见图 7-86），主要由螺旋轴、筒体、驱动装置、闸门等组成。根据组成结构的不同，可以将螺旋输送机分为不同种类。例如，根据叶片形式不同，可将其分为带式和轴式；根据驱动方式不同，可将其分为中心驱动式和周边驱动式。但不同种类的螺旋输送机均具备"排"（输送渣土）、"塞"（通过螺旋输送机内形成的土塞作用建立土仓内的压力）、"调"（调整排渣速度，实现土仓的动态土压平衡）三大基本功能。

图 7-86　螺旋输送机

由于隧道类型不同、地质条件不同，设计人员需针对各异的工况需求开发出不同型号的螺旋输送机。现以中国铁建重工集团股份有限公司的螺旋输送机产品设计为例，阐述产品自适应设计技术的实现。

对螺旋输送机产品设计过程中的需求分析、总体方案设计、关键系统配置、三维模型建立、可靠性分析、工程图设计、制造装配工艺设计、维护保养再制造等环节的自适应在线集成设计需求进行调查分析；目前，盾构机典型产品螺旋输送机主要根据地质条件、客户要求及现有成熟经验进行综合性评价；根据方案评审会议纪要进行最终方案的优化调整，考虑螺旋输送机耐磨措施与地质的适应性、承压能力与地质的适应性、输送能力与盾构机掘进速度的适应性、通过粒径与地质的适应性及刀盘开口的适应性等问题，优化产品设计方案，满足地质条件和客户需求。

传统螺旋输送机设计输入流程如图 7-87 所示。①充分调研现有市场潜在的需求。②根据市场调研情况并结合现有设计经验，对螺旋输送机进行初步设计，形成初步的产品设计方案，并对产品设计方案进行可行性分析。③与潜在客户进行交流，并根据客户的实际需求进行产品的详细方案设计。④根据产品最终的详细方案进行拆解，进行各零部件的详细设计，并以图纸和工艺卡的形式下发至制造中心。⑤制造中心根据图纸及相关工艺卡制造、组装、调试产品，客户验收后发往工地现场进行掘进。⑥工地服务人员跟进后续螺旋输送机的使用情况，并及时反馈至生产方，待螺旋输送机使用完成后根据其使用情况对螺旋输送机进行维修等再制造工作，再用于后续工程项目中。

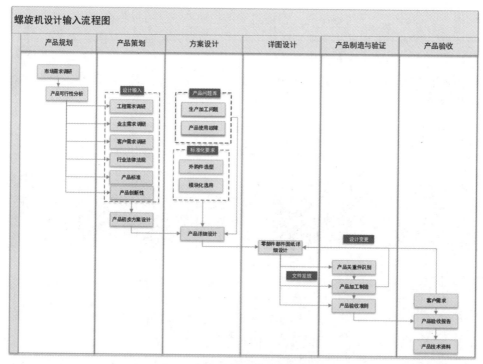

图 7-87　传统螺旋输送机设计输入流程

虽然企业已经应用了设计过程管理软件和部分数字化设计工具，但是主要设计过程仍为人工设计、计算和校核，各部门数据分散、标准不统一，设计过程管理松散，设计效率有待提升。

通过产品自适应在线设计技术平台进行螺旋输送机产品设计研发，实现了设计工具与设计阶段的高度融合和适配，为螺旋输送机产品的设计提供了底层方法与技术支撑，保证了设计方法的先进性、设计过程的动态适应性，进而实现了产品设计的闭环。产品自适应在线设计技术平台的数据知识子平台中，面向产品全生命周期，融合了数据分析工具、知识精准识别工具、知识动态推送工具等，形成数据采集—数据管控—数据利用—数据优化的全设计数据闭环管理，实现了数据闭环。同时，产品自适应在线设计技术平台通过对中铁建工程端的用户需求的分析，融合设计闭环及数据闭环中的先进方法与技术，支持螺旋输送机升级换代，实现了螺旋输送机产品闭环迭代。

通过产品自适应在线设计技术平台的研发，传统常规设计阶段中的地质文件、招标文件、客户需求书等设计输入文件，可通过产品自适应设计大数据分析等工具，实现设计需求的自动提取，进而形成设计输入表的形式，代替人工对设计需求文件的翻阅和整理工作，节省了大量设计时间。传统的方案设计阶段，需根据功能需求确定功能结构，进而结合设计原理，手动进行设计结构方案匹配，而产品自适应在线设计技术平台以方案配置等工具为基础，通过智能匹配算法实现产品设计方案的智能匹配与推送。在传统的方案评审和设计评审阶段，企业需组织行业专家和企业领导进行方案评估、设计评审，而产品适应性评价工具则通过产品设计方案相似度、达成度、依赖度和相关度等指标对设计方案进行全面评价，进而减少设计人员靠经验判断带来的局限性，提高设计方案的科学性。此外，传统的产品三维设计环节，设计人员的模型构建基于 C/S 应用软件，协同响应效率低、跨平台适应性差；通过产品自适应在线设计技术平台中云 CAD 平台，可实现实时在线三维设计交互，提高设计信息交互效率，进而提高设计效率，缩短设计周期。

当前产品自适应在线设计技术平台中收集和存储了螺旋输送机设计、制造、应用等过程的数据和知识库数据量约 3.3TB，知识条目 1500 条以上；工程应用知识库数据量约 0.76TB，知识条目 970 条以上；全系列图纸知识库数据量约 0.5TB，知识条目 2330 条以上；零部件模型库数据量约 0.94TB，知识条目 1530 条以上，实现了基于全生命周期数据支持的产品自适应设计。结合基于产品自适应在线设计技术平台的螺旋输送机产品设计效果及后期机器的工作情况，面对新需求数据，从形成设计任务到完成新产品详细设计方案，花费时间约 112 天，相比同款旧产品的设计完成时间 135 天，设计效率提升约 20%，对于节约企业设计成本、提高企业竞争力具有重要意义。

2. 电梯设计应用效果分析

针对特种设备（电梯）行业产品高度个性化定制特征导致的电梯运行速度、

载重等配置的差异，传统的电梯生产制造过程并未实现设计、生产计划、制造等环节的端到端集成，而本节中面向电梯设备行业开发的产品自适应在线设计技术平台，应用模型驱动的产品自适应设计决策方法、产品性能多目标智能优化设计技术、全域异构跨尺度大数据分析与融合技术等产品自适应在线设计关键技术，集成电梯从设计、制造、安装到服务的全流程数据采集、分析、监测与诊断，实现电梯产品性能功能设计—分析—决策—优化闭环自适应迭代，并选取电梯轿厢等典型零部件进行集成研制平台的应用验证。

基于数据驱动的产品自适应在线设计技术平台，依托现有的 CRM、ERP、MES 等软件系统，打通从客户个性化订单到计划、排产的信息流，基于现有的 PLM 软件和自主研制的 PCS 软件，实现个性化订单设计、生成计划排产、制造等数据的一体化集成。通过全域异构跨尺度大数据分析与融合技术集成需求决策、研发设计、运行服务和生产制造数据，建立电梯设计经验库、电梯设计模型库和电梯设计知识库，应用项目开发的自适应设计工具集和在线协同设计工具集，实现电梯产品性能功能设计—分析—决策—优化闭环自适应迭代。集成电梯从设计、制造、安装到服务的全流程数据，针对西奥电梯现有的 CRM、ERP、MES 等软件系统，建立电梯设备行业产品自适应在线设计知识库，包括电梯设计经验库、电梯设计模型库、电梯设计数据库等数据库／知识库。选取电梯轿厢等典型零部件，应用自适应在线设计技术，在现有信息系统已经实现纵向集成的基础上，打通电梯从设计、生产计划到制造的端到端集成，实现设计、制造一体化，减少人为参与，使系统根据用户需求自适应生成产品设计图纸、快速转换设备程序，并根据生产单元和生产线的能力自适应规划生产任务，设计效率提高20% 以上；通过对电梯运行过程的远程、实时监测，集成全生命周期数据，分析关键部件的健康状态和剩余寿命，自适应优化产品设计，逐步减少电梯故障次数，提高电梯安全性和可靠性，取得应用实效。

产品自适应设计模式中的主要功能模块在电梯产品模块化设计与仿真环节中得到典型应用，并具有以下特点及应用效果。

1）在产品设计过程即进行了数字装配工艺仿真，加快了工艺的成熟进程，缩短了产品开发周期，建立了产品模型三维数据库，将产品模型三维组装进行工艺加工组装仿真设计，如图 7-88 所示。

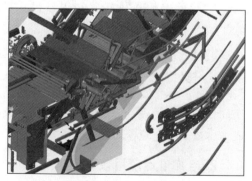

图 7-88　产品三维分解图

2）在三维数字化设计过程中，运用仿真优化设计来优化改进产品，并在试验中最终得以验证。避免了传统设计中设计、试验反复进行导致的效率低下，在保证质量的同时，缩短了设计周期。

3）在三维数字化设计过程中，运用三维设计合理进行空间布局，使产品设计更紧凑、更合理，大大提升产品竞争力。

4）在三维数字化设计中对复杂结构进行装配验证，进行干涉检查。将问题控制在设计端，大大缩短产品成熟的周期，避免产品定型过程反复，导致时间和成本的过度投入。图 7-89 展示了在无机房电梯产品设计过程中进行干涉检查，识别设计过程中的缺陷，进行细节上的再优化。

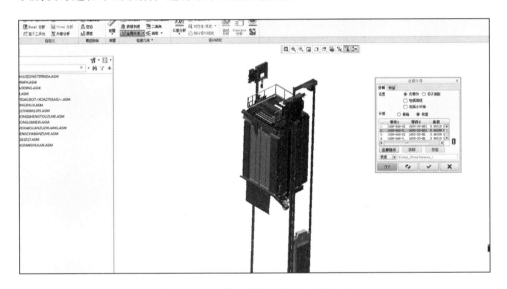

图 7-89　电梯三维结构设计干涉检查

5）产品源头数据的三维数字化设计，将产品数字化信息向前和销售端 CRM 营销管理系统融合，向后和制造中心参数化配置系统及生产制造执行系统数据融合，真正做到从销售、产品设计到生产的横向数据融合；使生产经营模式从传统的标准化、大批量生产向个性化、小批量、定制化设计经营模式转变成为可能。

6）在三维数字化设计中，应用模块化设计理念，定义模块边界、接口，建立标准化库，在协同设计中提高重用率，在新产品研发过程中大大缩短设计周期，提高设计质量，如图 7-90 所示。

子系统分类				
人机界面系统				
ODS	名称	描述	子系统代码	备注
XO0101	召唤盒厅外到站钟	壳体+元器件+接线电缆,一体或分体(横式显示盒+召唤)	C	
XO0102	操纵箱	主操纵箱、副操纵箱,壳体+元器件+操纵箱线束+COP到轿顶电缆+操纵器壁	C	
XO0103	内部通话装置	对讲机主机+电源+对讲副机+对讲机电缆及电源电缆	B	
XO0104	远程监控用户终端	远程监控用户终端	C	
控制＆动力系统				
ODS	名称	描述	子系统代码	备注
XO0201	地震传感器装置	地震传感器	B	
XO0202	称重装置	称重装置接线电缆+称重板	B	按类型分开
XO0203	控制柜	控制柜+控制柜支架+驱动箱+制动电阻箱+E&I Panel+原理图+控制柜线束	A	按控制类型分开
XO0204	应急平层装置	应急平层装置及其电缆	B	
XO0205	远程监控系统	AES+AMS+BA+REMX	C	按类型分开
XO0206	外部电源转换系统	外部照明电压变压器、外部动力电压变压器	A	
轿厢系统				
ODS	名称	描述	子系统代码	备注
XO0301	轿底平台	轿底(含地坎支架、轿底踢脚板)+减震垫+护脚板+连接件(含与轿壁连接件)	C	按类型分开
XO0302	轿壁部件	轿壁+轿壁连接件(不含操纵器壁)	C	按装饰结构类型分开,类似结构可合并
XO0303	轿顶部件	轿顶(含简易顶及照明)+安全窗(含开关)+连接件(含轿顶与轿壁连接件)+轿顶护脚板	C	按结构类型分开,类似结构可合并
XO0304	吊顶装饰	吊顶(不含简易顶及照明)+轿厢照明+应急灯+吊顶与轿顶连接件	B	按装饰结构分开
XO0305	扶手	扶手及与轿壁连接件	C	按结构类型分开
XO0306	地面装饰		C	按结构类型分开

图 7-90　产品模块化设计的子系统定义

3. 航天装备设计应用效果分析

北京机电工程研究所作为航天装备的总体设计单位,承担着航天装备预研论证、总体设计、详细设计和试验验证等工作。近年来,北京机电工程研究所依据企业信息化总体架构,深入构建协同研制信息化环境,建立了以 PDM 系统为核心,打通试验数据管理、仿真数据管理、项目计划管理等系统的型号产品全生命周期管理平台,并基于 PDM 系统与制造单位实现了设计制造一体化应用。在多年型号研制过程中,北京机电工程研究所积累了海量的产品数据、经验理论、标准规范和规则方法,为应用数据驱动的产品自适应在线设计技术平台开发与应用验证提供了良好条件。

基于航天装备的产品自适应在线设计技术平台,采用高内聚、模块化、松耦合及服务化的软件开发架构,开发整体平台与自适应设计、在线交互设计、知识管理等工具集 / 平台的集成接口;对内集成企业现有 TC、AVIDM、TDM、知识管理、项目管理系统等业务信息系统,对外集成产品自适应在线设计技术平台和知识管理平台的部分应用功能,提供航天装备设计工具集封装与运行环境,集成部署能够在航天装备设计过程中进行应用的产品自适应设计工具集;面向航天装备产品自适应在线设计业务需求,设计开发自适应在线设计技术平台各功能模块,面向产品设计和科研管理人员提供产品自适应设计的自适应设计工具、知识资源、专业设计应用工具与数据综合应用视图,形成由自适应设计工具集、多专业协同设计平台、知识管理平台构成的航天装备产品自适应在线设计技术平台，支撑业务人员开展产品自适应设计，系统架构如图 7-91 所示。

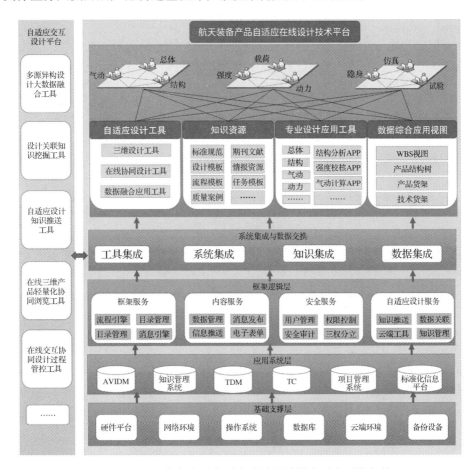

图 7-91　航天装备产品自适应在线设计技术平台系统架构

以新一代航天装备创新研发为应用背景，开展产品自适应在线设计关键技术研究成果及系统的应用验证。结合航天装备总体方案设计流程，基于航天装备产品自适应在线设计技术平台，从总体、气动、动力、结构、强度、仿真等方面开展总体方案论证，应用产品自适应在线设计技术平台中自适应在线设计工具集、在线协同设计工具集、知识管理工具集以及数据融合与知识管理技术，打通专业间知识共享通道，融合各阶段专业工具、流程、模板与知识，开展各专业协同设计，实现航天装备产品自适应设计，减少总体方案论证的迭代次数，提升产品设计效率 20% 以上，如图 7-92 所示。

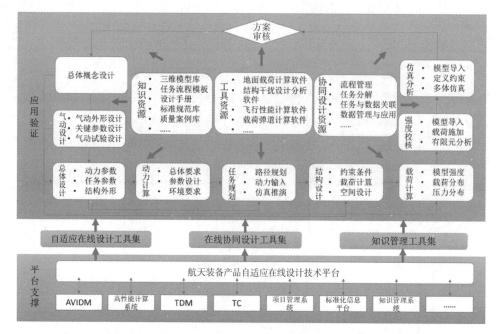

图 7-92　航天装备产品自适应在线设计技术平台在设计活动中应用验证

1）流程驱动的多专业快速协同设计。基于技术平台的科研流程模板管理功能，结合总体、结构、气动、载荷、控制等专业设计研制业务活动，梳理形成200 余个协同研发流程模板，纳入平台进行统一管理与应用。型号助理员或专业主任设计人员可直接调用科研流程模板下发科研任务，按照任务节点承载的业务活动，指派任务节点负责人，规定任务输入要求和输出交付物，实现流程驱动的多专业快速协同设计。

2）技术平台工具管理模块应用。基于技术平台的软件工具集中管理功能，从总体、结构、气动、载荷、控制等方面梳理日常设计过程中较常用的设计研发工具，通过各专业专家评审，将功能性和可靠性满足设计要求的工具纳入平台进行统一管理。各专业设计人员可在平台查找需要的设计工具，下载或直接运行工具，开展研发设计活动。截至目前，各专业共有 80 余个设计工具实现统一管理，为航天装备产品自适应在线设计提供软件工具支撑。

3）航天装备知识库管理平台的搭建和应用。多形式、多类型的航天装备知识库包括知识分类库、预研成果库、标准规范库、技术 / 产品货架库、工装模型库、情报资源库等，提供知识库管理和应用功能，集成数据分析和知识管理工具，为知识融合航天装备产品设计流程打通链路，为数据驱动、知识驱动的产品自适应在线设计注入知识动力，如图 7-93 所示。

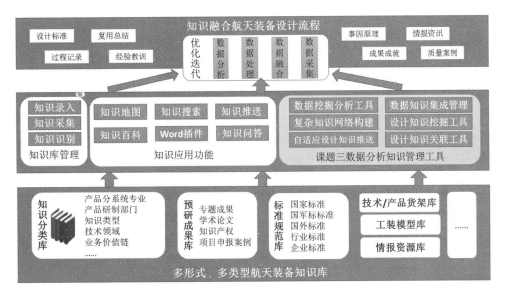

图 7-93　航天装备知识库管理与应用

　　持续完善航天装备知识库，积累多类型知识资源，包括标准规范、作业指导文件、设计准则、预研成果、文件模板、技术成果、情报资讯、质量案例等多种类型，收录各类型知识条目累计 30 000 条以上。基于积累的知识资源，北京机电工程研究所通过统一搜索引擎、知识管理 word 插件、三维模型快速设计工具，为用户提供快速、便捷的知识检索与应用服务，让用户在编制文档、设计三维模型的过程中可调用知识管理插件工具，查询检索标准规范、经验案例、文件模板等知识，通过企业内部知识的快速流通，提高研发设计效率。

参考文献

[1] SUH N P. Axiomatic design: advances and application[M]. NewYork: Oxford University Press, 2001.

[2] 檀润华. TRIZ 及应用：技术创新过程与方法 [M]. 北京：高等教育出版社，2010.

[3] GU P, HASHEMIAN M, NEE A. Adaptable design[J]. CIRP annals, 2004, 53(2): 539-557.

[4] 顾佩华，胡崇淋，彭庆金. 开放式结构产品的模块规划 [J]. 工程设计学报，2014，21(2)：129-139.

[5] 顾新建，陈芨熙，杨志雄，等. 网络化协同设计方法的研究 [J]. 中国机械工程，2002(6)：37-39；4.

[6] HOWE J. The rise of crowdsourcing [J]. WIRED, 2006, 14(6): 176-183.

[7] KIM H, LIU Y, WANG C, et al. Special issue: data-driven design (D3) [J]. Journal of Mechanical Design, 2016, 138(12): 1.

[8] STUART D, MATTIKALLI R. META II complexity and adaptability[R]. The Boeing Company, 2011(8): 13-43.

[9] 王凤歧. 现代设计方法 [M]. 天津：天津大学出版社，2003.

[10] 刘晓平，唐益明，郑利平. 复杂系统与复杂系统仿真研究综述 [J]. 系统仿真学报，2008，20(23)：6303-6315.

[11] 侯忠生，许建新. 数据驱动控制理论及方法的回顾和展望 [J]. 自动化学报，2009，35(6)：650-667.

[12] 陈引娟，朱香将，李宗刚，等. 基于变论域模糊补偿的机械臂自适应控制 [J/OL]. 计算机集成制造系统：1-15 [2022-09-28]. http://p.lib.tju.edu.cn/s/kns.cnki.net/kcms/detail/11.5946.TP. 20220124.1818.002.html.

[13] LANDAU I D, LOZANO R, M'SAAD M, et al. Adaptive control[M]. 2th ed. London: Springer, 2011.

[14] 吴志欢. 基于特征的产品生命周期设计系统的研究与开发 [D]. 福州：福州大学，2004.

[15] 肖人彬，林文广．数据驱动的产品创新设计研究 [J]．机械设计，2019, 36(12):9.

[16] 孙之琳，王凯峰，陈永亮，等．产品可适应设计评价的信息熵方法 [J]．工程设计学报，2021，28(1)：1-13.

[17] 孙剑萍，汤兆平．产品平台设计的可适应性研究与评价 [J]．制造业自动化，2019，41(9)：37-45.

[18] 肖新华，王太勇，成兵，等．基于携因素聚类方法的被测件分类基规划 [J]．计算机集成制造系统，2013，19(6)：1216-1223.

[19] 陈永亮，满佳，曲艺，等．机械产品可适应性度量方法及应用 [J]．工程设计学报，2010，17(1)：1-11；24.

[20] 满佳，张连洪，陈永亮，等．基于价值工程的可适应性评价方法 [J]．工程设计学报，2012，19(4)：250-254.

[21] 程贤福，杨艳芳，徐新辉．基于信息公理的产品平台可适应性评价方法 [J]．机械设计与研究，2016，32(1)：68-71；79.

[22] 冯毅雄，谭建荣．设计知识建模、演化与应用 [M]．北京：国防工业出版社，2007.

[23] HöGBERG C, EDVINSSON L. A design for futurizing knowledge networking [J]. Journal of Knowledge Management, 1998, 2(2): 81-92.

[24] HANSEN M T. Knowledge networks: explaining effective knowledge sharing in multiunit companies [J]. Organization Science, 2002, 13(3): 232-248.

[25] BERNERS-LEE T, HENDLER J, LASSILA O. The semantic web [J]. Scientific American, 2001, 284(5): 34-43.

[26] SEUFERT A, KROGH G V, BACH A . Towards knowledge networking[J]. Journal of Knowledge Management, 1999, 3(3): 180-190.

[27] BOLLACKER K, EVANS C, PARITOSH P, et al. Freebase: a collaboratively created graph database for structuring human knowledge[C]// Proceedings of the 2008 ACM SIGMOD International Conference on Management of Data. 2008: 1247-1250.

[28] BRENNECKE J, RANK O. The firm's knowledge network and the transfer of advice among corporate inventors: a multilevel network study [J]. Research Policy, 2017, 46(4): 768-783.

[29] 杨琨，李彦，熊艳，等．基于复杂网络的知识驱动产品创新设计 [J]．计算机集成制造系统，2015, 33(9): 5-17.

[30] 王君，管国红，刘玲燕．基于知识网络系统的企业知识管理过程支持模型 [J]．计算机集成制造系统，2009, 15(1): 10.

[31] CHATTI M A. Knowledge management: a personal knowledge network perspective[J]. Journal of Knowledge Management, 2012, 16(5): 829-844.

[32] 赵蓉英．知识网络及其应用 [M]．北京：北京图书馆出版社，2007.

[33] WANG C, RODAN S, FRUIN M, et al. Knowledge networks, collaboration networks, and exploratory innovation [J]. Academy of Management Journal, 2014, 57(2): 484-514.

[34] YAN H S, WAN X Q, XUE C G. Self-reconfiguration and optimisation of knowledge meshes with similar knowledge points [J]. International Journal of Computer Integrated Manufacturing, 2016, 29(9): 933-943.

[35] COWAN R, JONARD N. Network structure and the diffusion of knowledge [J]. Journal of Economic Dynamics and Control, 2004, 28(8): 1557-1575.

[36] SRINIVASA-DESIKAN B. Natural language processing and computational linguistics: a practical guide to text analysis with Python, Gensim, spaCy, and Keras[M]. Birmingham: Packt Publishing Ltd, 2018.

[37] 孙玺菁，司守奎. 复杂网络算法与应用 [M]. 北京：国防工业出版社，2015.

[38] MARWAN N, DONGES J F, ZOU Y, et al. Complex network approach for recurrence analysis of time series[J]. Physics Letters A, 2009, 373(46): 4246-4254.

[39] 陈继文，杨红娟，董明晓，等. 基于本体语义块相似匹配的设计知识更新 [J]. 机械工程学报，2014，50(7)：161-167.

[40] KIM G, LEE C, JO J, et al. Automatic extraction of named entities of cyber threats using a deep Bi-LSTM-CRF network[J]. International Journal of Machine Learning and Cybernetics, 2020, 11(2), 2341-2355.

[41] 李正华. 依存句法分析统计模型及树库转化研究 [D]. 哈尔滨：哈尔滨工业大学，2008.

[42] MAFFIN D. Engineering design models: context，theory and practice [J]. Journal of Engineering Design,1998,9(4):315-327.

[43] LI Y, NI Y, ZHANG N, et al. Modularization for the complex product considering the design change requirements [J]. Research in Engineering Design, 2021, 32(4): 507-522.

[44] XUE D, HUA G, MEHRAD V, et al. Optimal adaptable design for creating the changeable product based on changeable requirements considering the whole product life-cycle [J]. Journal of Manufacturing Systems, 2012, 31(1): 59-68.

[45] SZYKMAN S, RACZ J W, SRIRAM R D. The representation of function in computer-based Design[C]// ASME 1999 Design Engineering Technical Conferences, 1999.

[46] HEIN P H, VORIS N, MORKOS B. Predicting requirement change propagation through investigation of physical and functional domains [J]. Research in Engineering Design, 2017,29(2): 1-20.